建筑装饰材料

哈尔滨建筑大学
西安建筑科技大学
天　津　大　学　　编
西安公路交通大学
太原工业大学

中国建材工业出版社

图书在版编目(CIP)数据

建筑装饰材料/葛勇主编 . —北京：中国建材工业出版社，1998.1（2015.9 重印）
ISBN 978-7-80090-468-4

Ⅰ. 建… Ⅱ. 葛… Ⅲ. 建筑材料；装修材料 Ⅳ. TU56

中国版本图书馆 CIP 数据核字(97)第 03879 号

建筑装饰材料

哈尔滨建筑大学 西安建筑科技大学 天津大学
西安公路交通大学 太原工业大学 编

出版发行：中国建材工业出版社
地　　址：北京市海淀区三里河路 1 号
邮　　编：100044
经　　销：全国各地新华书店
印　　刷：北京雁林吉兆印刷有限公司
开　　本：787mm×1092mm　1/16
印　　张：18.25
字　　数：435 千字
版　　次：1998 年 1 月第 1 版
印　　次：2015 年 9 月第 9 次
定　　价：**42.00 元**

本社网址：www.jccbs.com.cn
本书如出现印装质量问题，由我社发行部负责调换。联系电话：(010) 88386906

前　言

本书按高等学校建筑学、建筑环境艺术等专业的本科教学大纲编写,并考虑到土建类其它专业的需要以及函授、夜大、电大等特点编写而成。

90 年代以来,我国建筑装饰材料业和建筑装饰业发展十分迅速,涌现了大量的新型装饰材料,改变了 80 年代装饰材料靠大量进口的局面,装饰材料的品种日益增多,又促进了建筑装饰业的空前繁荣。为了反映当前建筑装饰材料的发展水平与建筑装饰工程的实际应用,本书着重突出介绍了新型建筑装饰材料发展体系特点,在具体内容上,注意了与普通建筑材料的衔接与区别,以期将建筑装饰方面的设计、材料、构造、工艺等知识融于一体,加强装饰材料在装饰工程中的应用。

本书的显著特点:一是按材料科学体系编排,又遵循教材体系的规律。二是介绍了许多新型建筑装饰材料,如渗花砖、玻化砖、劈离砖、光栅玻璃(镭射玻璃)、中空玻璃、微晶玻璃装饰板材、透明塑料卡布隆、窗用节能塑料薄膜、纤维装饰织物、多彩涂料、幻彩涂料、绒面涂料、纤维状涂料、彩色铝合金、彩色不锈钢、彩色涂层钢板等。三是全部采用现行最新建筑装饰材料标准与规范,同时,为密切建筑装饰材料与工程实际的联系引用了部分与建筑装饰材料应用密切相关的设计、施工与验收规范,如《建筑装饰工程施工及验收规范》(JGJ 73—91)、《建筑内部装修设计防火规范》(GB 50222—95)等。书末还安排了装饰材料部分试验内容。

本书由葛勇主编,尚建丽、李志国为副主编。西安建筑科技大学王福川教授、哈尔滨建筑大学张宝生教授主审。参加编写的有哈尔滨建筑大学葛勇(绪论、第一章、第八章、第十三章,第五章第三节的部分内容)、西安公路交通大学徐江萍(第二章、第四章)、西安建筑科技大学韩少华(第三章、第十一章的第一节～第四节)、哈尔滨建筑大学张丽娟(第五章的第一节～第二节,第三节的部分内容)、天津大学李志国(绪论、第六章)、太原工业大学贾福根(第七章的第一节～第三节)、哈尔滨建筑大学于纪寿(第七章的第五节,第十一章的第五节～第六节及建筑装饰材料试验)、西安建筑科技大学尚建丽(绪论、第九章、第十章)、哈尔滨建筑大学张洪涛(第十二章)。

由于时间仓促、水平有限,不妥与疏漏之处在所难免,谨请广大读者不吝指正。

编者
1997 年 10 月

I

建 筑 装 饰 材 料

哈尔滨建筑大学　　西安建筑科技大学　　天津大学　　编
　西安公路交通大学　　太原工业大学

主　编：葛　勇
副主编：尚建丽　李志国
主　审：王福川　张宝生

目　录

绪　　论

一、建筑装饰材料在建筑装饰工程中的作用与重要性

建筑不仅要满足人们的物质生活需要,同时,也应作为人们艺术审美的对象,成为人类物质文化形式的一个重要类别。正因为如此,建筑装饰作为建筑的重要组成部分而诞生,并在几经兴衰之后,再次获得了迅猛发展。

建筑装饰是依据一定的方法对建筑进行美化的活动,它可以反映时代精神、民族气质、城市风貌。建筑装饰包括建筑装饰工程和建筑装饰艺术两个方面。前者是基于一定的功能,以装饰、美化建筑空间为目的而实施的过程,包括建筑内外墙体、入口、隔断、空间、地面、天花板;后者是以装饰、美化建筑为目的的造型艺术,其内容包括建筑雕塑、建筑壁画以及各种装饰图案。

无论是从装饰工程看建筑还是从装饰艺术看建筑,建筑装饰性的体现,很大程度上仍受到建筑装饰材料的制约,尤其受到材料的光泽、质地、质感、图案、花纹等装饰特性的影响。如,高层建筑外墙面的装饰以玻璃幕墙和铝板幕墙的光亮夺目、绚丽多彩、交相辉映的特有效果向人们展示光亮派现代建筑。各种变幻莫测、主体感极强的新型涂料创造了一个有限空间向无限空间延伸的感觉。因此建筑装饰材料是建筑装饰工程的物质基础。只有了解或掌握建筑装饰材料的性能,按照建筑物及使用环境条件合理选用装饰材料,充分发挥每一种装饰材料的长处,做到材尽其能、物尽其用,才能满足建筑装饰的各项要求。

在建筑装饰工程中,装饰材料的费用所占比例可达 50%～70%,选择时,要注意经济性、实用性、美化性统一,这对降低建筑装饰工程造价、提高建筑物的艺术性,具有重要意义。

二、建筑装饰材料的发展趋势

建筑装饰材料并不是现代化科技形成的新概念,它早已应用于建筑物之中。北京故宫、天坛、颐和园的古建筑,是各种色彩的琉璃瓦、熠熠闪光的金箔、富有玻璃光泽的孔雀石、银朱、青石等古代建筑装饰材料的重现。随着科学技术的进步和建材工业的发展,我国新型装饰材料从品种上、规格上、档次上都将进入新的时期,今后一段时间内,建筑装饰材料将向以下两个方向发展。

(1)高性能装饰材料　将研制轻质、高强、高耐久性、高防火性、高抗震性、高保温性、高吸声性、优异防水性的建筑装饰材料。这对提高建筑物的艺术性、安全性、适用性、经济性及使用寿命等有着非常重要的作用。

(2)复合化、多功能化、预制化　利用复合技术生产多功能材料、特殊性能材料及高性能的装饰材料。这对提高建筑物的艺术效果、使用功能、经济性及加快施工速度等有着十分重要的作用。

1

三、建筑装饰材料的分类

建筑装饰材料的品种繁多,可从各种角度进行分类,如按建筑装饰材料的使用部位可将建筑装饰材料分为外墙装饰材料、内墙装饰材料、地面装饰材料、吊顶与屋面装饰材料等。此种分类方式便于工程技术人员选用建筑装饰材料,因而各种建筑装饰材料手册均按此分类。为方便学习、记忆和掌握建筑装饰材料的基本知识和基本理论,一般均按建筑装饰材料的化学成分分类。本书按化学成分分类将建筑装饰材料分为无机装饰材料、有机装饰材料和复合装饰材料,见表 0-1。

表 0-1　建筑装饰材料的化学成分分类

建筑装饰材料	无机装饰材料	金属装饰材料	黑色金属:钢、不锈钢、彩色涂层钢板、彩色不锈钢板等
			有色金属:铝及铝合金、铜及铜合金等
		非金属装饰材料	天然石材:花岗石、大理石等
			烧结与熔融制品:烧结砖、陶瓷、玻璃及制品、铸石、岩棉及制品等
			胶凝材料 / 水硬性胶凝材料:白水泥、彩色水泥及各种水泥等
			胶凝材料 / 气硬性胶凝材料:石膏及其制品、水玻璃、菱苦土
			装饰混凝土及装饰砂浆、白色及彩色硅酸盐制品等
	有机装饰材料	植物材料:木材、竹材等	
		合成高分子材料:各种建筑塑料及其制品、涂料、胶粘剂、密封材料等	
	复合装饰材料	无机材料基复合材料	装饰混凝土、装饰砂浆等
		有机材料基复合材料	树脂基人造装饰石材、玻璃纤维增强塑料(玻璃钢)等
			胶合板、竹胶板、纤维板、保丽板等
		其它复合材料	涂塑钢板、钢塑复合门窗、涂塑铝合金板等

四、建筑装饰材料课程的目的与学习方法

本课程是建筑学、建筑环境艺术类等专业的专业基础课。课程的目的是使学生获得有关建筑装饰材料的基本理论、基本知识,为学习建筑装饰设计、建筑设计、室内设计等专业课程提供建筑装饰材料的基础知识,并为今后从事建筑装饰设计与施工等打下合理选用建筑装饰材料和正确使用建筑装饰材料的基础。

建筑装饰材料的内容庞杂、品种繁多,涉及到许多学科或课程,其名词、概念和专业术语多,且各种建筑装饰材料相对独立,即各章间的联系较差。因此其学习方法与力学、数学等完全不同。学习建筑装饰材料时应从材料科学的观点和方法及实践的观点来进行,否则就会感到枯燥无味,就掌握不了建筑装饰材料的组成、性质、应用以及它们间的相互联系。学习建筑装饰材料时,应从以下几个方面来进行:

(1)以建筑装饰材料的性质和应用为主线　掌握建筑装饰材料的性质与应用是学习的目的,但孤立地看待和学习,就难免不了要死记硬背。因此要了解或掌握材料的组成、结构和

性质间的关系,同时还应注意外界因素对材料结构与性质的影响。

（2）运用对比的方法　通过对比各材料的组成和结构来掌握它们的性质和应用,特别是通过对比来掌握它们的共性和特性。

（3）密切联系工程实际　建筑装饰材料是一门实践性很强的课程,学习时应注意理论联系实际,利用一切机会注意观察周围已经完成的或正在施工的建筑装饰工程,提出一些问题,在学习中寻求答案,并在实践中验证和补充书本所学内容。

第一章 建筑装饰材料的基本性质

建筑装饰材料在正常使用状态下,总是要承受一定的外力和自重力,同时还会受到周围各种介质(如水、蒸汽、腐蚀性气体和流体等)的作用以及各种物理作用(如温度差、湿度差、摩擦等)。因此建筑装饰材料除必须具有适宜的装饰效果外,还必须具有抵抗上述各种作用的能力。为保证建筑物的正常使用功能,对许多建筑装饰材料还要求具有一定的防水、保温、吸声、隔声等性质。上述性质是大多数建筑装饰材料均须考虑的性质,即是各种建筑装饰材料所应具备的基本性质。

掌握建筑装饰材料的基本性质是掌握建筑装饰材料知识、正确选择与合理使用建筑装饰材料的基础。

第一节 建筑装饰材料的基本物理性质

一、密度、体积密度、孔隙率

(一) 密度

材料在绝对密实状态下(不含内部任何孔隙),单位体积的质量称为材料的密度 ρ,定义式如下:

$$\rho = \frac{m}{V}$$

式中　　ρ—— 材料的密度,g/cm^3;

m—— 材料的绝干质量,g;

V—— 材料在绝对密实状态下的体积(不含内部任何孔隙的体积),cm^3。

材料的密度 ρ 大小取决于材料的组成与材料的微观结构。当材料的组成与微观结构一定时,材料的密度 ρ 为常数。

(二) 体积密度

材料在自然状态下,单位体积的质量称为材料的体积密度(旧称容重),定义式如下:

$$\rho_0 = \frac{m'_w}{V_0}$$

式中　　ρ_0—— 材料的体积密度,kg/m^3 或 g/cm^3;

m'_w—— 任意含水情况下材料的质量,kg 或 g;

V_0—— 材料在自然状态下的体积(包括材料内部所有闭口孔隙和开口孔隙的体积),m^3 或 cm^3。

测定材料的体积密度时,材料的质量可以是在任意含水状态下的,但需说明含水情况。通常所指的体积密度是材料在气干状态下的,称为气干体积密度,简称体积密度。材料在绝干状态时,则称为绝干体积密度,以 ρ_{od} 表示($\rho_{od} = m/V_o$)。

材料的体积密度除与材料的密度有关外,还与材料内部孔隙的体积 V_p 以及材料的含水率有很大的关系。材料的孔隙率越大,含水率越小,则材料的体积密度越小。

(三)孔隙率

1.孔隙率

材料内部所有孔隙的体积与材料在自然状态下体积的百分率称为材料的总孔隙率 P,简称孔隙率,定义式如下:

$$P = \frac{V_p}{V_o} = \frac{V_o - V}{V_o} = 1 - \frac{V}{V_o} = (1 - \frac{\rho_{od}}{\rho}) \times 100\%$$

式中　V_p—— 材料内部所有孔隙的体积,m^3 或 cm^3。

2.开口孔隙率

材料内部开口孔隙的体积与材料在自然状态下体积的百分率称为材料的开口孔隙率 P_k。由于水可进入开口孔隙,工程中常将材料在吸水饱和状态下所吸水的体积 V_{sw} 视为开口孔隙的体积 V_k。开口孔隙率可表示为:

$$P_k = \frac{V_k}{V_o} = \frac{V_{sw}}{V_o} = \frac{m_{sw}}{V_o} \cdot \frac{1}{\rho_w} = \frac{m'_{sw} - m}{V_o} \cdot \frac{1}{\rho_w} \times 100\%$$

式中　m_{sw}　—— 材料吸水饱和时所吸水的质量,g 或 kg;

　　　m'_{sw}—— 材料吸水饱和时材料的质量,g 或 kg;

　　　ρ_w　—— 水的密度,g/cm^3 或 kg/m^3。

3.闭口孔隙率

材料内部闭口孔隙的体积与材料在自然状态下体积的百分率称为材料的闭口孔隙率 P_b,定义式如下:

$$P_b = \frac{V_b}{V_o} = \frac{V_p - V_k}{V_o} = P - P_k$$

4.孔隙率对材料性质的影响

一般情况下,材料内部的孔隙率 P 越大,则材料的体积密度、强度越小,耐磨性、抗冻性、抗渗性、耐腐蚀性、耐水性及其它耐久性越差,而保温性、吸声性、吸水性与吸湿性等越强。孔隙的形状与孔隙的状态对材料的性质也有不同程度的影响,如开口孔隙、非球形孔隙(如扁平孔隙或片状孔隙,即裂纹)相对于闭口孔隙、球形孔隙而言,往往对材料的强度、保温性、抗渗性、抗冻性、耐腐蚀性、耐水性、耐沾污性、易洁性等更为不利,而对吸声性、吸水性与吸湿性等有利,并且孔隙尺寸越大,上述影响越大。

二、材料的力学性质

(一)材料的强度

材料在外力或应力作用下,抵抗破坏的能力称为材料的强度,并以材料在破坏时的最大应力值来表示。无机非金属类建筑装饰材料的强度常以抗压强度、抗折强度或抗折破坏荷重来表示;金属及有机类建筑装饰材料常以抗拉强度、抗折强度或抗折破坏荷重来表示。

(二)强度等级、标号、比强度

对于以强度为主要指标的材料,通常按材料强度值的高低划分成若干等级,称为材料的强度等级或标号。脆性材料主要以抗压强度来划分,塑性材料和韧性材料主要以抗拉强度来划分。

比强度是材料强度与体积密度的比值。比强度是衡量材料轻质高强性能的一项重要指标。比强度越大,则材料的轻质高强性能越好。

(三)硬度与耐磨性

硬度是材料抵抗较硬物体压入或刻划的能力。木材、钢材、混凝土、矿物材料等建筑材料多采用钢球或钢锥(圆锥或角锥)压入法来测定,硬度值以 P/A(P 为荷载值,A 为压痕的面积)表示。矿物材料有时也用刻划法(又称莫氏硬度)测定,并划分有十级,由小到大为滑石 1、石膏 2、方解石 3、萤石 4、磷灰石 5、正长石 6、石英 7、黄玉 8、刚玉 9、金刚石 10。塑料的硬度常用邵氏硬度来表示。

耐磨性是材料表面抵抗磨损的能力,以磨损前后单位表面积的质量损失,即磨损率 K_w 来表示,定义式如下:

$$K_w = \frac{m_0 - m_1}{A}$$

式中　　m_0 —— 试件磨损前的质量,g;

　　　　m_1 —— 试件磨损后的质量,g;

　　　　A —— 试件受磨的表面积,cm^2。

材料的硬度愈大,则材料的耐磨性愈高。材料的磨损率有时也用磨损前后的体积损失来表示。材料的耐磨性有时也用耐磨次数来表示。

地面、路面、楼梯踏步及其它受较强磨损作用的部位等,需选用具有较高硬度和耐磨性的材料。

三、材料与水有关的性质

(一)吸水性与吸湿性

1. 吸水性

吸水性是材料在水中吸收水分的性质,用质量吸水率 W_m 或体积吸水率 W_v 来表示。两者分别是指材料在吸水饱和状态下,所吸水的质量占材料绝干质量的百分率,或所吸水的体积占材料自然状态下体积的百分率。

质量吸水率与体积吸水率的关系为:

$$W_v = \frac{\rho_{od}}{\rho_w} \cdot W_m$$

材料的体积密度越小,孔隙率越大,特别是开口孔隙率越大,则材料的吸水率越高。多孔材料的吸水率一般用体积吸水率来表示。

由于封闭孔隙不吸水(常压下),而主要是开口孔隙吸水,因此可以认为当材料吸水饱和时,材料所吸水的体积 V_{sw} 与开口孔隙的体积 V_k 相等,即 $V_{sw} = V_k$。因此,$P_k = W_v$。由此可知,材料的吸水率可直接或间接反映材料的部分内部结构及其性质,即可根据材料吸水率的大小对材料的孔隙率、孔隙状态及材料的性质做出粗略的评价。

2. 吸湿性

吸湿性是材料在空气中吸收水蒸气的性质。吸湿性用材料所含水的质量与材料绝干质量的百分比来表示,称为含水率。材料吸湿或干燥至与空气湿度相平衡的含水率称为平衡含水率。材料在正常使用状态下,均处于平衡含水状态。

材料的吸湿性主要与材料的组成、孔隙含量,特别是毛细孔的含量有关。

3. 含水对材料性质的影响

材料吸水或吸湿后,可削弱材料内部质点间的结合力或吸引力,引起材料强度或涂膜材料的粘附力下降。同时也使材料的体积密度和导热性增加,几何尺寸略有增加,而使材料的保温性、吸声性下降,并使材料受到的冻害、腐蚀等加剧,此外还会使某些建筑装饰材料的颜色和光泽发生变化,对某些建筑装饰材料还会引起表面起层、起泡等。由此可见,含水使材料的绝大多数性质下降或变差。

（二）耐水性

材料长期在水的作用下,保持其原有性质的能力称为材料的耐水性。

对于结构材料,耐水性主要指强度变化,对装饰材料则主要指颜色、光泽、外形等的变化,以及是否起泡、起层等,即材料不同,耐水性的表示方法也不同。如建筑涂料的耐水性常以是否起泡、脱落等来表示,而结构材料的耐水性用软化系数 K_p 来表示(材料在吸水饱和状态下的抗压强度与材料在绝干状态下的抗压强度之比)。

材料的软化系数 $K_p = 0 \sim 1.0$。$K_p \geqslant 0.85$ 的材料称为耐水性材料。经常受到潮湿或水作用的结构,须选用 $K_p \geqslant 0.75$ 的材料,重要结构须选用 $K_p \geqslant 0.85$ 的材料。

材料的耐水性主要与其组成在水中的溶解度和材料的孔隙率以及材料的干缩湿胀值有关。溶解度很小或不溶的材料,则软化系数 K_p 一般较大;若材料可微溶于水,且含有较大的孔隙率,则软化系数 K_p 较小或很小;材料的干缩湿胀较大时,则材料的耐水性较差,易产生开裂、起层、起泡等。

（三）抗冻性

抗冻性是材料抵抗冻融循环作用,保持其原有性质的能力。对结构材料主要指保持强度的能力,并多以抗冻标号来表示。抗冻标号用材料在吸水饱和状态下(最不利状态),经冻融循环作用,强度损失和质量损失均不超过规定值时所能抵抗的最多冻融循环次数来表示。

材料在冻融循环作用下产生破坏,是由于材料内部毛细孔隙中的水结冰时的体积膨胀(约 9%)造成的。膨胀对材料孔壁产生巨大的压力,由此产生的拉应力超过材料的抗拉强度极限时,材料内部产生微裂纹,强度下降。此外,在冻结和融化过程中,材料内外的温差所引起的温度应力也会导致微裂纹的产生或加速微裂纹的扩展。

材料的孔隙率 P 和开口孔隙率 P_k 越大,特别是 P_k 越大,则材料的抗冻性越差。材料孔隙中的充水程度(以水饱和度 K_s 来表示,即孔隙中水的体积 V_w 与孔隙体积 V_p 之比,计算式为 $K_s = V_w/V_p$)越高,材料的抗冻性越差。理论上讲,若材料内部孔隙分布均匀,当水饱和度 $K_s < 0.91$ 时,结冰不会引起冻害,因未充水的空隙空间可以容纳由于水结冰而增加的体积。但当 $K_s > 0.91$ 时,则已容纳不下冰的体积,故对材料的孔壁产生压力,因而会引起冻害。实际上,由于局部饱和的存在和孔隙分布不均匀,K_s 需较 0.91 小一些才是安全的。如对于水泥混凝土,$K_s < 0.80$ 时冻害才会明显减少。

对于受冻材料,吸水饱和状态是最不利的状态,因其水饱和度 K_s 最大。可以用下述关系式来估计或粗略评价多数材料抗冻性的好坏。

$$K_s = \frac{V_{sw}}{V_p} = \frac{V_k}{V_p} = \frac{W_v}{P} = \frac{P_k}{P}$$

四、材料的热物理性质

(一)导热性

材料传导热量的性质称为材料的导热性,以导热系数 λ 来表示,计算式如下:

$$\lambda = \frac{Qd}{(T_1 - T_2)At}$$

式中　　λ—— 导热系数,W/(m·K);

　　　　Q—— 传热量,J;

　　　　d—— 材料厚度,m;

　　　　$T_1 - T_2$—— 材料两侧的温差,K;

　　　　A—— 材料传热面的面积,m²;

　　　　t—— 传热的时间,s。

材料的导热系数 λ 越小,则材料的绝热保温性越好。

通常金属材料、无机材料、晶体材料的导热系数 λ 分别大于非金属材料、有机材料、非晶体材料;孔隙率 P 越大,即材料越轻(ρ_o 越小),导热系数越小,细小孔隙、闭口孔隙比粗大孔隙、开口孔隙对降低导热系数更为有利,因为减少或降低了对流传热;材料含水或含冰时,会使导热系数急剧增加。

(二)耐急冷急热性

材料抵抗急冷急热交替作用,保持其原有性质的能力,称为材料的耐急冷急热性,又称材料的抗热震性、热稳定性。

许多无机非金属材料在急冷急热交替作用下,易产生巨大的温度应力而使材料开裂或炸裂破坏。

(三)耐燃性与耐火性

材料抵抗燃烧的性质称为耐燃性,是影响建筑物防火和耐火等级的重要因素。建筑材料按其燃烧性质分为四级,见表 1-1。

表 1-1　建筑材料的燃烧性能分级(GB 8624-88)

等级	燃烧性能	燃烧特征
A	不燃性	在空气中受到火烧或高温作用时不起火、不燃烧、不炭化的材料。如金属材料及无机矿物材料等
B1	难燃性	在空气中受到火烧或高温作用时难起火、难微燃、难炭化,当离开火源后,燃烧或微燃立即停止的材料。如沥青混凝土、水泥刨花板等
B2	可燃性	在空气中受到火烧或高温作用时立即起火或微燃,且离开火源后仍继续燃烧或微燃的材料。如木材、部分塑料制品
B3	易燃性	在空气中受到火烧或高温作用时立即起火,并迅速燃烧,且离开火源后仍继续迅速燃烧的材料。如部分未经阻燃处理的塑料、纤维织物等

注:燃烧特征为编者所加,仅供参考。

《建筑内部装修设计防火规范》(GB 50222-95)给出了常用建筑装饰材料的燃烧等级,

见表1-2。

材料在燃烧时放出的烟气和毒气对人体的危害极大,远远超过火灾本身。因此建筑内部装修时,应尽量避免使用燃烧时放出大量浓烟和有毒气体的装饰材料。GB 50222—95对用于建筑物内部各部位的建筑装饰材料的燃烧等级做了严格的规定。

表1-2　常用建筑内部装饰材料的燃烧性能等级划分(GB 50222—95)

材料类别	级别	材 料 举 例
各部位材料	A	花岗石、大理石、水磨石、水泥制品、混凝土制品、石膏板、石灰制品、粘土制品、玻璃、瓷砖、马赛克、钢铁、铝、铜合金等
顶棚材料	B1	纸面石膏板、纤维石膏板、水泥刨花板、矿棉装饰吸声板、玻璃棉装饰吸声板、珍珠岩装饰吸声板、难燃胶合板、难燃中密度纤维板、岩棉装饰板、难燃木材、铝箔复合材料、难燃酚醛胶合板、铝箔玻璃钢复合材料等
墙面材料	B1	纸面石膏板、纤维石膏板、水泥刨花板、矿棉板、玻璃棉板、珍珠岩板、难燃胶合板、难燃中密度纤维板、防火塑料装饰板、难燃双面刨花板、多彩涂料、难燃墙纸、难燃墙布、难燃仿花岗装饰板、氯氧镁水泥装配式墙板、难燃玻璃钢平板、PVC塑料护墙板、轻质高强复合墙板、阻燃模压木质复合板材、彩色阻燃人造板、难燃玻璃钢等
	B2	各类天然木材、木制人造板、竹材、纸制装饰板、装饰微薄木贴面板、印刷木纹人造板、塑料贴面装饰板、聚酯装饰板、复塑装饰板、塑纤板、胶合板、塑料壁纸、无纺贴墙布、墙布、复合壁纸、天然材料壁纸、人造革等
地面材料	B1	硬PVC塑料地板、水泥刨花板、水泥木丝板、氯丁橡胶地板等
	B2	半硬质PVC塑料地板、PVC卷材地板、木地板、氯纶地毯等
装饰织物	B1	经阻燃处理的各类难燃织物等
	B2	纯毛装饰布、纯麻装饰布、经阻燃处理的其它织物等
其它装饰材料	B1	聚氯乙烯塑料、酚醛塑料、聚碳酸酯塑料、聚四氟乙烯塑料。三聚氰胺甲醛塑料、脲醛塑料、硅树脂塑料装饰型材、经阻燃处理的各类织物等。另见顶棚材料和墙面材料内中的有关材料
	B2	经阻燃处理的聚乙烯、聚丙烯、聚氨酯、聚苯乙烯、玻璃钢、化纤织物、木制品等

注:①安装在钢龙骨上的纸面石膏板,可作为A级装饰材料使用;
　　②当胶合板表面涂覆一级饰面型防火涂料时,作用为B1级装饰材料使用;
　　③单位质量小于300 g/m²的纸质、布质壁纸,当直接粘贴在A级基材上时,可作为B1级装饰材料使用;
　　④施涂于A级基材上的无机装饰涂料,可作为A级装饰材料使用。施涂于A级基材上,湿涂覆比小于1.5 kg/m²的有机装饰涂料,可作为B1级装饰材料使用;施涂于B1,B2级基材时,应连同基材一起通过实验确定其燃烧等级。
　　⑤其它装饰材料系指窗帘、帷幕、床罩、家具包布等。

2.耐火性

材料抵抗高热或火的作用,保持其原有性质的能力称为材料的耐火性。金属材料、玻璃等虽属于不燃性材料,但在高温或火的作用下在短时间内就会变形、熔融,因而不属于耐火材料。建筑材料或构件的耐火极限通常用时间来表示,即按规定方法,从材料受到火的作用时间起,直到材料失去支持能力、完整性被破坏或失去隔火作用的时间,以h或min计。如无保护层的钢柱,其耐火极限仅有0.25 h。

必须指出的是这里所说的耐火等级与高温窑池工业中耐火材料的耐火性完全不同。耐火材料的耐火性是指材料抵抗熔化的性质,用耐火度来表示,即材料在不发生软化时所能抵抗的最高温度。耐火材料一般要求,材料能长期抵抗高温或火的作用,具有一定高温力学强度、高温体积稳定性、抗热震性等。

五、材料的声学性质

(一)吸声性

当声波传播到材料的表面时,一部分声波被反射,另一部分穿透材料,其余部分则传递给材料。对于含有大量开口孔隙的多孔材料(如各种有机和无机纤维制品、膨胀珍珠岩制品等),传递给材料的声能在材料的孔隙中引起空气分子与孔壁的摩擦和粘滞阻力,使相当一部分的声能转化为热能而被吸收或消耗掉;对于含有大量封闭孔隙的柔性多孔材料(如聚氯乙烯泡沫塑料制品),传递给材料的声能在空气振动的作用下孔壁也产生振动,使声能在振动时因克服内部摩擦而被消耗掉。此外也有一些吸声机理与上述两种完全不同的吸声材料或吸声结构。声能穿透材料和被材料消耗的性质称为材料的吸声性,用吸声系数 α(吸收声功率与入射声功率之比)来表示。

吸声系数 α 越大,材料的吸声性越好。吸声系数 α 与声音的频率和入射方向有关。因此吸声系数用声音从各个方向入射的吸收平均值来表示,并指出是某一频率下的吸收值。通常使用的六个频率为 125,250,500,1 000,2 000,4 000 Hz。

一般将上述 6 个频率的平均吸声系数 α≥0.20 的材料称为吸声材料。

最常用的吸声材料为多孔吸声材料,影响其吸声效果的主要因素为:

(1)材料的孔隙率或体积密度 对同一吸声材料,孔隙率 P 越低或体积密度 ρ_0 越小,则对低频声音的吸收效果有所提高,而对高频声音的吸收有所降低。

(2)材料的孔隙特征 开口孔隙越多、越细小,则吸声效果越好。当材料中的孔隙大部分为封闭的孔隙时,如聚氯乙烯泡沫塑料吸声板,因空气不能进入,从吸声机理上来讲,不属于多孔吸声材料。当在多孔吸声材料的表面涂刷能形成致密膜层的涂料(如油漆)时或吸声材料吸湿时,由于表面的开口孔隙被涂料膜层或水所封闭,吸声效果将大大下降。

(3)材料的厚度 增加多孔材料的厚度,可提高对低频声音的吸收效果,而对高频声音没有多大的效果。

材料的吸声性有时也采用降噪系数表示,后者是指在 250,500,1 000,2 000 Hz 时测得的吸声系数的平均值。降噪系数越大,说明材料的吸声降噪能力越高。

吸声材料能抑制噪声和减弱声波的反射作用。在音质要求高的场所,如音乐厅、影剧院、播音室等,必须使用吸声材料。在噪声大的某些工业厂房,为改善劳动条件,也应使用吸声材料。

(二)隔声性

声波在建筑结构中的传播主要通过空气和固体来实现。因而隔声分有隔空气声和隔固体声。

1. 隔空气声

透射声功率与入射声功率的比值称为声透射系数 τ,该值越大则材料的隔声性越差。材料或构件的隔声能力用隔声量 $R(R = 10 \lg \frac{1}{\tau})$ 来表示,单位为 dB。

与声透射系数 τ 相反,隔声量 R 越大,材料或构件的隔声性能越好。

对于均质材料,隔声量符合"质量定律",即材料单位面积的质量越大或材料的体积密度越大,隔声效果越好。轻质材料的质量较小,隔声性较密实材料差。

2.隔固体声

固体声是由于振源撞击固体材料,引起固体材料受迫振动而发声,并向四周辐射声能。固体声在传播过程中,声能的衰减极少。

弹性材料如地毯、木板、橡胶片等具有较高的隔固体声能力。

六、材料的耐久性

(一)耐久性

材料长期抵抗各种内外破坏因素或腐蚀介质的作用,保持其原有性质的能力称为材料的耐久性。材料的耐久性是材料的一项综合性质,一般包括有耐水性、抗渗性、抗冻性、耐腐蚀性、抗老化性、耐热性、耐溶蚀性、耐磨性或耐擦性、耐光性、耐沾污性、易洁性等许多项。对装饰材料主要要求颜色、光泽、外形等不发生显著的变化。

材料的组成和性质不同,工程的重要性及所处环境不同,则对材料耐久性项目的要求及耐久性年限的要求也不同。如北方地区外墙用装饰材料须具有一定的抗冻性;地面用装饰材料须具有一定的硬度和耐磨性;处于潮湿环境的装饰材料须具有一定的耐水性等等。耐久性寿命的长短是相对的,如对花岗岩要求其耐久性寿命为数十年至数百年以上,而对质量上乘的外墙涂料则要求其耐久性寿命为 $10\sim15$ 年。

工程上应根据工程的重要性、所处的环境及装饰材料的特性,正确选择合理的耐久性寿命。

(二)影响耐久性的主要因素

1.内部因素

内部因素是造成装饰材料耐久性下降的根本原因。内部因素主要包括材料的组成、结构与性质。当材料的组成易溶于水或其它液体,或易与其它物质产生化学反应时,则材料的耐水性、耐化学腐蚀性等较差;无机非金属脆性材料在温度剧变时易产生开裂,即耐急冷急热性差;晶体材料较同组成非晶体材料的化学稳定性高;当材料的孔隙率 P ,特别是开口孔隙率 P_k 较大时,则材料的耐久性往往较差;对有机材料,因含有不饱和键(双键或三键)等,抗老化性较差;当材料强度较高时,则材料的耐久性往往较高。

2.外部因素

外部因素也是影响耐久性的主要因素。外部因素主要有:

(1)化学作用 包括各种酸、碱、盐及其水溶液,各种腐蚀性气体,对材料具有化学腐蚀作用或氧化作用。

(2)物理作用 包括光、热、电、温度差、湿度差、干湿循环、冻融循环、溶解等,可使材料的结构发生变化,如内部产生微裂纹或孔隙率增加。

(3)机械作用 包括冲击、疲劳荷载,各种气体、液体及固体引起的磨损与磨耗等。

(4)生物作用 包括菌类、昆虫等,可使材料产生腐朽、虫蛀等而破坏。

实际工程中,材料受到的外界破坏因素往往是两种以上因素同时作用。金属材料常由化学和电化学作用引起腐蚀和破坏;无机非金属材料常由化学作用、溶解、冻融、风蚀、温差、湿差、摩擦等其中某些因素或综合作用而引起破坏;有机材料常由生物作用、溶解、化学腐蚀、光、热、电等作用而引起破坏。

对材料耐久性最可靠的判断是在使用条件下进行长期观测,但这需要很长的时间。通常是根据使用条件与要求,在实验室进行快速试验,据此对材料的耐久性做出判断。

第二节　建筑装饰材料的装饰性质

建筑装饰材料是用于建筑物表面,起到装饰作用的材料。对装饰材料的基本要求有以下几个方面。

一、建筑装饰材料的装饰性质

(一)材料的颜色、光泽、透明性

颜色是材料对光谱选择吸收的结果。不同的颜色给人以不同的感觉,如红色、橘红色给人一种温暖、热烈的感觉,绿色、蓝色给人一种宁静、清凉、寂静的感觉。

光泽是材料表面方向性反射光线的性质。材料表面愈光滑,则光泽度愈高。当为定向反射时,材料表面具有镜面特征,又称镜面反射。不同的光泽度,可改变材料表面的明暗程度,并可扩大视野或造成不同的虚实对比。

透明性是光线透过材料的性质。分为透明体(可透光、透视)、半透明体(透光,但不透视)、不透明体(不透光、不透视)。利用不同的透明度可隔断或调整光线的明暗,造成特殊的光学效果,也可使物象清晰或朦胧。

(二)花纹图案、形状、尺寸

在生产或加工材料时,利用不同的工艺将材料的表面作成各种不同的表面组织,如粗糙、平整、光滑、镜面、凹凸、麻点等;或将材料的表面制作成各种花纹图案(或拼镶成各种图案),如山水风景画、人物画、仿木花纹、陶瓷壁画、拼镶陶瓷锦砖等。

建筑装饰材料的形状和尺寸对装饰效果有很大的影响。改变装饰材料的形状和尺寸,并配合花纹、颜色、光泽等可拼镶出各种线型和图案,从而获得不同的装饰效果,以满足不同建筑型体和线型的需要,最大限度地发挥材料的装饰性。

(三)质感

质感是材料的表面组织结构、花纹图案、颜色、光泽、透明性等给人的一种综合感觉,如钢材、陶瓷、木材、玻璃、呢绒等材料在人的感官中的软硬、轻重、粗犷、细腻、冷暖等感觉。组成相同的材料可以有不同的质感,如普通玻璃与压花玻璃、镜面花岗岩板材与剁斧石。相同的表面处理形式往往具有相同或类似的质感,但有时并不完全相同,如人造花岗岩、仿木纹制品,一般均没有天然的花岗岩和木材亲切、真实,而略显得单调、呆板。

(四)耐沾污性、易洁性与耐擦性

材料表面抵抗污物作用保持其原有颜色和光泽的性质称为材料的耐沾污性。

材料表面易于清洗洁净的性质称为材料的易洁性,它包括在风、雨等作用下的易洁性(又称自洁性)及在人工清洗作用下的易洁性。

良好的耐沾污性和易洁性是建筑装饰材料经久常新,长期保持其装饰效果的重要保证。用于地面、台面、外墙以及卫生间、厨房等的装饰材料有时须考虑材料的耐沾污性和易洁性。

材料的耐擦性实质是材料的耐磨性,分为干擦(称为耐干擦性)和湿擦(称为耐洗刷性)。耐擦性越高,则材料的使用寿命越长。内墙涂料常要求具有较高的耐擦性。

二、建筑装饰材料的选用原则

选用建筑装饰材料的原则是装饰效果要好并且耐久、经济。

选择建筑装饰材料时,首先应从建筑物的使用要求出发,结合建筑物的造型、功能、用途、所处的环境(包括周围的建筑物)、材料的使用部位等,并充分考虑建筑装饰材料的装饰性质及材料的其它性质,最大限度地表现出所选各种建筑装饰材料的装饰效果,使建筑物获得良好的装饰效果和使用功能。其次所选建筑装饰材料应具有与所处环境和使用部位相适应的耐久性,以保证建筑装饰工程的耐久性。最后应考虑建筑装饰材料与装饰工程的经济性,不但要考虑到一次投资,也应考虑到维修费用,因而在关键性部位上应适当加大投资,延长使用寿命,以保证总体上的经济性。

第二章　天然装饰石材

天然岩石不经机械加工或经机械加工而得到的材料统称为天然石材。天然石材是人类历史上应用最早的建筑材料。石材在世界建筑史上谱写了不朽的篇章,石材建筑也在世界各国都留下了许多佳作。建筑石材,不仅仅作为基石用材,而且以它所特有的色泽和纹理美在室内外环境中得到了更为广泛的应用,特别是在装饰环境中,更扮演了极其重要的角色。无论墙面、地面,由于石材的特点为古今建筑平添了多少动人的魅力,许多优秀的世界建筑,特别是古建筑,无一没有石材的表现,石材在建筑上既是千古不朽的基础材料,又是锦上添花的装饰材料。

第一节　岩石的基本知识

一、岩石的形成与分类

岩石按地质形成条件分为火成岩、沉积岩和变质岩三大类,它们具有显著不同的结构、构造和性质。

(一)火成岩

火成岩由地壳内部熔融岩浆上升冷却而成,又称岩浆岩。

1. 深成岩

岩浆在地表深处受上部岩层的压力作用,缓慢冷却结晶成岩石。其结构致密,具有粗大的晶粒和块状构造(矿物排列无序,宏观呈块状构造)。建筑上常用的有花岗岩、正长岩、辉长岩、闪长岩、橄榄岩等。

2. 浅成岩

岩浆在地表浅处冷却结晶成岩。其结构致密,但由于冷却较快,故晶粒较小,如辉绿岩。

深成岩和浅成岩统称侵入岩,为全晶质结构(岩石全部由结晶的矿物颗粒组成),且没有层理。侵入岩的体积密度大、抗压强度高、吸水率低、抗冻性好。

3. 喷出岩

岩浆冲破覆盖岩层喷出地表冷凝而成的岩石。当喷出岩形成较厚的岩层时,其结构致密,性能接近于浅成岩,但因冷却迅速,大部分结晶不完全,多呈隐晶质(矿物晶粒细小,肉眼不能识别)或玻璃质,如建筑上使用的玄武岩、安山岩等;当形成的岩层较薄时,常呈多孔构造,近于火山岩。

(二)沉积岩

地表的各种岩石在外力地质作用下经风化、搬运、沉积成岩作用(压固、胶结、重结晶等),在地表或地表不太深处形成的岩石。

沉积岩的主要特征是呈层状结构,各层岩石的成分、结构、颜色、性能均不同,且为各向异性。与深成岩相比,沉积岩的体积密度小、孔隙率和吸水率较大、强度和耐久性较低。

1.机械沉积岩

风化后的岩石碎屑在流水、风、冰川等作用下,经搬迁、沉积、固结(多为自然胶结物固结)而成。如常用的砂岩、砾岩、火山凝灰岩、粘土岩等。此外,还有砂、卵石等(未经固结)。

2.化学沉积岩

由岩石风化后溶于水而形成的溶液、胶体经搬迁沉淀而成。如常用的石膏、菱镁矿、某些石灰岩等。

3.生物沉积岩

由海水或淡水中的生物残骸沉积而成。常用的有石灰岩、白垩、硅藻土等。

(三)变质岩

岩石由于岩浆等的活动(主要为高温、高湿、压力等),发生再结晶,使它们的矿物成分、结构、构造以至化学组成都发生改变而形成的岩石。

1.正变质岩

由火成岩变质而成。变质后的构造、性能一般较原火成岩差。常用的有由花岗岩变质而成的片麻岩。

2.副变质岩

由沉积岩变质而成。变质后的结构、构造及性能一般较原沉积岩好。常用的有大理岩、石英岩等。

二、造岩矿物

矿物是具有一定化学成分和一定结构特征的天然化合物或单质。岩石为矿物的集合体,组成岩石的矿物称为造岩矿物。各种造岩矿物各具不同颜色和特性,建筑工程中常用岩石的主要造岩矿物见表2-1。

表 2-1　几种主要造岩矿物的组成与特征

矿物	组成	密度(g/cm³)	莫氏硬度	颜色	其它特性
石英	结晶 SiO_2	2.65	7	无色透明至乳白等色	坚硬、耐久、具有贝状断口、玻璃光泽
长石	铝硅酸盐	2.5～2.7	6	白、灰、红、青等色	耐久性不如石英,在大气中长期风化后成为高岭土,解理完全、性脆
云母	含水的钾镁铁铝硅酸盐	2.7～3.1	2～3	无色透明至黑色	解理极完全,易分裂成薄片,影响岩石的耐久性和磨光性,黑云母风化后形成蛭石
角闪石辉石橄榄石	铁镁硅酸盐	3～4	5～7	色暗,统称暗色矿物	坚硬、强度高、韧性大、耐久
方解石	结晶 $CaCO_3$	2.7	3	通常呈白色	硬度不大,强度高,遇酸分解,晶形呈菱面体,解理完全
白云石	$CaCO_3 \cdot MgCO_3$	2.9	4	通常呈白至灰色	与方解石相似,遇热酸分解
高岭石	$Al_2O_3 \cdot 2SiO_2 \cdot 2H_2O$	2.6	2～2.5	白至灰、黄	呈致密块状或土状,质软、塑性高、不耐水
黄铁矿	FeS_2	5	6～6.5	黄	条痕呈黑色、无解理、在空气中易氧化成氧化铁和硫酸,污染岩石,是岩石中的有害杂质

大自然中大部分岩石都是由多种造岩矿物组成,如花岗岩,它是由长石和石英、云母及某些暗色矿物组成,因此颜色多样,只有少数岩石由一种矿物组成。由此可知,岩石并无确定的化学成分和物理性质,同种岩石,产地不同,其矿物组成和结构均有差异,因而岩石的颜色、强度等性能也均不相同。

三、岩石的结构与性质

(一)岩石的结构

大多数岩石属于结晶结构,少数岩石具有玻璃质结构。二者相比,结晶质的具有较高的强度、韧性、化学稳定性和耐久性等。岩石的晶粒越小,则岩石的强度越高、韧性和耐久性越好。含有极完全解理的矿物时,如云母等,对岩石的性能不利;方解石、白云石等含有完全解理,因此由其组成的岩石易于开采,其强度和韧性不是很高。

岩石的孔隙率较大,并夹杂有粘土质矿物时,岩石的强度、抗冻性、耐水性及耐久性等会显著下降。

(二)岩石的性质

岩石质地坚硬,强度、耐水性、耐久性、耐磨性高,使用寿命可达数十年至数百年以上,但体积密度高,开采和加工困难。岩石中的大小、形状和颜色各异的晶粒及其不同的排列使得许多岩石具有较好的装饰性,特别是具有斑状构造和砾状构造的岩石,在磨光后,纹理美观夺目,具有优良的装饰性。

四、岩石的风化

水、冰、化学因素等造成岩石开裂或剥落的过程,称为岩石的风化。孔隙率的大小对风化有很大的影响。当岩石内含有较多的黄铁矿、云母时,风化速度快。此外,由方解石、白云石组成的岩石在含有酸性气体的环境中也易风化。防风化的措施主要有磨光石材表面,防止表面积水;采用有机硅喷涂表面,对碳酸盐类石材可采用氟硅酸镁溶液处理石材表面。

第二节　常用建筑装饰石材

一、花岗石

(一)花岗石的性质

花岗石是花岗岩的俗称,有时也称麻石。它属于深成火成岩,是火成岩中分布最广的岩石,其主要矿物组成为长石、石英和少量云母等。主要化学组成为 SiO_2,约占 65%～75%。花岗岩为全晶质,按晶粒大小分为细晶、粗晶和伟晶,但以细晶结构为好。通常有灰、白、黄、粉红、红、纯黑等多种颜色,具有很好的装饰性。优质的花岗石应是石英和长石含量高,云母含量少,并且晶粒细小,构造致密、无风化迹象。某些花岗岩含有微量的放射性元素(如氡气),对于这类花岗岩应避免用于室内。

花岗岩的体积密度为 2 500～2 800 kg/m³,抗压强度为 120～300 MPa,孔隙率低,吸水率为 0.1%～0.7%,莫氏硬度为 6～7,耐磨性好,抗风化性及耐久性高,耐酸性好,但不耐火。使用年限为数十年至数百年,高质量的可达千年以上。

商业上所说的花岗石除指花岗岩外,还包括质地较硬的各类火成岩和花岗质的变质岩,如安山岩、辉绿岩、辉长岩、闪长岩、玄武岩、橄榄岩、片麻岩等。安山岩、辉绿岩、辉长岩的体积密度均较大,为 2 800～3 000 kg/m³,抗压强度为 100～280 MPa,耐久性及磨光性好,常呈深灰、浅灰、黑灰、灰绿、墨绿色和斑纹。片麻岩呈片状构造,各向异性,在冰冻作用下易成层剥落,其它性质与花岗岩基本相同,但强度较低。

(二)花岗石的常用品种

国内部分花岗石品种、特色及产地见表 2-2。

表 2-2　国内部分花岗石品种、特色及产地

品　种	花色特征	主要产地
济南青	黑色,有小白点	北京、山东、湖北
白虎涧	肉粉色带黑斑	
将军红	黑色棕红浅灰间小斑块	
莱州白	白色黑点	山东
莱州青	黑底青白点	
莱州黑	黑底灰白点	
莱州红	粉红底深灰点	
莱州棕黑	黑底棕点	
红花岗石	紫红色或红底起白花点	山东、湖北
芝麻青	白底、黑点	

常用的花岗石品种还有泰山青、泰安绿、长清花、黑芝麻、夏门白、石山红、笔山石、日中石、雪花青、梅花红、墨玉、云里梅等。

(三)花岗石装饰板材的分类与技术要求

装饰用花岗石一般均为板材。按板材的形状分为普型板材(正方形或长方形,代号 N),异型板材(其它形状的板材,代号 S)。按板材厚度分为薄板(厚度≤15 mm)和厚板(厚度>15 mm)。按板材表面加工程度分为以下三种。

1. 粗面板材(RU)

表面平整、粗糙、具有较规则加工条纹的板材。主要有由机刨法加工而成的机刨板、由斧头加工而成的剁斧板、由花锤加工而成的锤击板、由火焰法加工而成的烧毛板等。表面粗犷、朴实、自然、浑厚、庄重。

2. 细面板材(RB)

经粗磨、细磨加工而成的,表面平整、光滑的板材。

3. 镜面板材(PL)

经粗磨、细磨、抛光而成的,表面平整,具有镜面光泽的板材。表面晶粒鲜明、色泽明亮、豪华气派、易清洗。

花岗石板材的规格尺寸很多,常用的长度和宽度范围为300～1 200 mm,厚度为10～30 mm。《天然花岗石建筑板材》(JC 205－92)规定同一批板材的花纹色调应基本调和,板材正面的外观质量应符合表 2-3 的要求,且镜面板材的光泽度应不低于 75 光泽单位。同时花岗石的体积密度应不小于 2.50 g/cm³,吸水率应不大于 1.0%,干燥抗压强度应不小于

60 MPa,抗弯强度应不小于 8.0 MPa。

表 2-3 天然花岗石建筑板材的外观质量要求(JC 205－92)

名称	规定内容	优等品	一等品	合格品
缺棱	长度不超过 10 mm(长度小于 5 mm 不计),周边每米长(个)	不允许	1	2
缺角	面积不超过 5 mm×2 mm(面积小于 2 mm×2 mm 不计),每块板(个)			
裂纹	长度不超过两端顺延至板边总长度的 1/10(长度小于 20 mm 不计),每块板(条)			
色斑	面积不超过 20 mm×30 mm(面积小于 15 mm×15 mm 不计),每块板(个)			
色线	长度不超过两端顺延至板边总长度的 1/10(长度小于 40 mm 不计),每块板(条)		2	3
坑窝	粗面板材的正面出现坑窝		不明显	出现,但不影响使用

(四)花岗石的应用

花岗石属于高级装饰材料,但开采加工困难,故造价较高,因而主要用于大型建筑或装饰要求高的其它建筑。粗面板材和细面板材主要用于室外地面、台阶、墙面、柱面、台面等;镜面板材主要用于室内外墙面、地面、柱面、台面、台阶等。花岗石也可加工成条石、蘑菇石、柱头、饰物等用于室外装饰工程中。

二、大理石

(一)大理石的性质

大理石是大理岩的俗称,又称云石。大理岩属于变质岩,是由石灰岩或白云岩变质而成。主要矿物成分为方解石、白云石,化学成分主要为 CaO,MgO,CO_2,并含有少量 SiO_2 等。具有等粒、不等粒斑状结构。天然大理岩具有纯黑、纯白、纯灰、浅灰、绿、米黄等多种色彩,并且斑纹多样,千姿百态,朴素自然。大理岩的颜色是由其所含成分决定的,见表 2-4。大理岩的光泽与其成分有关,其关系见表 2-5。

表 2-4 大理岩的颜色与所含成分的关系

颜色	白色	紫色	黑色	绿色	黄色	红褐色、紫红色、棕黄色	无色透明
所含成分	碳酸钙、碳酸镁	锰	碳或沥青物	钴化物	铬化物	锰及氧化铁的水化物	石英

表 2-5 大理岩光泽与所含成分的关系

光泽	金黄色	暗红	蜡状	石棉	玻璃	丝绢	珍珠	脂肪
所含成分	黄铁矿	赤铁矿	蛇纹岩等混合物	石棉	石英、长石、白云石	纤维状矿物质、石膏	云母	滑石

大理岩石质细腻,光泽柔润,绚丽多彩,磨光后具有优良的装饰性。

大理岩的体积密度为 2 500～2 700 kg/m³,抗压强度为 50～190 MPa,莫氏硬度为 3～4,易于雕琢磨光。城市空气中的二氧化硫遇水后对大理岩中的方解石有腐蚀作用,即生成易溶的石膏,从而使表面变得粗糙多孔,并失去光泽,因而大理石不宜用于室外。但吸水率小、杂质少、晶粒细小、纹理细密、质地坚硬,特别是白云岩或白云质石灰岩变质而成的某些大理岩也可用于室外,如汉白玉、艾叶青等。

商业上所指的大理石除指大理岩外,还包括主要成分为碳酸盐矿物、质地较软的其它碳酸盐岩和与其有关的变质岩,如石灰岩、白云岩、鲕状灰岩(石灰岩的一种,由球形或椭球形颗粒组成,其颗粒外形、大小象鱼卵)、竹叶状灰岩(由圆形或椭圆形扁平砾石平行组成的石灰岩,在垂直切面上砾石的形状象竹叶)、叠层状灰岩(具有平行细纹层的石灰岩)、生物碎屑灰岩(由破碎的生物贝壳被碳酸钙胶结而成的石灰岩)、蛇纹石化大理石等。它们的力学性质等较大理岩差。

(二)常用大理石的品种

"大理石"是以云南省大理县的大理城命名的,大理以盛产大理石而名扬中外,是古今传颂的大理石之乡。大理石品种繁多,石质细腻,光泽柔润,十分惹人喜爱。目前开采利用的主要有三类,即云灰、白色和彩花大理石。

1. 云灰大理石

云灰大理石因其多呈云灰色,或在云灰底色上泛起朵朵酷似天然云彩状花纹而得名,有的看上去象青云直上,有的象乱云飞渡,有的如乌云滚滚,有的若浮云漫天,其中花纹似水波纹者称水花石,水花石常见图案有"微波荡漾"、"烟波浩渺"、"水天相连"等。云灰大理石加工性能特别好,主要用来制作建筑饰面板材,是目前开采利用最多的一种。

2. 白色大理石

白色大理石洁白如玉,晶莹纯净,熠熠生辉,故又称汉白玉、苍山白玉或白玉,它是大理石中的名贵品种,是重要建筑物的高级装修材料。

3. 彩花大理石

彩花大理石呈薄层状,产于云灰大理石层间,是大理石中的精品,经过研磨、抛光,便呈现色彩斑斓、千姿百态的天然图画,为世界所罕见,如呈现山水林木、花草虫鱼、云雾雨雪、珍禽异兽、奇岩怪石等等。若在其上点出图的主题,即写上画名或题以诗文,则越发引人入胜。例如呈现山水画面的题"万里云山尽朝辉"、"群峰叠翠"、"满目清山夕照明"、"清泉石上流"等等;呈岩石画面的题"怪石穿空"、"千岩竞秀"等;似云雾的画面题"云移青山翠"、"幽谷出奇烟"、"云气苍茫"、"云飞雾涌"等;象禽兽的画面题"凤凰回首"、"鸳鸯戏水"、"骏马奔腾"等;象人物的画面题"云深采药"、"老农过桥"、"牛郎牧童"、"双仙画石"等;象四时景物的画面题"春风杨柳"、"夏山欲雨"、"落叶满山秋"等。

从众多的彩花大理石中,通过精心选择和琢磨,还可获得人们企求的理想天然图画。如1978 年大理县大理石厂为毛主席纪念堂制作了 14 个大理石花盆,每个花盆的正面图案都具有深刻的含义,画面中有韶山、井岗山、娄山关、赤水河、金沙江、大渡河、雪山、草地、延安等。再如人民大会堂云南厅的大屏风上,镶嵌着一块呈现山河云海图的彩花大理石,气势雄伟,十分壮观,这是大理人民借大自然的"神笔"描绘出的歌颂祖国大好河山的画卷。

国内常用大理石的品种,特色及产地见表2-6。

表 2-6　常用大理石品种

名　　称	特　　色	产　　地
汉白玉	玉白色,微有杂点和脉	北京房山、湖北黄石
晶　白	白色晶体,细致而均匀	湖　北
雪　花	白间淡灰色,有均匀中晶,有较多黄翳杂点	山东掖县
雪　云	白和灰白相间	广东云浮
墨晶白	玉白色、微晶、有黑色纹脉或斑点	河北曲阳
影晶白	乳白色,有微红至深赭的陷纹	江苏高资
风　雪	灰白间有深灰色晕带	云南大理
冰　浪	灰白色均匀粗晶	河北曲阳
黄花玉	淡黄色,有较多稻黄脉络	湖北黄石
凝　脂	猪油色底,稍有深黄细脉,偶带透明杂晶	江苏宜兴
碧　玉	嫩绿或深绿和白色絮状相渗	辽宁连山关
彩　云	浅翠绿色底,深浅绿絮状相渗,有紫斑和脉	河北获鹿
斑　绿	灰白色底,有深草绿点斑状,堆状	山东莱阳
云　灰	白或浅灰底,有烟状或云状黑灰纹带	北京房山
晶　灰	灰色微赭,均匀细晶,间有灰条纹或赭色斑	河北曲阳
驼　灰	土灰色底,有深黄赭色,浅色疏脉	江苏苏州
裂　玉	浅灰带微红底,有红色脉络和青灰色斑	湖北大冶
海　涛	浅灰底,有深浅间隔的青灰色条状斑带	湖　北
象　灰	象灰底,杂细晶斑,并有红黄色细纹络	浙江潭浅
艾叶青	青底,深灰间白色叶状斑云,间有片状纹缕	北京房山
残　雪	灰白色,有黑色斑带	河北铁山
螺　青	深灰色底,满布青白相间螺纹状花纹	北京房山
晚　霞	石黄间土黄斑底,有深黄叠脉,间有黑晕	北京顺义
蟹　青	黄灰底,遍布深灰或黄色砾斑,间有白灰层	湖　北
虎　纹	赭色底,有流纹状石黄色经络	江苏宜兴
灰黄玉	浅黑灰底,有红色、黄色和浅灰脉络	湖北大冶
锦　灰	浅黑灰底,有红色和灰白色脉络	湖北大冶
电　花	黑灰底,满布红色间白色脉络	浙江杭州
桃　红	桃红色,粗晶,有黑色缕纹或斑点	河北曲阳
银　河	浅灰底,密布粉红脉络杂有黄脉	湖北下陆
秋　枫	灰红底,有血红晕脉	江苏南京
砾　红	浅红底,满布白色大小碎石块	广东云浮
桔　络	浅灰底,密布粉红和紫红叶脉	浙江长兴
岭　红	紫红碎螺脉,杂以白斑	辽宁铁岭
紫螺纹	灰红底,满布红灰相间的螺纹	安徽灵壁
螺　红	绛红底,夹有红灰相间的螺纹	辽宁金县
红花玉	肝红底,夹有大小浅红石块	湖北大冶
五　花	绛紫色,遍布绿灰色或紫色大小砾石	江苏、河北
墨　壁	黑色、杂有少量浅黑色斑或少量土黄缕纹	河北获鹿
量　夜	黑色、间少量白络或白斑	江苏苏州

(三)大理石装饰板材的技术要求

装饰用大理石多数为镜面板材,按板材的形状分为普型板材(N)和异型板材(S)两种。《天然大理石建筑板材》(JC 79－92)按板材的规格尺寸允许偏差、平面度允许极限公差、角度允许极限公差、外观质量、镜面光泽度分为优等品(A)、一等品(B)、合格品(C),并规定同一批板材的花纹色调应基本调和,板材正面的外观缺陷、光泽度(由板材的化学主成分控制)

应分别满足表 2-7 和表 2-8 的要求。

表 2-7　天然大理石建筑板材的外观质量要求（JC 79—92）

缺陷名称	优等品	一等品	合格品
翘曲			
裂纹			有,但不影响使用
砂眼	不允许	不明显	
凹陷			
色斑			
污点			
正面棱缺陷长≤8 mm,宽≤3 mm			1 处
正面角缺陷长≤3 mm,宽≤3 mm			1 处

表 2-8　天然大理石建筑板材的镜面光泽度要求（JC 79—92）

化学主成分含量（%）				镜面光泽度（光泽单位）,≮		
氧化钙	氧化镁	二氧化硅	灼烧减量	优等品	一等品	合格品
40～56	0～5	0～15	30～45	90	80	70
25～35	15～25	0～15	35～45			
25～35	15～25	10～25	25～35	80	70	60
34～37	15～18	0～1	42～45			
1～5	44～50	32～38	10～20	60	50	40

此外,大理石的体积密度应不小于 2.60 g/cm³,吸水率应不大于 0.75%,干燥抗压强度应不小于 20.0 MPa,抗弯强度应不小于 7.0 MPa。

（四）大理石的应用

大理石属于高级装饰材料,大理石镜面板材主要用于大型建筑或要求装饰等级高的建筑,如商店、宾馆、酒店、会议厅等的室内墙面、柱面、台面及地面。但由于大理石的耐磨性相对较差,故在人流较大的场所不宜作为地面装饰材料。大理石也常加工成栏杆、浮雕等装饰部件。大理石除个别品种外,一般不宜用于室外。

三、园林造园用石

我国造园艺术历史悠久,源远流长,早在周文王的时候就有营建宫苑的记载,到清代皇家苑园无论在数量或规模上都远远超过历代,为造园史上最兴旺发达的时期。

我国古典园林特征是再现山水式的园林,其特点是源于自然,高于自然,把人工美和自然美巧妙地结合,从而做到"虽由人做,宛自天开"的意境。在传统的造园艺术中堆山叠石占有十分重要的地位,凡有园必有山石,离石不成园,园林中的山石是对自然山石的艺术摹写,是凝聚造园艺术家的艺术创造。园林中的山石除有自然山石的形神外,还具有传情的作用。《园治》中所说:"中山有致,寸石生情。"人们对山石的欣赏主要是它的形式美。借堆山叠石,不仅从外部看可以再现大自然界的峰峦峭壁,并使之具有咫尺山林的野趣,而且从内部讲还可以形成虚空的沟涧洞壑,从而造成盘回不尽和扑朔迷离的幻觉。例如苏州环秀山庄,在有限的空间内,山石竟能够使人感到曲折不尽和变幻莫测,使山池萦绕,蹊径盘回,特别是峡谷、沟涧纵横交织和洞壑的曲折蜿蜒。

在我国园林史上,江南园林玲珑精巧、清雅典致,莫不借助太湖石。

天然太湖石为溶蚀的石灰岩。主要产地为江苏省太湖东山、西山一带。因长期受湖水冲刷,岩石受腐蚀作用形成玲珑的洞眼,有青、灰、白、黄等颜色。其它地区石灰岩近水者,也产此石,一般也称为太湖石。太湖石可呈现刚、柔、玲透、浑厚、顽拙或千姿百态,飞舞跌宕,形状万千。天然太湖石纹理具备张弛起伏,抑扬顿挫,具有一定结构形式的美感,尤其在光影的辅助下,给人以多彩多变的美感与享受。

太湖石,可以独立装饰,也可以联族装饰,还可以用太湖石兴建人造假山或石碑,成为中国园林中独具特色的装饰品,起到衬托与分割空间的艺术效果。

中国园林中,应用太湖石的不少。如安徽早建"艮岳"的遗石,古人称为"朵云突兀,万窍灵通"。苏州狮子林,用太湖石造假山,峰峦叠起,峰回路转,似壅而通,素有人造"假山王国"之称。再如无锡蠡园应用太湖石人造假山,摹拟云层变幻,扑朔迷离,有"只在此山中,云深不知处"之感。北京的颐和园、北海公园、中山公园等,都装饰着不少太湖石。

中国太湖石装饰传世作品中,最著名的有三块,合称"江南三大名石"。它们是苏州第十五中学内的"瑞云峰"太湖石、杭州花园圃内"绉云峰"太湖石以及上海豫园内的"玉玲珑"太湖石。

四、天然石材的选用原则

由于天然石材自重大,运输不方便,故在建筑工程中,为了保证工程的经济合理,在选用石材时必须考虑以下几点:

(1)经济性 尽量采取就地取材,以缩短石材运距,减轻劳动强度,降低成本。

(2)强度与耐久性 石材的强度与其耐久性、耐磨性、耐冲击性等性能有着密切的关系。因此,应根据建筑物的重要性及建筑物所处环境,选用足够强度的石材,以保证建筑物的耐久性。

(3)装饰性 用于建筑物饰面的石材,选用时必须考虑其色彩及天然纹理与建筑物周围环境的协调性,充分体现建筑物的艺术美。同时,还须严格控制石材尺寸公差、表面平整度、光泽度和外观缺陷等。

第三章　石膏装饰材料

石膏及其制品具有质轻、保温、不燃、防火、吸声、形体饱满、线条清晰、表面光滑而细腻、装饰性好等特点,因而是建筑室内装饰工程常用的装饰材料之一。

第一节　石膏

建筑装饰工程用石膏主要有建筑石膏、模型石膏、高强石膏、粉刷石膏等。它们均属于气硬性胶凝材料。

一、建筑石膏

(一)建筑石膏的生产

生产石膏的原料主要为含硫酸钙的天然石膏(又称生石膏)或含硫酸钙的化工副产品和废渣(如磷石膏、氟石膏、硼石膏等),其化学式为 $CaSO_4 \cdot 2H_2O$,也称二水石膏。常用天然二水石膏制备建筑石膏。

将天然二水石膏在干燥条件下加热至 $107 \sim 170$ ℃,脱去部分水分即得熟石膏,也称半水石膏,反应如下:

$$CaSO_4 \cdot 2H_2O \xrightarrow{107 \sim 170 \text{ ℃}} CaSO_4 \cdot \frac{1}{2}H_2O + \frac{3}{2}H_2O$$

该半水石膏的晶粒较为细小,称为 β 型半水石膏,将此熟石膏磨细得到的白色粉末即为建筑石膏。

(二)建筑石膏的水化与凝结硬化

建筑石膏加水拌合后,与水发生化学反应(简称水化):

$$CaSO_4 \cdot \frac{1}{2}H_2O + 1\frac{1}{2}H_2O \longrightarrow CaSO_4 \cdot 2H_2O$$

生成的二水石膏从过饱和溶液中不断析出并沉淀。随着水化的不断进行,生成的二水石膏不断增多,浆体的稠度不断增加,使浆体逐渐失去可塑性。随水化的不断进行,二水石膏胶体微粒凝聚并转变为晶体。晶体颗粒逐渐长大,且晶体颗粒间相互搭接、交错、共生(二个以上晶粒生长在一起),产生强度,即浆体产生了硬化。这一过程不断进行,直至浆体完全干燥,强度不再增加。此时浆体已硬化成为人造石材。

(三)建筑石膏的技术要求

建筑石膏的技术要求主要有强度、细度和凝结时间。并按强度、细度和凝结时间划分为优等品、一等品和合格品,各等级的强度与细度应满足表 3-1 中的要求;各等级建筑石膏的初凝时间不得小于 6 min,终凝时间不得大于 30 min。

表 3-1　建筑石膏各等级的强度和细度数值(GB 9776—88)

项目	优等品	一等品	合格品	备注
抗折强度(MPa),≮	2.5	2.1	1.8	表中强度值为2 h的强度值
抗压强度(MPa),≮	4.9	3.9	2.9	
细度 0.2 mm方孔筛筛余(%),≯	5.0	10.0	15.0	

(四)建筑石膏的性质与应用

1. 凝结硬化快、强度较低

建筑石膏在加水拌合后,浆体在 6～10 min 内便开始失去可塑性,20～30 min 内完全失去可塑性而产生强度。因初凝时间较短,为满足施工的要求,一般均须加入建筑石膏用量0.1%～0.2%的动物胶(经石灰处理),或掺入 1%的亚硫酸酒精废液来延缓凝结速度,也可使用硼砂或柠檬酸。但掺缓凝剂后,石膏制品的强度将有所降低。

石膏的强度发展较快,2 h 的抗压强度可达 3～6 MPa,7 d 时可达最大抗压强度值约为 8～12 MPa。

2. 体积微膨胀

石膏浆体在凝结硬化初期会产生微膨胀,膨胀率为 0.5%～1.0%。这一特性使石膏制品的表面光滑、尺寸精确、形体饱满、装饰性好,加之石膏制品洁白、细腻,特别适制作建筑装饰制品。

3. 孔隙率大、保温性好、吸声性较好

建筑石膏在拌合时,为使浆体具有施工要求的可塑性,须加入建筑石膏用量 60%～80%的用水量,而建筑石膏水化的理论需水量为 18.6%,所以大量的自由水在蒸发后,在建筑石膏制品内部形成大量的毛细孔隙。石膏制品的孔隙率达 50%～60%,体积密度为 800～1 000 kg/m³,导热系数小,吸声性较好,属于轻质保温材料。

4. 具有一定的调温和调湿性能

建筑石膏制品的比热较大,因而具有一定的调节温度的作用。它内部的大量毛细孔隙对空气中的水蒸气具有较强的吸附能力,所以对室内空气的湿度有一定的调节作用。

5. 防火性好、但耐火性较差

建筑石膏制品的导热系数小、传热慢,且二水石膏受热脱水产生的水蒸气能阻碍火势的蔓延。但二水石膏脱水后,强度下降,因而耐火性较差。

6. 耐水性差

石膏制品的孔隙率大,且二水石膏可微溶于水,故石膏制品的耐水性差。石膏的软化系数只有 0.2～0.3。

建筑石膏主要用于生产各种板材、装饰花、装饰配件等,如纸面石膏板、装饰石膏板、石膏线条、石膏花等。

二、模型石膏

模型石膏也为β型半水石膏,但杂质少、色白。主要用于陶瓷的制坯工艺,少量用于装饰浮雕。

三、高强石膏

将二水石膏置于蒸压釜,在 127 kPa 的水蒸气中(124 ℃)脱水,得到的是晶粒比 β 型半水石膏粗大、使用时拌合用水量少的半水石膏,称为 α 型半水石膏。将此熟石膏磨细得到的白色粉末称为高强度石膏。由于高强石膏的拌合用水量少(石膏用量的 35%～45%),硬化后有较高的密实度,所以强度较高,7 d 时可达 15～40 MPa。

高强石膏主要用于室内高级抹灰、各种石膏板、嵌条、大型石膏浮雕画等。

四、粉刷石膏

粉刷石膏是二水石膏或无水石膏经煅烧,其生成物($β-CaSO_4 \cdot \frac{1}{2}H_2O$ 和 II 型 $CaSO_4$)单独或两者混合后掺入外加剂,也可加入集料制成的胶结料。粉刷石膏按用途分为面层粉刷石膏(M)、底层粉刷石膏(D)和保温层粉刷石膏(W)。

《粉刷石膏》(JC/T 517—93)按强度分为优等品(A)、一等品(B)、合格品(C),各等级的强度应满足表 3-2 的要求。2.5 mm 筛和 0.2 mm 筛的筛余应分别不大于 0% 和 40%。初凝时间应不小于 1 h,终凝时间应不大于 8 h。保温层粉刷石膏的体积密度应不大于 600 kg/m³。

表 3-2　粉刷石膏的强度要求(JC/T 517—93)

产品类别	面层粉刷石膏			底层粉刷石膏			保温层粉刷石膏	
等级	优等品	一等品	合格品	优等品	一等品	合格品	优等品	一等品、合格品
抗压强度(MPa),≮	5.0	3.5	2.5	4.0	3.0	2.0	2.5	1.0
抗折强度(MPa),≮	3.0	2.0	1.0	2.5	1.5	0.8	1.5	0.6

粉刷石膏粘接力高、不裂、不起鼓、表面光洁、防火、保温,并且施工方便,可实现机械化施工,是一种高档抹面材料,可用于办公室、住宅等的墙面、顶棚等。

第二节　石膏装饰制品

在装饰工程中,建筑石膏和高强石膏往往先加工成各式制品,然后镶贴、安装在基层或龙骨支架上。石膏装饰制品主要有装饰板、装饰吸声板、装饰线角、花饰、装饰浮雕壁画、画框、挂饰及建筑艺术造型等。这些制品都充分发挥了石膏胶凝材料的装饰特性,效果很好,近年来倍受青睐。

一、普通纸面石膏板

纸面石膏板是以建筑石膏为主要原料,掺入纤维和外加剂构成芯材,并与护面纸板牢固地结合在一起的轻质建筑板材。护面纸板(专用的厚质纸)主要起到提高板材抗弯、抗冲击的作用。

生产纸面石膏板是将拌好的石膏浆体浇注在行进中的下护面纸板上,在铺浆成型后再覆以上护面纸板,之后经凝结、切断、烘干(硬化)、修边等工艺而成。

(一)规格

普通纸面石膏板的宽度分为 900,1 200 mm;长度分为 1 800,2 100,2 400,2 700,3 000,3 300,3 600 mm;厚度分为 9,12,15,18 mm。板材的棱边有矩形(代号 PJ)、45°倒角形(代号 PD)、楔形(代号 PC)、半圆形(代号 PB)和圆形(代号 PY)五种,见图 3-1。板的端头则是与棱边相垂直的平面。

图 3-1　普通纸面石膏板的棱边

(二)技术要求

普通纸面石膏板的板面应平整,外观质量应符合表 3-3 的要求。

表 3-3　普通纸面石膏板的外观质量要求(GB 9775—88)

对于波纹、沟槽、污痕和划痕等		
优等品	一等品	合格品
不允许有	允许有,但不明显	允许有,但不影响使用

普通纸面石膏板的物理性质、力学性能应满足表 3-4 和表 3-5 的规定。

表 3-4　普通纸面石膏板的单位面积质量、含水率、护面纸与石膏芯的粘接(GB 9775—88)

板材厚度(mm)	单位面积质量(kg/m²),≯						含水率(%),≯				护面纸与石膏芯的粘接(以裸露面积计,cm²),≯	
	优等品		一等品		合格品		优等品、一等品		合格品		优等品、一等品	合格品
	平均值	最大值	平均值	最大值	平均值	最大值	平均值	最大值	平均值	最大值		
9	8.5	9.5	9.0	10.0	9.5	10.5	2.0	2.5	3.0	3.5	0	3.0
12	11.5	12.5	12.0	13.0	12.5	13.5						
15	14.5	15.5	15.0	16.0	15.5	16.5						
18	17.5	18.5	18.0	19.0	18.5	19.5						

表 3-5　普通纸面石膏板、耐水纸面石膏板的断裂荷载(GB 9775—88、GB 11978—89)

板材厚度(mm)	纵向断裂荷载(N),≮				横向断裂荷载(N),≮			
	优等品		一等品、合格品		优等品		一等品、合格品	
	平均值	最小值	平均值	最小值	平均值	最小值	平均值	最小值
9	392	353	353	318	167	150	137	123
12	539	485	490	441	206	185	176	150
15	686	617	637	573	255	229	216	194
18	833	750	784	706	294	265	255	229

注:耐水纸面石膏板只有 9,12,15 mm 厚的规格。

(三)性质

普通纸面石膏板具有质轻、抗弯和抗冲击性高、防火、保温隔热、抗震性好,并具有较好的隔声性和可调节室内湿度等优点。当与钢龙骨配合使用时,可作为 A 级不燃性装饰材料使用(GB 50222—95),参见表 1-2。

普通纸面石膏板的耐火极限一般为 5～15 min。板材的耐水性差,受潮后强度明显下降,且会产生较大变形或较大的挠度。

普通纸面石膏板还具有可锯、可钉、可刨等良好的可加工性。板材易于安装,施工速度快、工效高、劳动强度小,是目前广泛使用的轻质板材之一。

(四)应用

普通纸面石膏板适用于办公楼、影剧院、饭店、宾馆、候车室、候机楼、住宅等建筑的室内吊顶、墙面、隔断、内隔墙等的装饰。普通纸面石膏板仅适用于干燥环境中,不宜用于厨房、卫生间、厕所以及空气相对湿度大于 70% 的潮湿环境中。

普通纸面石膏板的表面还需再进行饰面处理,方能获得理想或满意的装饰效果。常用方法为裱糊壁纸,喷涂、辊涂或刷涂装饰涂料,镶贴各种类型的玻璃片、金属抛光板、复合塑料镜片等。

普通纸面石膏板与轻钢龙骨构成的墙体体系称为轻钢龙骨石膏板体系(简称 QST)。其构造主要有两层板墙和四层板墙,前者适用于分室墙,后者适用于分户墙。该体系的自重仅为 30～50 kg/m²,仅为同厚度红砖墙重的五分之一,并且墙体薄、占地面积小,可增大房间的有效使用面积。墙体内的空腔还可方便管道、电线等的埋设,此外该体系还具有普通纸面石膏板的各种优点。

二、耐水纸面石膏板

耐水纸面石膏板是以建筑石膏为主要原料,掺入适量耐水外加剂构成耐水芯材,并与耐水的护面纸牢固粘接在一起的轻质建筑板材。

(一)规格

耐水纸面石膏板的长度分为 1 800,2 100,2 400,2 700,3 000,3 300 和 3 600 mm;宽度分为 900,1 200 mm;厚度分为 9,12,15 mm。

板材的棱边形状分为矩形(代号 SJ)、45°倒角(代号 SD)、楔形(代号 SC)、半圆形(代号 SB)和圆形(代号 SY)五种,其形状参见图 3-1。

(二)技术要求

耐水纸面石膏板的板面应平整,外观质量应满足表 3-6 的要求。

表 3-6 耐水纸面石膏板的外观质量要求(GB 11978—89)

波纹、沟槽、污痕和划伤等缺陷		
优等品	一等品	合格品
不允许	不明显	不影响使用

耐水纸面石膏板的含水率、吸水率、表面吸水率应满足表 3-7 的要求,单位面积质量、受潮挠度、护面纸与石膏芯的湿粘接应满足表 3-8 的要求,纵向及横向断裂荷载应满足表 3-5 的要求。

此外,尺寸偏差等也应满足 GB 11978—89 的要求。

表 3-7　耐水纸面石膏板的含水率、吸水率、表面吸水率要求(GB 11978—89)

含水率(%),≯				吸水率(%),≯						表面吸水率(%),≯		
优等品、一等品		合格品		优等品		一等品		合格品		优等品	一等品	合格品
平均值	最大值	平均值	最大值	平均值	最大值	平均值	最大值	平均值	最大值	平均值		
2.0	2.5	3.0	3.5	5.0	6.0	8.0	9.0	10.0	11.0	1.6	2.0	2.4

表 3-8　耐水纸面石膏板的单位面积质量、受潮挠度、湿粘接要求(GB 11978—89)

板厚(mm)	单位面积质量(kg/m²),≯			受潮挠度(mm),≯			护面纸与石膏芯的湿粘接
	优等品	一等品	合格品	优等品	一等品	合格品	
9	9.0	9.5	10.0	48	52	56	板材浸水 2 h,护面纸与石膏芯不得剥离
12	12.0	12.5	13.0	32	36	40	
15	15.0	15.5	16.0	16	20	24	

(三)性质

耐水纸面石膏板具有较高的耐水性,其它性能与普通纸面石膏板相同。

(四)应用

耐水纸面石膏板主要用于厨房、卫生间、厕所等潮湿场合的装饰。其表面也需进行再饰面处理,以提高装饰性。

三、耐火纸面石膏板

耐火纸面石膏板是以建筑石膏为主,掺入适量无机耐火纤维增强材料构成芯材,并与护面纸牢固粘接在一起的耐火轻质建筑板材。

(一)规格

耐火纸面石膏板的长度分为 1 800,2 100,2 400,2 700,3 000,3 300 和 3 600 mm;宽度分为 900,1 200 mm;厚度分为 9,12,15,18,21 和 25 mm。

板材的棱边形状有矩形(代号 HJ)、45°倒角(代号 HD)、楔形(代号 HC)、半圆形(代号 HB)、圆形(代号 HY)五种,参见图 3-1。

(二)技术要求

耐火纸面石膏板的外观质量应满足表 3-9 的要求。

表 3-9　耐火纸面石膏板的外观质量要求(GB 11979—89)

波纹、沟槽、污痕和划伤等缺陷		
优等品	一等品	合格品
不允许	不明显	不影响使用

板材的燃烧性质应满足 B1 级要求,不带纸面的石膏芯材则应满足 A 级要求。板材的遇火稳定性(即在高温明火下焚烧时不断裂的性质)用遇火稳定时间来表示,并不得小于表 3-10 的要求。板材的其它物理力学性能应满足表 3-11 的要求。

表 3-10　耐火纸面石膏板的遇火稳定时间(GB 11979－89)

等级	优等品	一等品	合格品
遇火稳定时间(min)，≮	30	25	20

表 3-11　耐火纸面石膏板的物理力学性能要求(GB 11979－89)

板材厚度(mm)	含水率(%)，≯ 优等品、一等品 平均值	最大值	含水率(%)，≯ 合格品 平均值	最大值	单位面积质量(kg/m²)	纵向断裂荷载(N)，≮ 优等品 平均值	最小值	一等品、合格品 平均值	最小值	横向断裂荷载(N)，≮ 优等品 平均值	最小值	一等品、合格品 平均值	最小值	护面纸与石膏芯的粘接(以裸露面积计，cm²)，≯ 优等品、一等品	合格品
9					8.0~10.0	400	360	360	320	170	150	140	130		
12					10.0~13.0	550	500	500	450	210	190	180	170		
15	2.0	2.5	3.0	3.5	13.0~16.0	700	630	650	590	260	240	220	210	0	3.0
18					15.0~19.0	850	770	800	730	320	290	270	250		
21					17.0~22.0	1 000	900	950	860	380	340	320	290		
25					20.0~26.0	1 150	1 040	1 100	1 000	440	390	370	330		

此外，板材的尺寸偏差等也应符合 GB 11979－89 的要求。

(三)性质

耐火纸面石膏板属于难燃性建筑材料(B1 级)，具有较高的遇火稳定性，其遇火稳定时间大于 20～30 min。GB 50222－95 规定，当耐火纸面石膏板安装在钢龙骨上时，可作为 A 级装饰材料使用，参见表 1-2。其它性能与普通纸面石膏板相同。

(四)应用

耐火纸面石膏板主要用作防火等级要求高的建筑物的装饰材料，如影剧院、体育馆、幼儿园、展览馆、博物馆、候机(车)大厅、售票厅、商场、娱乐场所及其通道、楼梯间、电梯间等的吊顶、墙面、隔断等。

四、装饰石膏板

装饰石膏板是以建筑石膏为胶凝材料，加入适量的增强纤维、胶粘剂、改性剂等辅料，与水拌合成料浆，经成型、干燥而成的不带护面纸的装饰板材。它质轻、图案饱满、细腻、色泽柔和、美观、吸音、隔热，有一定强度，易加工及安装。它是较理想的顶棚饰面吸音板及墙面装饰板材。

(一)分类与规格

装饰石膏板按其正面形状和防潮性能的不同分类,见表 3-12。

表 3-12　装饰石膏板的分类与代号(GB 9777—88)

分类	普通板			防潮板		
	平板	孔板	浮雕板	平板	孔板	浮雕板
代号	P	K	D	FP	FK	FD

装饰石膏板为正方形,其棱边断面形式有直角形和倒角型。板材的规格为 500 mm×500 mm×9 mm,600 mm×600 mm×11 mm。板材的厚度指不包括棱边倒角、孔洞和浮雕图案在内的板材正面和背面间的垂直距离。其它形状和规格的板材,由供需双方协商。

(二)技术要求

装饰石膏板正面不应有影响装饰效果的气孔、污痕、裂纹、缺角、色彩不均和图案不完整等缺陷。

板材的含水率、吸水率、受潮挠度应满足表 3-13 的要求。

表 3-13　装饰石膏板含水率、吸水率及受潮挠度要求(GB 9777—88)

项目	优等品		一等品		合格品	
	平均值	最大值	平均值	最大值	平均值	最大值
含水率(%),≯	2.0	2.5	2.5	3.0	3.0	3.5
吸水率(%),≯	5.0	6.0	8.0	9.0	10.0	11.0
受潮挠度值(mm),≯	5	7	10	12	15	17

板的断裂荷载及单位面积质量应满足表 3-14 的要求。

表 3-14　装饰石膏板的断裂荷载及单位面积质量要求(GB 9777—88)

板材代号	断裂荷载(N),≮						单位面积质量(kg/m²),≯						
	优等品		一等品		合格品		厚度(mm)	优等品		一等品		合格品	
	平均值	最小值	平均值	最小值	平均值	最小值		平均值	最大值	平均值	最大值	平均值	最大值
P,K FP,FK	176	159	147	132	118	106	9	8.0	9.0	10.0	11.0	12.0	13.0
							11	10.0	11.0	12.0	13.0	14.0	15.0
D,FD	186	168	167	150	147	132	9	11.0	12.0	13.0	14.0	15.0	16.0

注:D,FD 的厚度系指棱边厚度。

(三)性质与应用

装饰石膏板的表面细腻,色彩、花纹图案丰富,浮雕板和孔板具有较强的立体感,质感亲切,给人以清心柔和之感,并且具有质轻、强度较高、保温、吸声、防火、不燃、调节室内湿度等特点。

装饰石膏板广泛用于宾馆、饭店、餐厅、礼堂、影剧院、会议室、医院、幼儿园、候机(车)室、办公室、住宅等的吊顶、墙面等。对湿度较大的场所应使用防潮板。

五、嵌装式装饰石膏板

嵌装式装饰石膏板是带有嵌装企口的装饰石膏板。

（一）分类与规格

嵌装式装饰石膏板（代号 QZ）分为平板、孔板、浮雕板。如在具有一定穿透孔洞的嵌装式装饰石膏板的背面复合吸声材料，使之成为具有较强吸声性的板材，则称为嵌装式装饰吸声石膏板（代号 QS），简称嵌装式吸声石膏板。

嵌装式装饰石膏板的规格为 600 mm × 600 mm，边厚大于 28 mm；500 mm × 500 mm，边厚大于 25 mm。板材的边长（L）、铺设高度（H）、厚度（S）及构造见图 3-2。其棱边断面有直角形和倒角形。其它形状和规格的板由供需双方商定。

（二）技术要求

嵌装式装饰石膏板正面不得有影响装饰效果的气孔、污痕、裂纹、缺角、色彩不均和图案不完整等缺陷。

板材单位面积质量、含水率、断裂荷载、吸声板的吸声系数应满足表 3-15 的要求。

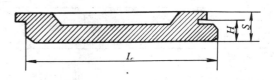

图 3-2　嵌装式装饰石膏板的构造示意图

表 3-15　嵌装式装饰石膏板的物理力学要求（GB 9778—88）

单位面积质量（kg/m²）≥		含水率（%），≯						断裂荷载（N），≮						平均吸声系数（混响室法）≥
		优等品		一等品		合格品		优等品		一等品		合格品		
平均值	最大值	平均值	最大值	平均值	最大值	平均值	最大值	平均值	最小值	平均值	最小值	平均值	最小值	
16.0	18.0	2.0	3.0	3.0	4.0	4.0	5.0	196	176	176	157	157	127	0.3

注：吸声系数仅对吸声板要求。

板材的穿孔率、孔洞形式和吸声材料种类由生产厂自定。

板材尺寸偏差、不平整度、直角偏离度等也应符合 GB 9778—88 的规定。

（三）性质与应用

嵌装式装饰石膏板的性能与装饰石膏板的性能相同，此外它也具有各种色彩、浮雕图案、不同孔洞形式（圆、椭圆、三角形等）及其不同的排列方式。它与装饰石膏板的区别在于嵌装式装饰石膏板在安装时只需嵌固在龙骨上，不再需要另行固定，此外，板材的企口相互咬合，故龙骨不外露。整个施工全部为装配化，并且任意部位的板材均可随意拆卸或更换，极大地方便了施工。

嵌装式装饰吸声石膏板主要用于吸声要求高的建筑物的装饰，如影剧院、音乐厅、播音室等。

使用嵌装式装饰石膏板时，应注意选用与之配套的龙骨。

六、印刷石膏板

印刷石膏板是以石膏板为基材，板两面均有护面纸或保护膜，面层又经印花等工艺而成，具有较好的装饰性。北京新型建材厂用计算机进行图案设计，可生产多种图案花纹的板材。主要规格为 500 mm × 500 mm × 9.5 mm，600 mm × 600 mm × 9.5 mm，455 mm × 910 mm × 9.5 mm，板边棱为直角。其用途与装饰石膏板相同。

七、吸声用穿孔石膏板

吸声用穿孔石膏板是以装饰石膏板、纸面石膏板为基板,在其上设置孔眼而成的轻质建筑板材。

吸声用穿孔石膏板按基板的不同和有无背覆材料(贴于石膏板背面的透气性材料)分类,其分类和代号见表3-16。板后可贴有吸声材料(如岩棉、矿棉等)。按基板的特性还可分为普通板、防潮板、耐水板和耐火板等。

表 3-16　吸声用穿孔石膏板的分类及代号(GB 11979-89)

基板与代号	背覆材料代号	板类代号
装饰石膏板 K 纸面石膏板 C	W(无),Y(有)	WK,YK WC,YC

(一)规格

板材的规格尺寸分为 500 mm×500 mm 和 600 mm×600 mm 两种,厚度分为 9,12 mm 两种。板面上开有 ∅ 6,∅ 8,∅ 10 mm 的孔眼,孔眼垂直于板面,孔距按孔眼的大小为 18～24 mm。穿孔率为 5.7%～15.7%,孔眼呈正方形或三角形排列。除标准中所列的孔形外,实际应用中还有其它孔形。

(二)技术要求

吸声用穿孔石膏板不应有影响使用和装饰效果的缺陷,对以纸面石膏板为基板的板材不应有破损、划伤、污痕、纸面剥落;对以装饰石膏板为基板的板材不应有裂纹、污痕、气孔、缺角、色彩不均匀等缺陷。

板材的物理力学性能应满足表 3-17 的要求。此外尺寸偏差等也应满足 GB 11979-89 的规定。

表 3-17　吸声用穿孔石膏板的物理力学性能要求(GB 11979-89)

孔径-孔距(mm)	板厚(mm)	含水率(%),≯						断裂荷载(N),≮						护面纸与石膏芯的粘接
		优等品		一等品		合格品		优等品		一等品		合格品		
		平均值	最大值	平均值	最大值	平均值	最大值	平均值	最小值	平均值	最小值	平均值	最小值	
∅ 6-18 ∅ 6-22	9	2.0	2.5	2.5	3.0	3.0	3.5	140	126	130	117	120	108	不允许石膏芯裸露
∅ 6-24	12							160	144	150	135	140	126	
∅ 8-22	9							100	90	90	81	80	72	
∅ 8-24	12							110	99	100	90	90	81	
∅ 10-24	9							90	81	80	72	70	63	
	12							100	90	90	81	80	72	

注:以纸面石膏板为基板的板材,断裂荷载系指横向断裂荷载。

《吸声用穿孔石膏板》(GB 11979-89)给出了板材的吸声系数参考值,见表 3-18。

(三)性质

吸声用穿孔石膏板具有较高吸声性能,由它构成的吸声结构按板后有无背覆材料和吸声材料及空气层的厚度,其平均吸声系数可达 0.11～0.65。以装饰石膏板为基板的还具有装饰石膏板的各种优良性能。以防潮、耐水和耐火石膏板为基材的还具有较好的防潮性、耐水性和遇火稳定性。吸声用穿孔板的抗弯、抗冲击性能及断裂荷载较基板低,使用时应予以注意。

表 3-18　吸声用穿孔石膏板吸声结构的吸声系数参考值(GB 11979－89)

| 吸声结构 | 吸声系数平均值 | | | 备注 |
| | 板后空气层厚度(mm) | | | |
	75	150	300	
∅ 6-18,穿孔率为 8.7％,12 mm 厚穿孔石膏板。板后无背覆材料和吸声材料	0.16	0.15	0.11	①板后为刚性墙。②吸声系数平均值是指 125,160,200,250,315,400,500,630,800,1 000,1 250,1 600,2 000,2 500,3 150,4 000 Hz 十六个频率吸声系数的平均值
∅ 6-18,穿孔率为 8.7％,12 mm 厚穿孔石膏板,以桑皮纸为背覆材料,板后无吸声材料	0.49	0.50	0.45	
∅ 6-18,穿孔率为 8.7％,12 mm 厚穿孔石膏板,以桑皮纸为背覆材料,板后贴有 50 mm 厚的岩棉(体积密度为 80 kg/m³)	0.65	0.64	0.57	

(四)应用

吸声用穿孔石膏板主要用于播音室、音乐厅、影剧院、会议室以及其它对音质要求高的或对噪声限制较严的场所,作为吊顶、墙面等的吸声装饰材料。使用时可根据建筑物的用途或功能及室内湿度的大小,来选择不同的基板,如干燥环境可选用普通基板,相对湿度大于70％的潮湿环境应选用防潮基板或耐水基板,重要建筑或防火等级要求高的应选用耐火基板。表面不再进行装饰处理的,其基板应为装饰石膏板;需进一步进行饰面处理的,其基板可选用纸面石膏板。

八、特种耐火石膏板

特种耐火石膏板是以建筑石膏为芯材,内掺多种添加剂,板面上复合专用玻璃纤维毡(其质量为 100～120 g/m²)。生产工艺与纸面石膏板相似。

特种耐火石膏板按燃烧性属于 A 级建筑材料。板的自重略小于普通纸面石膏板和耐火纸面石膏板。板面可丝网印刷、压滚花纹。板面上有 ∅ 1.5～ ∅ 2.0 mm 的透孔,吸声系数为 0.34。因石膏与毡纤维相互牢固地粘合在一起,遇火时粘结剂虽可燃烧炭化,但玻纤与石膏牢固连接,支撑板材整体结构抗火而不被破坏。其遇火稳定时间可达 1 h。导热系数为0.16～0.18 W/(m·K)。

适用于防火等级要求高的建筑物或重要的建筑物,作为吊顶、墙面、隔断等的装饰材料。

九、装饰石膏线角、花饰、造型

装饰石膏线角、花饰、造型等石膏艺术制品可统称为石膏浮雕装饰件。它可划分为平板、浮雕板系列,浮雕饰线系列(阴型饰线及阳型饰线),艺术顶棚、灯圈、角花系列,艺术廊柱系列,浮雕壁画、画框系列、艺术花饰系列及人体造型系列。

(一)装饰石膏线角

断面形状似为一字形或 L 形的长条状装饰部件,多用高强石膏或加筋建筑石膏制作,用浇注法成型。其表面呈现雕花型和弧型。规格尺寸很多,线角的宽度一般为 45～300 mm,长度一般为 1 800～2 300 mm。它主要在室内装修中组合使用,如采取多层线角贴合,形成吊顶局部变高的造型处理;线角与贴墙板、踢脚线合用可构成代替木材的石膏墙裙,即上部用线角封顶,中部为带花饰的防水石膏板,底部用条板作踢脚线,贴好后再刷涂料;在墙上用线角镶裹壁画,彩饰后形成画框等。

线角的安装固定多用石膏粘合剂直接粘贴。粘贴后用铲刀将线角压出的多余粘合剂清理干净,用石膏腻子封平挤缝处,砂纸打磨光,最后刷涂料。

(二)艺术顶棚、灯圈、角花

一般在灯(扇)座处及顶棚四角粘贴。顶棚和角花多为雕花型或弧线型石膏饰件,灯圈多为圆形花饰,直径 0.9～2.5 m,美观、雅致。

(三)艺术廊柱

仿照欧洲建筑流派风格造型,分上、中、下三部分。上为柱头,有盆状、漏斗状或花篮状等。中为空心圆(或方)柱体。下为基座。多用于营业门面、厅堂及门窗洞口处。

(四)石膏花台

有的形体为 $\frac{1}{2}$ 球体,可悬置空中,上插花束而呈半球花篮状。又可为 $\frac{1}{4}$ 球体贴墙面而挂,或 $\frac{1}{8}$ 球体置于墙壁阴角。

(五)石膏壁画

是集雕刻艺术与石膏制品于一体的饰品。整幅画面可大到 1.8 m×4 m。画面有山水、松竹、腾龙、飞鹤等。它是由多块小尺寸预制件拼合而成。

(六)石膏造型

单独用或配合廊柱用的人体或动物造型也有应用。

总之,石膏线角、灯饰、花饰、造型等,充分利用了石膏制品质轻、细腻、高雅而又方便制作、成本不高的特点,并已构成系列产品,它们在建筑室内装饰中有着较为广泛的应用。

第四章　建筑装饰陶瓷与琉璃制品

　　我国建筑陶瓷源远流长,自古以来就被作为建筑物的优良装饰材料之一。陶瓷艺术是火与土凝结的艺术,人们一提起建筑陶瓷装饰艺术,常常会想到金碧辉煌的中国皇宫建筑和九龙壁、琉璃塔这些留芳千古的不朽之作。北京故宫,堪称琉璃博物馆。随着近代科学技术的发展和人民生活水平的提高,建筑陶瓷的应用更加广泛,其品种、花色和性能亦有了很大的变化。

　　现代建筑装饰工程中应用的陶瓷制品,主要包括釉面内墙砖、陶瓷墙地砖、卫生陶瓷、园林陶瓷、琉璃制品等,其中以陶瓷墙地砖用量最大。如今,我国从沿海到内地,高楼大厦如雨后春笋,拔地而起。五光十色的陶瓷材料,将建筑装扮得瑰丽多姿。白色的医疗中心,洁白无瑕;金黄色的迎宾大厦,富丽堂皇;蓝色的图书馆,清静典雅;褐色的纪念性建筑,庄严肃穆;银灰色金属釉砖装饰的航空港,富有现代气息;鲜艳多彩的瓷砖装饰的游乐园,充满生机与活力;古色古香的仿古砖装修的山村别墅、渡假村,使人们回归大自然的心理追求得到充分满足;用窑变釉(花釉)瓷砖装饰的建筑物,妙趣横生,令人陶醉,显示了陶瓷彩釉无穷的艺术魅力。商业街、公园、广场、车站、码头及各种公共建筑,无不披上陶瓷的盛装,到处是陶瓷的世界,陶瓷的海洋。

第一节　建筑陶瓷的基本知识

一、陶瓷的分类

　　传统的陶瓷产品如日用陶瓷、建筑陶瓷、卫生陶瓷等都是以粘土类及其它天然矿物为主要原料经过坯料制备、成型、焙烧等过程而得到的产品。图 4-1 为陶瓷生产工艺流程示意图。

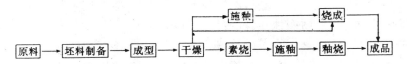

图 4-1　陶瓷生产工艺流程示意图。

　　从产品的种类来说,陶瓷制品可分为陶质、瓷质和炻质三大类,它们的特性分别如下。

(一)陶质制品

　　陶质制品烧结程度相对较低,为多孔结构,通常吸水率较大(10%～22%)、强度较低、抗冻性差、断面粗糙无光、不透明、敲击时声粗哑,分无釉和施釉两种制品,适用于室内使用。

　　陶器分为粗陶和精陶两种。粗陶坯料一般由一种或一种以上的含杂质较多的粘土组成,粗陶不施釉,建筑上所用的砖瓦以及陶管、盆、罐和某些日用缸器均属于这一类。精陶系指坯体呈白色或象牙色的多孔性陶瓷制品,多以可塑性粘土、高岭土、长石、石英为原料,一般经素烧(无釉坯在高温下的焙烧过程)和釉烧(施釉后再进行焙烧的过程)两次烧成。精陶按其用途不同可分为建筑精陶(如釉面砖)、美术精陶和日用精陶。

(二)瓷质制品

瓷质制品烧结程度高,结构致密、断面细致并有光泽,强度高、坚硬耐磨、基本上不吸水(<1%)、有一定的半透明性,通常都施有釉层(某些瓷质并不施釉,甚至颜色不白但烧结程度仍是高的)。瓷质制品按其原料的化学成分与工艺制作的不同,又分为粗瓷和细瓷两种。瓷质制品有陶瓷锦砖、日用餐茶具、陈设瓷、电瓷及美术用品等。

(三)炻质制品

炻质制品是介于陶质与瓷质之间的一类陶瓷制品,也称半瓷,其构造比陶质致密,吸水率较小(1%~10%),但又不如瓷器那么洁白,其坯体多带有颜色,且无半透明性。

炻器按其坯体的致密程度不同,又分为粗炻器和细炻器两种,粗炻器吸水率一般为4%~8%,细炻器吸水率为1%~3%,建筑饰面用的外墙面砖、地砖等多属于粗炻器。日用器皿、有釉陶瓷锦砖、卫生陶瓷、化工及电器工业用陶瓷等多属于细炻器。

随着生产与科学技术的发展,陶瓷产品种类日益增多。为了便于掌握各种产品的特征,还可以从其它角度加以分类。如根据其基本物理性能(气孔率、透明性、色泽等)分类;根据所用原料或产品的组成分类;或根据其用途来分类等。

二、陶瓷的表面装饰

陶瓷的表面装饰是对陶瓷制品表面进行艺术性加工的重要手段。它一般是通过对陶瓷坯体颜色等的改变或在坯体表面上施釉来实现的。前者是在坯料中加入适当的着色氧化物,使之以一定的分散方式(如均匀分布或非均匀分布)存在于坯料中,从而使烧成后的陶瓷制品的内部、表面均具有所需的各种颜色或色斑,此种方法用于无釉陶瓷制品,如陶瓷锦砖、无釉地砖等。施釉是最常用的表面装饰方法,下面将着重介绍。

(一)釉的作用与分类

1. 釉的作用

釉是施涂在坯体表面上的适当成分的釉料在高温下熔融,在陶瓷制品表面上形成的一层很薄的均匀连续的玻璃质层,釉层的厚度平均约为 $120\sim140~\mu m$。釉可赋予陶瓷制品平滑光亮的表面,增加陶瓷制品的美感,保护釉下装饰图案,掩盖坯体的颜色和缺陷,提高陶瓷制品的机械强度、抗渗性、耐腐蚀性、抗沾污性、易洁性等。

2. 釉的分类

釉的种类很多,成分也极为复杂,其分类方法也较多,常用的分类方法见表4-1。

表 4-1 釉的分类

分类方法	种　　类
按坯体种类	瓷器釉、炻器釉、陶器釉
按化学组成	长石釉、石灰釉、滑石釉、混合釉、铅釉、硼釉、铅硼釉、食盐釉、土釉
按烧成温度	低温釉(1100 ℃以下)、中温釉(1100~1300 ℃)、高温釉(1300 ℃以上)
按制备方法	生料釉、熔块釉
按外表特征	透明釉、乳浊釉、有色釉、光亮釉、无光釉、结晶釉、砂金釉、碎纹釉、珠光釉、花釉、裂纹釉、电光釉、流动釉

3. 常用釉料

釉料是由适当成分的天然原料和化工原料组成的,它必须在坯体烧结温度下成熟,并具有适当的粘度和表面张力,以保证冷却后能形成优质釉层,即具有平滑、光亮、无流釉、针孔等釉面.同时釉料还应在熔融时能很好地与坯体结合在一起,并在冷却后具有与坯体一致或略小一点的热膨胀系数,以保证釉层不剥离或碎裂.常用釉料主要有以下几种.

(1)长石釉和石灰釉　长石釉和石灰釉一般均由石英、长石、石灰石、高岭土、粘土及废瓷粉等配制而成,为瓷器、炻器及硬质精陶等使用最广泛的两种釉.

长石釉的特点是硬度大、透明、光泽较强、有柔和感.

石灰釉的特点是弹性好,透光性强,有刚硬感,对于釉下彩的显色非常有利,我国著名的青花瓷器就是用的石灰釉.

(2)滑石釉和混合釉　滑石釉是在长石釉和石灰釉的基础上,再加入滑石配制而成的.滑石的加入加宽了烧成范围,大大提高了白度和透明度,并不易产生发裂、烟熏等现象,但不及石灰釉光亮,且有油脂光泽,易产生针孔等缺陷.

混合釉是加入多种助熔剂组成的釉料,根据各种助熔剂进行调配,可以获得较为满意的效果.

(3)生料釉和熔块釉　生料釉是指直接将原料制备成釉浆,这些原料在调制时不溶于水,在高温时能相互熔融.

熔块釉是在制浆前,先将部分原料熔成玻璃状物质,再用水淬成小块(熔块).然后再与其它原料混合研磨成釉料.

生料釉和熔块釉多用于精陶及某些软质瓷器.

(4)透明釉和乳浊釉　透明釉是指釉料涂于坯体表面经高温熔融所形成的玻璃质层,具有透视性.有时为遮盖坯体的颜色与缺陷,人为地往透明釉中加入一定量的乳浊剂,使釉层中产生一定量的细微晶粒,或细微的气泡,或残留的细晶等,这样就成为乳浊釉.

(5)色釉　色釉是在釉料中加入着色氧化物或它们的盐类配制而成,以使釉呈现各种色彩.

色釉具有一定的装饰效果,同时操作方便、价廉,还可遮盖不美观的坯体,故此应用广泛.但单独采用色釉装饰陶瓷的不多,通常都是与其它装饰法配合使用.此外,色釉容易在制品棱边产生"露白"缺陷,也容易发生流釉或颜色深浅不均的弊病.

(6)土釉　是一种采用天然有色粘土,掺入一定量的方解石或长石,经加工而成的釉料,由于含有着色氧化物,故可呈浅黄、橙黄、红褐及黑等多种颜色,其有熔融温度低、光泽好、价格低廉等优点.

(7)食盐釉　食盐釉是当制品焙烧至接近止火温度时,把食盐投入燃烧室中,食盐被分解为 Na_2O 和 HCl,之后气态的 Na_2O 与坯体表面的粘土和粘土中的游离 SiO_2 或石英砂作用,在坯体表面形成的一种玻璃质层.

食盐釉层的厚度很小(仅 0.025 mm 左右),与坯体结合良好,坚固结实,不易脱落,不易开裂,且热稳定性好,耐酸性很强.当含有 Fe_3O_2 和 CaO 时,在不同的气氛下可获得灰、黄至棕红色釉层.

(二)常用装饰釉

1. 彩绘

在陶瓷制品表面绘以彩色图案花纹,是对制品强有力的渲染,可极大地提高陶瓷制品的装饰性。陶瓷表面彩绘可分为釉下彩绘和釉上彩绘两种。

(1)釉下彩绘　釉下彩绘是在陶瓷生坯或经素烧过的坯体上进行彩绘,然后施一层透明釉料,再经釉烧而成。其优点是图画受到釉层的保护,且画面显得清秀光亮。然而其画面与色调远不如釉上彩绘那么丰富多彩,且多为手工绘画,难以实现机械化生产,因此生产效率低,价格较贵。釉下彩绘分为釉下青花(青花瓷器)、釉里红、釉下五彩。

(2)釉上彩绘　釉上彩绘是在已经釉烧的瓷釉面上,采用低温彩料进行彩绘,然后再在较低温度(600～900 ℃)下进行彩烧而成。

由于釉上彩绘的彩烧温度低,许多颜料均可采用,故色彩极其丰富。可采用半机械化生产,也可以手工绘画、喷花、刷花、印花、贴花,但其画面易被磨损,表面光滑性差,另外颜料中的铅易被酸溶出,从而引起铅中毒。我国釉上彩中手工彩绘的技术有釉上古彩、粉彩、新彩三种。

1)古彩:釉上古彩因彩烧温度较高,彩烧后彩图坚硬耐磨,色彩经久不变。古彩的技艺特点是用不同精细线条来构成图案,线条刚坚有力,且用色较浓,具有强烈的对比性。

2)粉彩:粉彩在填色前,须将图案中要求凸起的部分先涂上一层玻璃白,再渲染各种彩料,显示出深浅与阴阳状,给人以立体感。

3)新彩:新彩来自国外,故又有"洋彩"之称。新彩采用的是人工合成的颜料,它易于配色,且烧成温度较宽,故色彩极为丰富,成本亦低,是一般日用陶瓷普遍采用的釉上彩绘方法。

2. 贵金属装饰

对于高级精细陶瓷制品,通常采用金、铂、钯、银等贵重金属在陶瓷釉上进行装饰,其中最常见的是饰金。用金装饰陶瓷有亮金、磨光金及腐蚀金等方法,其中亮金在陶瓷装饰中最为普遍。

亮金为采用金水作着色材料,彩烧后直接获得发光金属层的装饰,金膜约 0.05 μm,其价格相对较低,但金膜易磨损。磨光金层中的含金量较亮金高得多,金膜约 0.3～0.5 μm,故经久耐用。腐蚀金可造成发亮金面与无光金面互相衬托的艺术效果。

3. 结晶釉

结晶釉是在含氧化铝低的釉料中加入 ZnO,MnO_2,TiO_2 等结晶形成剂,并使它们达到饱和程度,在严格控制的烧成过程中,形成明显、粗大的结晶釉层。结晶釉层较厚,约 1.5～2.0 mm,釉层中晶体呈星形、冰花、晶簇、晶球、扇形、松针形、雪花形、花条、花网或纤维状等,它们自然、优雅,具有很高的装饰性。

4. 砂金釉

砂金釉是釉内氧化铁微晶呈现金子光泽的一种特殊釉,因其形似自然界中的砂金石而得名。微晶的颜色视其粒度而异,最细者发黄色,最粗者发红色。以 Fe_2O_3 为结晶体的铁砂金釉的晶粒粗大,以 Cr_2O_3 为结晶体的铬砂金釉的晶粒细小,前者又称为金星釉,后者又称猫眼釉。

5. 光泽彩

光泽彩又称电光釉,是在经釉烧过的陶瓷釉面上喷涂一层薄金属或金属氧化物彩料,经600～900 ℃彩烧后形成一层能显出光亮的彩虹颜色的装饰层,其装饰工艺与釉上彩相似。

常用的有钻石光泽彩、黄色光泽彩、柠檬黄光泽彩、古铜光泽彩、铁红光泽彩、黄棕光泽彩、驼色光泽彩、灰光泽彩、灰褐光泽彩等。

6. 裂纹釉

裂纹釉是陶瓷表面采用比其坯体热膨胀系数大的釉，可在烧后迅速冷却的过程中使釉面产生网状裂纹，以此获得装饰效果。釉面裂纹的形态有鱼子纹、蟹爪纹、牛毛纹、鳝鱼纹等。裂纹釉按其颜色的呈现技法，分为夹层裂纹釉与镶嵌裂纹釉。

7. 无光釉

将陶瓷在釉烧温度下烧成后经缓慢冷却，可使表面显示丝状、绒状或玉石状的光泽，而不出现对光的强烈反射。它是一种特殊效果的艺术釉，故属珍贵艺术制品。

8. 流动釉

流动釉是采用易熔釉料施于陶瓷坯体表面，在烧成温度下故意将其过烧，以造成因过烧而使釉沿着坯体的斜面向下流动，形成一种自然活泼条纹的艺术釉饰。

第二节　常用建筑装饰陶瓷

建筑装饰陶瓷常按使用部位分为内墙面砖、墙地砖、陶瓷锦砖、卫生陶瓷及其它陶瓷艺术制品。

一、釉面内墙砖

釉面内墙砖是用于建筑物内部墙面的保护及装饰用的有釉精陶质釉面砖，俗称釉面砖。

（一）釉面内墙砖的种类

釉面内墙砖常具有不同的颜色、釉及装饰图案，其主要品种及特性见表 4-2。

表 4-2　釉面内墙砖的主要品种及特点

种类		代号	特点说明
白色釉面砖		F,J	色纯白，釉面光亮，粘贴于墙面清洁大方
彩色釉面砖	有光彩色釉面砖	YG	釉面光亮晶莹，色彩丰富雅致
	无光彩色釉面砖	SHG	釉面半无光，不晃眼，色泽一致，柔和
装饰釉面砖	花釉砖	HY	系在同一砖上施以多种彩釉，经高温烧成。色釉互相渗透，花纹千姿百态，有良好的装饰效果
	结晶釉砖	JJ	晶花辉映，纹理多姿
	斑纹釉砖	BW	斑纹釉面，丰富多彩
	大理石釉砖	LSH	具有天然大理石花纹，颜色丰富，美观大方
图案砖	白地图案砖	BT	系在白色釉面砖上装饰各种图案，经高温烧成。纹样清晰，色彩明朗，清洁优美
	色地图案砖	YGT DYGT SHGT	系在有光（YG）或无光（SHG）彩色釉面砖上，装饰各种图案，经高温烧成，产生浮雕、缎光、绒毛、彩漆等效果，做内墙饰面，别具风格
瓷砖画及色釉陶瓷字砖	瓷砖画	—	以各种釉面砖拼装各种瓷砖画，或根据已有画稿烧制成釉面砖，拼装成各种瓷砖画，清洁优美，永不退色
	色釉陶瓷字砖	—	以各种色釉，瓷土烧制而成，色彩丰富，光亮美观，永不退色

(二)釉面内墙砖的技术要求

1. 形状与规格

釉面砖按正面形状分为正方形、长方形和异形配件。釉面砖的侧面形状及异形配件的形状分别见图 4-2、图 4-3。

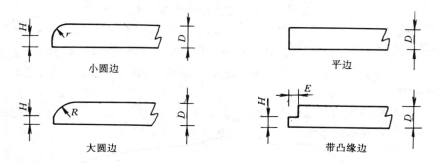

图 4-2　釉面内墙砖的侧面形状示意图

图 4-3　釉面内墙砖的异形配件砖

釉面砖的主要规格尺寸及异形配件的规格尺寸分别见表 4-3、表 4-4,其它规格尺寸由供需双方商定。

表 4-3　釉面内墙砖的主要规格尺寸(GB/T 4100—92)

图　例	装配尺寸(mm) C	产品尺寸(mm) $A\times B$	厚度(mm) D
模数化	300×250	297×247	生产厂自定
	300×200	297×197	
	200×200	197×197	
	200×150	197×148	
	150×150	148×148	5
	150×75	148×73	5
	100×100	98×98	5

$C=A$ 或 $B+J$
J 为接缝尺寸

图例	产品尺寸(mm) $A\times B$	厚度 D
非模数化	300×200	生产厂自定
	200×200	
	200×150	
	152×152	5
	152×75	5
	108×108	5

表 4-4　釉面内墙砖的异形配件砖的规格尺寸(GB/T 4100—92)

B(mm)	C(mm)	E(mm)	R,SR(mm)
$\dfrac{1}{4}A$	$\dfrac{1}{3}A$	3	22

2. 外观质量

釉面砖按外观质量分为优等品、一等品、合格品,各等级的外观质量应符合表 4-5 的要求。

表 4-5　釉面内墙砖的外观质量允许范围(GB/T 4100—92)

项　目		优等品	一等品	合格品
表面缺陷	开裂、夹层、釉裂	不允许		
	背面磕碰	深度为砖厚的 1/2	不影响使用	
	剥边、落脏、釉泡、斑点、坯粉、釉缕、桔釉、波纹、缺釉、棕眼、裂纹、图案缺陷、正面磕碰	距离砖面 1 m 处目测无可见缺陷	距离砖面 2 m 处目测缺陷不明显	距离砖面 3 m 处目测缺陷不明显
色差		基本一致	不明显	不一致
白度(白色釉面砖要求)		大于 73 度或供需双方自定		

3. 物理力学性质

釉面砖的吸水率应小于 21%。耐急冷急热性应合格,即经 130 ℃温差(由热空气中进入冷水中)后釉面砖无破损、裂纹或釉面剥离现象。抗龟裂性应合格,即在水蒸气压力为(500±20)kPa〔(159±1)℃〕的蒸压釜中(不与水接触)保持1h后,釉面砖无龟裂(即头发丝状裂纹)。釉面砖的抗弯强度应不小于16 MPa;当砖厚度大于或等于7.5 mm时,抗弯强度应不小于13 MPa。釉面砖的抗化学腐蚀性不作要求,需要时由供需双方商定级别。

此外,釉面砖的尺寸偏差、平整度等也应满足《釉面内墙砖》(GB/T 4100—92)的规定。

(三)釉面内墙砖的性质与应用

釉面内墙砖的颜色和图案丰富、柔和典雅、朴实大方、表面光滑,并具有良好的耐急冷急热性、防火性、耐腐蚀性、防潮性、不透水性和抗污染性及易洁性。

釉面内墙砖主要用于厨房、浴室、卫生间、实验室、手术室、精密仪器车间等室内墙面、台面等。

由于釉面内墙砖是多孔的陶质坯体,在长期与空气的接触过程中,特别是在潮湿的环境中使用,会吸收大量水分而产生膨胀现象。由于釉的吸湿膨胀非常小,当坯体湿胀的程度增长到使釉面处于张应力状态,应力超过釉的抗张强度时,釉面发生开裂。如果用于室外,经长期冻融,更易出现剥落掉皮现象。因而不得用于室外。

釉面内墙砖在铺贴前须浸水2h以上,以防止干砖吸水降低粘接强度,甚至造成空鼓、脱落等现象。

二、陶瓷墙地砖

墙地砖包括建筑物外墙装饰贴面用砖和室内、外地面装饰铺贴用砖,由于目前这类砖的发展趋向可墙地两用,故称为墙地砖。

陶瓷墙地砖主要有彩色釉面陶瓷墙地砖、无釉陶瓷地砖以及劈离砖、彩胎砖、麻面砖、渗花砖、玻化砖等新型墙地砖。

(一)彩色釉面陶瓷墙地砖

彩色釉面陶瓷墙地砖是可用于外墙面和地面的有彩色釉面的陶瓷质砖,简称彩釉砖。

1.技术要求

(1)规格尺寸 产品分正方形和长方形两种,其主要规格尺寸见表4-6。厚度一般为8～12 mm。

表4-6 彩色釉面陶瓷墙地砖的主要规格(GB 11947—89) mm

100×100	150×150	200×200	250×250	300×300	400×400
150×75	200×100	200×150	250×150	300×150	300×200
115×60	240×65	130×65	260×65	其它规格和异形产品由供需双方自定	

(2)表面与结构质量要求 产品按表面质量等分为优等品、一等品、合格品三级,各等级的表面与结构质量应满足表4-7的要求。砖背的凹凸纹的高度或深度应大于0.5 mm,以利提高铺贴时粘接力。

(3)物理、力学与化学性质要求 吸水率应不大于10%,但用于寒冷地区时应选用吸水率较低的产品。耐急冷急热性需经3次急冷急热试验合格,即无裂纹或炸裂。抗冻性应满足20次冻融循环合格。耐酸、耐碱腐蚀性各分为AA,A,B,C,D五个等级(AA级性能最好,D级最差)。抗弯强度应不低于24.5 MPa。铺地用彩釉砖的耐磨性应满足相应类别的要求,各类釉面上出现磨损痕迹时的研磨转数为：Ⅰ类＜150 r、Ⅱ类 300～600 r、Ⅲ类 750～1 500 r、Ⅳ类＞1 500 r。

表 4-7　彩色釉面陶瓷墙地砖的表面与结构质量要求（GB 11947—89）

缺陷名称		优等品	一等品	合格品
表面缺陷	缺釉、斑点、裂纹、落脏、棕眼、熔洞、釉缕、釉泡、烟熏、开裂、磕碰、波纹、剥边、坯粉	距离砖面 1 m 处目测，有可见缺陷的砖数不超过 5%	距离砖面 2 m 处目测，有可见缺陷砖数不超过 5%	距离砖面 3 m 处目测，缺陷不明显
	色差	距离砖面 3 m 目测不明显		
分层（坯体里的夹层或上下分离现象）		不允许		

2．彩色釉面墙地砖的性质与应用

彩色釉面墙地砖的色彩图案丰富多样，表面光滑，且表面可制成平面、压花浮雕面、纹点面以及各种不同的釉饰，因而具有优良的装饰性。此外，彩色釉面墙地砖还具有坚固耐磨、易清洗、防水、耐腐蚀等优点。

彩色釉面墙地砖可用于各类建筑的外墙面及地面装饰。用于地面时应考虑彩色釉面砖的耐磨类别。用于寒冷地区时应选用吸水率较小的（如小于 3%）彩色釉面墙地砖。

（二）无釉陶瓷地砖

无釉陶瓷地砖简称无釉砖，是表面无釉的耐磨陶瓷质地面砖。按表面情况分为无光和有光两种，后者一般为前者经抛光而成。

1．技术要求

（1）形状与规格尺寸　无釉陶瓷地砖主要为正方形和长方形，其主要规格尺寸见表4-8。产品厚度一般为 8～12 mm。

表 4-8　无釉陶瓷地砖的主要规格尺寸（JC 501—93）　　　　　mm

50×50	100×100	150×150	152×152	200×50	300×200
100×50	108×108	150×75	200×100	200×200	300×300

注：其它规格和异形产品，可由供需双方商定。

（2）表面质量　按表面质量等分为优等品、一等品和合格品三等，各等级的表面质量应满足表 4-9 的要求。

表 4-9　无釉陶瓷地砖的表面与结构质量要求（JC 501—93）

缺陷名称	优等品	一等品	合格品
斑点、起泡、熔洞、磕碰、坯粉、麻面、疵火、图案模糊	距离砖面 1 m 处目测，缺陷不明显	距离砖面 2 m 处目测，缺陷不明显	距离砖面 3 m 目测，缺陷不明显
裂纹	不允许		总长度不超过对应边长的 6%
开裂			正面不大于 5 mm
色差	距离砖面 1.5 m 处目测不明显		距砖面 1.5 m 处目测不严重
夹层	不允许		

(3)物理力学性能 吸水率为 3%～6%,能经受 3 次急冷急热循环不炸裂或开裂,抗冻性应满足 20 次冻融循环,抗弯强度不小于 25 MPa,耐磨性应满足磨损量不大于 345 mm³。

此外,尺寸偏差、变形等也须满足《无釉陶瓷地砖》(JC 501—93)的规定。

2. 性质与应用

无釉陶瓷地砖的颜色品种较多,但一般以单色、色斑点为主。表面可制成平面、浮雕面、沟条面(防滑面)等。具有坚固、抗冻、耐磨、易清洗、耐腐蚀等特点.适用于建筑物地面、道路、庭院等的装饰。

(三)新型墙地砖简介

近来,随着我国经济的发展和人民生活水平的提高,为满足建筑市场的需要,通过从国外引进和国内研制、创新,生产出了许多新型饰面陶瓷制品,现将其中主要墙地砖新产品简介如下。

1. 劈离砖

又名劈裂砖、双合砖。是将一定配比的原料,经粉碎、炼泥、真空挤压成型、干燥、高温烧结而成。由于成型时双砖背联坯体,烧成后再劈离成 2 块砖,故称劈离砖。

劈离砖首先在原联邦德国兴起与发展,不久在欧洲各国引起重视,继而世界各地竞相仿效。我国现有北京、厦门、襄樊等多条引进生产线,产品质量均达到 DIN 德国工业标准。另外,广东佛山市石湾化工陶瓷厂等利用国产设备和技术,也生产出了劈离砖,质量达同类产品标准。

劈离砖种类很多,色彩丰富,颜色自然柔和,表面质感变幻多样,细质的清秀,粗质的浑厚;表面上釉的,光泽晶莹,富丽堂皇;表面无釉的,质朴典雅大方,无反射眩光。

劈离砖坯体密实,强度高,其抗折强度大于 30 MPa;吸水率小,低于6%;表面硬度大,耐磨防滑,耐腐抗

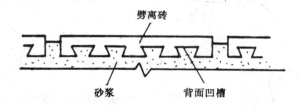

图 4-4 面砖与砂浆的楔形结合

冻,耐急冷急热。背面凹槽纹与粘接砂浆形成楔形结合,可保证铺贴砖时粘接牢固,见图 4-4 所示。

劈离砖主要规格有 240 mm × 52 mm × 11 mm,240 mm × 115 mm × 11 mm,194 mm×94 mm×11 mm,190 mm×109 mm×13 mm,240 mm×115 mm×13 mm,194 mm×94 mm×13 mm,194 mm×52 mm×13 mm 等。

劈离砖适用于各类建筑物的外墙装饰,也适用于楼堂馆所、车站、候车室、餐厅等室内地面铺设。厚砖适用于广场、公园、停车场、走廊、人行道等露天地面铺设,也可用作游泳池、浴池池底和池岸的贴面材料。例如北京亚运村国际会议中心和国际文化交流中心共50 000 m² 的外墙饰面及 5 000 m² 的地坪,均采用了劈离砖装修,其装饰效果很好,常令来往行人驻足而视。

2. 彩胎砖

彩胎砖是一种本色无釉瓷质饰面砖,它采用彩色颗粒状原料混合配料,压制成多彩坯体后,经一次烧成即呈多彩细花纹的表面,富有天然花岗岩的纹点,有红、绿、黄、蓝、灰、棕等多

种基色,多为浅色调,纹点细腻,色调柔和莹润,质朴高雅。主要规格有 200 mm×200 mm, 300 mm×300 mm,400 mm×400 mm,500 mm×500 mm,600 mm×600 mm 等,最小尺寸 95 mm×95 mm,最大尺寸可为 600 mm×900 mm。

彩胎砖表面有平面和浮雕型两种,又有无光与磨光、抛光之分。吸水率小于 1%,抗折强度大于 27 MPa,其耐磨性很好,特别适用于人流大的商场、剧院、宾馆、酒楼等公共场所地面的铺贴,也可用于住宅的墙地面装修,均可获得甚佳的美观和耐用效果。

3.麻面砖

麻面砖是采用仿天然岩石色彩的配料,压制成表面凹凸不平的麻面坯体后,经一次烧成的面砖,砖的表面酷似经人工修凿过的天然岩石面,纹理自然,粗犷雅朴。有白、黄、红、灰、黑等多种色调,主要规格有 200 mm×100 mm,200 mm×75 mm 和 100 mm×100 mm 等。麻面砖吸水率小于 1%,抗折强度大于 20 MPa,防滑耐磨。薄型砖适用于建筑物外墙装饰,厚型砖适用于广场、停车场、码头、人行道等地面铺设,广场砖除正方形、长方形外,还有梯形和三角形的,可用以拼贴成圆形图案,以增加广场地坪的艺术感。

4.陶瓷艺术砖

陶瓷艺术砖采用优质粘土、陶瓷脊性料及无机矿化剂为原料,经成型、干燥、高温焙烧而成。砖表面具有各种图案浮雕、艺术夸张性强,组合空间自由性大,可运用点、线、面等几何组合原理,配以适量的同规格彩釉砖或釉面砖,即可组合成各种抽象的或具体形象的图案壁画,给人以强烈的艺术感受。

陶瓷艺术砖吸水率小、强度高、抗风化、耐腐蚀、质感强,适用于宾馆、会议厅、艺术展览馆、酒楼、楼宅、公园及公共场所的墙壁装饰。

5.金属光泽釉面砖

金属光泽釉面砖是采用钛的化合物,经真空离子溅射法,将釉面砖表面处理呈金黄、银白、蓝、黑等多种色彩,光泽灿烂辉煌,给人以坚固、豪华的感觉。这种面砖抗风化、耐腐蚀,历久长新,适用于商店柱面和门面的装饰。

6.黑瓷装饰板

黑瓷装饰板为我国研制生产的钒钛黑瓷板,现已获中、美、澳三国专利。这种瓷板具有比黑色花岗岩更黑、更硬、更亮的特点,可用于宾馆、饭店等内外墙面及地面装饰,也可用作仪器平台和商店铭牌等。

7.大型陶瓷装饰面板

大型陶装饰面板具有单块面积大、厚度薄、平整度好、吸水率小、抗冻、抗化学侵蚀、耐急冷急热、施工方便等优点,并具有绘制艺术性,有书法、条幅、陶瓷壁画等多种功能。这种板的表面可做成平滑面、甩点面和各种浮雕花纹图案面,并施以各种彩色釉,极富装饰性,是一种新型高档建筑装饰材料。其主要规格有 595 mm×295 mm,295 mm×295 mm,295 mm× 197 mm 等,厚度有 4,5,5.8 等多种。

大型陶瓷饰面板适用于用作建筑物外墙、内墙、墙裙、廊厅、立柱等的饰面材料,尤其适用于大厦、宾馆、酒楼、机场、车站、码头等公共设施的装饰。

8.渗花砖

渗花砖不同于坯体表面上釉的陶瓷砖,它是着色原料从坯体表面进入到坯体内 1～ 3 mm 深,使陶瓷砖的表面呈现出不同的彩点或图案,最后经抛光或磨光表面而成。渗花砖属于瓷质坯体,因而其硬度和耐磨性高于釉层。渗花砖具有硬度大、耐磨、抗折强度高、耐酸碱腐蚀、吸水率低、抗冻性高、不退色等特点,并具有多种色彩。

渗花砖的主要规格有 300 mm×300 mm,350 mm×350 mm,400 mm×400 mm,450 mm×450 mm,500 mm×500 mm 等。

渗花砖属于高档装饰材料,主要用于商业建筑、写字楼、酒店、饭店、娱乐场所、广场、停车场等的室内外地面、外墙面等的装饰。

9. 玻化砖

玻化砖又称全瓷玻化砖、玻化瓷砖,采用优质瓷土经高温焙烧而成。玻化砖的烧结程度很高,表面不上釉,其坯体属于高度致密的瓷质坯体。玻化砖的结构致密、质地坚硬,莫氏硬度为 6～7 以上,耐磨性很高,同时玻化砖还具有抗折强度高(可达 46 MPa 以上)、吸水率低(<0.1%～0.5%)、抗冻性高、抗风化性强、耐酸碱性高、色彩多样、不退色、易清洗、洗后不留污渍、防滑等优良特性。玻化砖有珍珠白、浅灰、银灰、绿、浅蓝、浅黄、黄、纯黑等多种颜色或彩点。改变其着色原材料的品种、比例及工艺,可使玻化砖具有不同的纹理、斑纹或斑点,或使玻化砖获得酷似天然大理石、花岗石的质感与效果。

玻化砖分为抛光和不抛光两种,主要规格为 300 mm×300 mm,350 mm×350 mm,400 mm×400 mm,450 mm×450 mm,500 mm×500 mm 等。此外,还有踢脚线玻化砖、带有防滑沟槽的玻化砖等。

玻化砖属于高档装饰材料,适用于商业建筑、写字楼、酒店、饭店、娱乐场所、广场、停车场等的室内外地面、外墙面等的装饰。

三、陶瓷锦砖

陶瓷锦砖俗称马赛克,是长边一般不大于 40 mm,具有多种几何形状的小瓷片,可以拼成织锦似的图案,用于贴墙和铺地的装饰砖。小瓷片的形状一般为正方形、长方形、六角形、五角形等。为方便铺贴,出厂时将小瓷片按设计的图案反贴在一定规格的正方形牛皮纸上(称为一联,每 40 联为一箱,每箱约 3.2～4.2 m²)。陶瓷锦砖分为无釉和有釉两种,目前国内主要生产的为无釉锦砖。

(一)陶瓷锦砖的技术要求

1. 规格尺寸

单块锦砖的尺寸一般为 15～40 mm,厚度分为 4,4.5 和大于 4.5 mm 三种。每联锦砖的线路(单块锦砖间的间距)为 2～5 mm,联长分为 284.0,295.0,305.0,325.0 mm 四种。

2. 外观质量

陶瓷锦砖按外观质量等分为优等品和合格品两个等级,各等级的外观质量应符合表4-10 的要求。

3. 物理性能

无釉锦砖的吸水率应不大于 0.2%,有釉锦砖的吸水率应不大于 1.0%。有釉锦砖的耐急冷急热性试验应合格。

4. 成联的质量要求

锦砖与铺贴材料(牛皮纸)的粘接应合格,不允许有脱落。正面贴纸锦砖的脱纸时间不大于 40 mim。联内及联间锦砖的色差,优等品应目测基本一致,合格品目测允许稍有色差。

表 4-10　陶瓷锦砖的外观质量要求(JC 456—92)

缺陷名称		单块锦砖最大边长(mm)								备注
		不大于 25				大于 25				
		优等品		合格品		优等品		合格品		
		正面	背面	正面	背面	正面	背面	正面	背面	
夹层、釉裂、开裂		不允许								—
斑点、粘疤、起泡、坯粉、麻面、波纹、缺釉、桔釉、棕眼、落脏、熔洞		不明显		不严重		不明显		不严重		—
缺角	斜边长(mm)	1.5~2.3	3.5~4.3	2.3~3.5	4.3~5.6	1.5~2.8	3.5~4.9	2.8~4.3	4.9~6.4	斜边长度小于 1.5 mm 的缺角允许存在。正背面缺角不允许在同一角。正面只允许缺角 1 处
	深度(mm)	≯厚砖的 2/3								
缺边	长度(mm)	2.0~3.0	5.0~6.0	6.0~5.0	6.0~8.0	3.0~5.0	6.0~9.0	5.0~8.0	9.0~13.0	正背面缺边不允许出现在同一侧面。同一侧面不允许有 2 处缺边；正面只允许有 2 处缺边
	宽度(mm)	1.5	2.5	2.0	3.0	1.5	2.5	2.0	3.5	
	深度(mm)	1.5	2.5	2.0	3.0	1.5	2.5	2.0	3.5	
变形	翘曲	不明显				≤0.3		≤0.5		—
	大小头(mm)	≤0.2		≤0.4		≤0.6		≤1.0		

(二)陶瓷锦砖的拼花图案

为获得良好的装饰效果,成联时常将大小、形状、颜色不同的小瓷片拼成一定图案。常见的拼花图案见图 4-5。

此外,还可拼成文字、风景名胜和动物花鸟等图案,常用于墙面、围墙等的装饰。

(二)锦砖的性质与应用

陶瓷锦砖薄而小,质地坚实、经久耐用、色泽多样、美观,通常为单色或带有色斑点。并且耐酸、耐碱、耐磨、不渗水、抗冻、抗压强度高、易清洗、吸水率小、不滑、不易碎裂,在常温下无开裂现象。广泛用于工业与民用建筑的洁净车间、门厅、走廊、餐厅、厕所、盥洗室、浴室、工作间、化验室等处的地面装饰,亦可用于建筑物的外墙饰面。

四、陶瓷壁画与其它艺术陶瓷制品

陶瓷壁画是以陶瓷面砖、陶板、锦砖等陶瓷质砖,经镶拼而制作的具有较高艺术价值的现代建筑装饰材料。

陶瓷壁画不是原画稿的简单复制,而是艺术的再创造,它巧妙地融合绘画技法和陶瓷装饰艺术于一体,经过放样、制板、刻画、配釉、施釉、烧成等一系列工艺,采用浸、点、涂、喷、填等多种施釉技法及丰富多彩的窑变技术而产生出形神兼备、巧夺天工的艺术效果。

(一)陶瓷壁画的创作及种类

现代建筑装饰艺术要求艺术家和建筑师相结合,陶瓷壁画正是两者相结合的产物。我国创作有许多著名的陶瓷壁画,都与建筑物共存。被誉为"纪念碑式的艺术"。

其品种包括釉上彩壁画、釉下彩壁画等九大类,它们的制作技法和艺术风格特点简述如下。

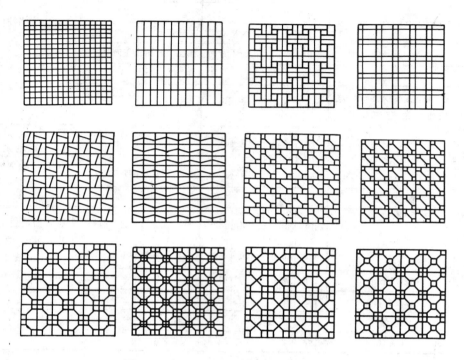

图 4-5　常见的几种陶瓷锦砖拼花图案

1.釉上彩壁画

是以白釉砖为载体,运用低温陶瓷颜料和调和剂绘制,经 700～800 ℃烧成。其特点是绘制方法简便、色彩丰富;各种颜色(个别除外)可以互相调配使用,操作简便;彩烧前后颜色基本一致,便于初学者掌握。

2.釉下彩壁画

釉下彩壁画是运用釉下彩颜色和传统技法来绘制的一种陶瓷壁画。将矿物质陶瓷颜料绘制在生坯或素坯上,然后施透明釉,经 1 300 ℃高温烧成。操作技法是,先用浓颜料勾线,后在形象轮廓内填上各种所需色料,俗称"分水"。特点是,色彩典雅、沉着,釉色具有饱满的水分感,画面抗腐耐磨。

3.唐三彩壁画

是直接以流动性极好的多彩低温釉作彩料,在精陶坯体上绘制,经 900 ℃左右烧成的一种传统悠久而形式新颖的陶瓷壁画。其具有釉质莹润,色彩绚丽明亮,风格古朴,浮雕感强等特色。适用于室内。

4.高温花釉壁画

是采用炻质或瓷质砖生坯或素坯作载体,以高温颜色釉当彩料绘制,经 1 200～1 300 ℃烧成的一种陶瓷壁画。其特色为窑变趣味丰富,釉色沉着浑厚,格调古朴庄重,统一和谐。

5.微晶多彩窑变釉壁画

48

运用精陶质或炻质素坯砖作载体,以各种微晶多彩釉作绘画色料绘制,在1 150 ℃下焙烧而成的一种微晶多彩壁画。其巧妙地利用流动小的无光釉作底色,用金砂、珠光、虹彩、金光等窑变釉填绘形象,烧成后,可获得锦缎般的艺术效果,耐人寻味,妙不可言。

6. 浮雕陶瓷壁画

它分为素面浮雕壁画、釉面浮雕壁画及二者结合的浮雕壁画等。它具有立体感强、气魄大、装饰效果好等特点。

7. 镶嵌陶瓷壁画

是运用普通小四方或异形陶瓷锦砖,或利用各种颜色碎瓷片,裁成所需形状来镶嵌的一种平面、古老、耐久的陶瓷壁画。具有形象与色彩高度概括,装饰性强,适合于远距离观赏的部位。

8. 立体构成陶瓷壁画

是用平面砖或浅浮雕砖作为背景,以规格多样,厚薄不一,表面雕琢有自由纹饰的砖块,高低错落镶嵌,或干脆用表面切成几何块面的厚砖块构成抽象图形,高高地突出于平面之上而镶嵌成的一种特殊陶瓷壁画。多用于内墙装饰。

9. 综合装饰陶瓷画

是由两种或两种以上的陶瓷装饰方法集于一体的一种壁画形式。如釉上彩、釉下彩与浮雕结合的陶瓷壁画,或镶嵌与彩绘融于一体的陶瓷壁画,都属于此类。其形式新颖,风格独特,适合于室内墙面装饰。

(三)陶瓷壁画的性质与应用

陶瓷壁画是一种新型高档装饰材料。具有单块面积大、厚度薄、强度高、平整度好、吸水率小、抗冻、抗化学腐蚀、耐急冷急热、符合建筑要求、施工方便等特点,同时具有绘画艺术、书法、条幅等多种功能,产品的表面可以做成平滑或各种浮雕花纹图案。陶瓷壁画的面积可小至 $1\sim2$ m²,大至 2 000 m² 以上,主要用作大型公共建筑物的外墙、内墙、地面、墙裙、廊厅、立柱等的饰面材料,经有关装饰工程实际使用,较之外墙面砖、内墙面砖、马赛克、塑料壁纸、涂料等具有无可比拟的优点。

首都机场的《科学的春天》、北京地铁建国门站的《天文纵横》、北京燕京饭店的《丝绸之路》、上海植物园的《阳光、大地、生命》等陶瓷壁画以其特有的艺术效果与感染力,给人以美的享受。

第三节　建筑琉璃制品

建筑琉璃制品,是一种具有中华民族文化特色与风格的传统建筑材料。这种材料虽然古老,但由于它具有独特的优良装饰性能,今天仍然是一种优良的高级建筑装饰材料。它不仅用于中国古典式建筑物,也用于具有民族风格的现代建筑物。

琉璃制品是用难熔粘土经制坯、干燥、素烧、施釉、釉烧而成。建筑琉璃制品分为瓦类(板瓦、滴水瓦、筒瓦、沟头等)、脊类(正脊筒瓦、正当沟等)和饰件类(吻、兽、博古等)三类。

一、建筑琉璃制品的技术要求

《建筑琉璃制品》(GB 9197—88)对琉璃制品的规格尺寸,未作具体规定,而由供需双方商定,但对尺寸偏差作了具体规定。

建筑琉璃制品按外观质量分为优等品、一等品、合格品。

瓦类、脊类、饰件类的外观质量应分别满足(GB 9197－88)中的规定,且它们的物理性能应满足表4-11的规定。

表 4-11　建筑琉璃制品的物理性能要求(GB 9197－88)

项　目	优等品	一等品	合格品
吸水率(%)	≤12		
抗冻性		冻融循环 15 次	冻融循环 10 次
	无开裂、剥落、掉角、掉棱、起鼓现象。因特殊要求,冷冻最低温度、循环次数可由供需双方商定		
弯曲破坏荷重(N)	≥1 177		
耐急冷热性	3 次循环。无开裂、剥落、掉角、掉棱、起鼓现象		
光泽度(度)	平均值≥50 度。根据需要,可由供需双方商定		

二、建筑琉璃制品的特点与应用

琉璃制品的特点是质地致密,表面光滑,不易沾污,坚实耐久,色彩绚丽,造型古朴,富有我国传统的民族特色。常用颜色有金黄、翠绿、宝蓝、青、黑、紫色。

琉璃制品是我国用于古建筑的一种高级屋面材料,采用琉璃瓦屋盖的建筑,显得格外富有东方民族精神,富丽堂皇,光辉夺目,雄伟壮观。

琉璃瓦因价格昂贵,且自重大,故主要用于具有民族色彩的宫殿式房屋,以及少数纪念性建筑物上。此外,还常用于建造园林中的亭、台、楼阁、围墙,以增加园林的景色。

第五章　建筑装饰玻璃及制品

玻璃是现代建筑十分重要的室内外装饰材料之一。现代建筑技术发展的需要和人们对建筑物的功能和适用性要求的不断提高,促使玻璃制品朝着多品种、多功能方向发展。现代建材工业技术更多地把装饰性与功能性联系在一起,生产出了许多性能优良的新型玻璃,从而为现代建筑设计提供了更广泛的选材余地。这些玻璃以其特有的内在和外在特征以及优良性能,在增加或改善建筑物的使用功能和适用性方面以及美化建筑和建筑环境方面起到了不可忽视的作用。

第一节　玻璃的基本知识

一、玻璃的生产

(一)玻璃的组成及原料

玻璃是一种无定形的硅酸盐制品,为各向同性的均质材料,其组成比较复杂,主要化学成分是 SiO_2(70%左右), Na_2O(15%左右), CaO(10%左右)和少量的 MgO, Al_2O_3, K_2O 等。引入 SiO_2 的原料主要有石英砂、砂岩、石英岩,引入 Na_2O 的原料是纯碱(Na_2CO_3),引入 CaO 的原料为石灰石、方解石、白垩等。

为使玻璃具有某种特性或改善玻璃的某些性能,常在玻璃原料中加入某些辅助原料,如助熔剂、着色剂、脱色剂、乳浊剂、澄清剂、发泡剂等。玻璃中主要化学成分的作用见表 5-1。

表 5-1　玻璃中主要化学成分的作用

氧化物	作　　　用
SiO_2	网络形成体,可提高玻璃的机械强度、化学稳定性、耐热性、熔融温度,降低密度、热膨胀系数
Na_2O	网络改变体,可提高玻璃的热膨胀系数,降低化学稳定性、热稳定性、耐热性、熔融温度
CaO	网络改变体,可提高玻璃的硬度、强度、化学稳定性,降低耐热性、熔体高温粘度
Al_2O_3	网络中间体,可提高玻璃的化学稳定性、硬度、强度、韧性,降低析晶倾向
MgO	网络改变体,可提高玻璃的化学稳定性、耐热性、机械强度、退火温度,降低析晶倾向、韧性

(二)玻璃的生产工艺

玻璃的生产主要由原料加工、计量、混合、熔制、成型、退火等工艺组成。平板玻璃的生产与其它玻璃制品相比除组成稍有差别外,主要的不同在于成型方法的不同。平板玻璃的成型从公元 5 世纪至今经历了从手工到机械,从喷筒成型制板到浮法的巨大变革,比较常用的方法有垂直引上法、水平拉引法、压延法及浮法等。

1.垂直引上法

垂直引上法是引上机从玻璃液面垂直向上拉引玻璃带的方法,玻璃带的根部称为板根,它的断面呈葱头状。垂直引上法又因板根的形成方法不同分为有槽、无槽、对辊三种方法。较常用的为有槽引上法。图 5-1 为有槽引上的板根形成示意图。

2. 水平拉引法

水平拉引法是将玻璃带由自由液面向上引拉 700 mm 左右高度后，绕经转向辊再沿水平方向拉引，这种方法的拉引速度容易控制，可以生产特薄或特厚玻璃。但这种方法对玻璃组成和温度波动十分敏感，要求严格控制。

3. 压延法

水平连续压延法是利用一对水冷金属压延辊将玻璃液展延成玻璃带。

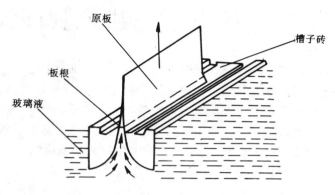

图 5-1　有槽引上法成型示意图

因为玻璃是处于可塑状态被压延成型的，所以会留下压延辊的痕迹，而利用这一点，将下辊改为花辊即可生产压花玻璃，不仅可以遮掩辊痕，而且可使产品别具一格。将预先编好的铁丝网送入辊间还可生产夹丝玻璃。

4. 浮法

浮法是在熔融金属表面成形玻璃的方法，是现代最先进的平板玻璃生产方法，它具有产量高、质量好、规模大，板宽、板厚可调范围较大等优点。浮法玻璃产量的大小也成为衡量一个国家平板玻璃生产技术水平的重要标志。

浮法工艺是建立在玻璃自身抛光的基础上来成型的。所谓自抛光就是指在适宜的温度下，玻璃依靠自身表面张力的作用使表面平整光洁的过程。浮法玻璃的浮抛介质一般为锡液，所以玻璃的成型是在锡槽中进行的。熔化好的玻璃液由熔窑的溢流口经流道、流槽连续不断地流入锡槽，玻璃液在熔融的锡液面上受退火窑辊道的牵引力作用向前漂浮时，在表面张力和重力的作用下完成摊平、展薄，而后冷却。玻璃带由过渡辊台托起，离开锡槽进入退火窑，经冷却后引到工作台上进行切割。

在玻璃液流经锡槽的过程中，要经过重热火抛光。这样，浮法玻璃的两个表面都成为极其平整、光滑的表面。正因为如此，浮法玻璃已基本上代替了机械磨光玻璃。

二、玻璃的分类

玻璃的品种很多，分类方式也很多，常用的主要有以下几种。

（一）按化学组成分类

1. 钠钙硅酸盐玻璃

钠钙硅酸盐玻璃，简称钠钙玻璃或钠玻璃，又称普通玻璃。主要成分 SiO_2，Na_2O 和 CaO。它熔点低，易于熔制，由于所含杂质较多，玻璃常带有绿色。与其它玻璃相比，钠钙玻璃的力学性质、热物理性质、光学性质及化学稳定性均较差。主要用于制造普通建筑玻璃和日用玻璃制品等。

2. 钾钙硅酸盐玻璃

钾钙硅酸盐玻璃，简称钾钙玻璃或钾玻璃，是以 K_2O 代替部分 Na_2O，并提高 SiO_2 的含量而成。其折射率高于钠玻璃，质硬并有光泽，故称为硬玻璃，其它性质也优于钠玻璃。主要用于化学仪器和用具，以及高级玻璃制品等。

3. 铝镁硅酸盐玻璃

简称铝镁玻璃，是降低钠钙玻璃中的 Na_2O 和 CaO 含量，引入 MgO，并以 Al_2O_3 代替部分 SiO_2 而制成。它软化点低，析晶倾向弱，力学性质、化学性质及化学稳定性均有提高，主要用于制造高级玻璃。

4. 石英玻璃

石英玻璃是由纯 SiO_2 制成，具有很好的力学性质和热物理性质以及良好的光学性质和化学稳定性，并能透过紫外线。主要用于耐高温仪器、杀菌灯等特殊用途的仪器与设备。

5. 钾铅硅酸盐玻璃

钾铅硅酸盐玻璃，简称钾铅玻璃俗称铅玻璃，又称铅晶质玻璃、水晶玻璃。铅玻璃主要由 PbO，K_2O 和少量 SiO_2 组成。具有高折射率、高透明度，光泽晶莹，质软且易加工，化学稳定性好。主要用于制造光学仪器、高级器皿和装饰制品等。

6. 硼硅酸盐玻璃

硼硅酸盐玻璃又称耐热玻璃，主要成分为 SiO_2，B_2O_3 和 Na_2O。具有较好的光泽和透明度，良好的耐热性及较好的力学性能和化学稳定性。主要用于制造光学仪器、化学仪器与器皿以及耐热玻璃等。

（二）按功能分类

玻璃按功能分为普通玻璃、吸热玻璃、防火玻璃、装饰玻璃、安全玻璃、漫射玻璃、镜面玻璃、热反射玻璃、低辐射玻璃、隔热玻璃等。

（三）按用途分类

玻璃按用途分为建筑玻璃、器皿玻璃、光学玻璃、防辐射玻璃、窗用玻璃和玻璃构件等。

（四）按玻璃及其制品的形状分类

玻璃按形状可分为平板玻璃、曲面玻璃、空心及实心玻璃砖、槽形或 U 形玻璃、波形瓦等。

三、玻璃的表面加工

在玻璃的生产和使用过程中，表面加工处理有着十分重要的意义。表面加工处理技术应用很广，使用的材料也多种多样，大致可分为以下四类：(1)通过表面处理控制玻璃表面的凹凸，使之形成光滑面或散光面。如玻璃的蚀刻、玻璃的磨光与抛光。(2)改变玻璃表面的薄层组成以得到新的性能，如表面着色、表面离子交换等。(3)用其它物质在玻璃表面形成薄层而得到新的性质，如表面镀膜。(4)用物理或化学方法在玻璃表面形成定向应力层以改善玻璃的力学性质，如钢化。

（一）化学蚀刻与化学抛光

化学蚀刻与化学抛光都是利用氢氟酸对硅酸盐玻璃的强烈腐蚀作用来加工玻璃表面的。

利用化学蚀刻可以在玻璃表面形成具有微小凹凸，形成极具立体感的物体、文字、画像等图案。

化学抛光可以去除玻璃表面的微小裂纹等缺陷,使表面呈现光亮的抛光效果。但欲进行化学抛光的表面应避免损伤。

(二)玻璃表面着色

玻璃在高温下通过离子交换,使着色离子扩散到玻璃表层中而使玻璃表面着色。

表面着色玻璃透明、光洁,但适宜的金属离子较少,且对玻璃的均一性较敏感。

随着浮法工艺的发展,出现了利用电浮法连续生产表面着色玻璃的新工艺。但能渗入到玻璃表面的物质也很有限,目前只能生产茶色、青铜色等几种颜色玻璃和热反射玻璃。

(三)玻璃表面镀膜

镀膜是在玻璃表面形成金属、金属氧化物或有机物的薄膜,使其对光、热具有不同的吸收或反射效果,是对玻璃表面处理的最有效方法,所以应用广泛,如制镜、热反射玻璃、导电膜玻璃、低辐射玻璃等。

在玻璃表面形成薄膜有许多种方法,目前主要有真空蒸发法、阴极溅射法、热喷涂法、浸渍法等。

(四)玻璃的研磨与抛光

研磨和抛光是玻璃制品表面重要的冷加工方法之一。研磨是去除制品成型后表面粗糙不平的部分,使其达到所需的形状和尺寸或平整的平面。抛光是去除玻璃表面呈毛面状态的裂纹层,使之重新变成光滑、透明并具有光泽的表面。

研磨和抛光是两个不可分离的工序,人们简称为磨光。但自浮法工艺被广泛采用后,由于浮法玻璃表面的平整度可以满足使用和加工的要求,所以磨光玻璃的产量也随之越来越小。

四、玻璃的基本性质

(一)密度

玻璃的密度与其化学组成有关,普通玻璃的密度为 $2.45 \sim 2.55$ g/cm^3,除泡沫玻璃、玻璃棉及空心玻璃砖等外,玻璃及玻璃制品是完全致密的,不含孔隙。

(二)力学性质

玻璃的强度与其化学组成、表面处理、缺陷及其形状有关。

二氧化硅含量较高,而氧化钙、氧化钠和氧化钾含量较低时,玻璃的强度较高,且硬度也较高。表面经过钢化处理的玻璃,则强度大为提高。玻璃表面及内部的缺陷会造成应力集中,从而使玻璃的强度急剧下降。

普通玻璃的抗压强度为 $600 \sim 1\,200$ MPa,抗拉强度为 $40 \sim 120$ MPa,抗弯强度为 $50 \sim 130$ MPa,弹性模量为 $(6 \sim 7.5) \times 10^4$ MPa。玻璃的抗冲击力很小,是典型的脆性材料。玻璃的莫氏硬度为 $4 \sim 7$,普通玻璃的莫氏硬度为 $5.5 \sim 6.5$,因而玻璃的耐刻划性和耐磨性较高,长期使用和擦洗不会使玻璃表面变毛。

(三)光学性质

太阳光由紫外光、可见光、红外光三部分组成。紫外光的波长为 $2\,000 \sim 4\,000$ Å,占太阳光的 3%;可见光的波长为 $4\,000 \sim 7\,000$ Å,占太阳光的 48%;红外光的波长为 $7\,000 \sim 25\,000$ Å,占太阳光的 49%,是热量的主要携带者。当太阳光射到玻璃上时,玻璃会对太阳光产生吸收、反射、透射等作用。

1. 光吸收比

光吸收比是指玻璃吸收的光通量与入射光通量的百分比。按入射光的不同分为可见光吸收比、太阳光直接吸收比等。

玻璃的光吸收比主要与玻璃的组成、颜色、厚度及光的波长有关。普通无色玻璃对可见光的吸收比很小,对太阳光的直接吸收比也很小,但对红外光、紫外光的吸收比较大,特别是对波长大于 25 000 Å 的红外光及波长小于 3 500 Å 的紫外光。如 3 mm 厚的普通无色玻璃的可见光吸收比和太阳光直接吸收比分别为 2.7%,7.3%。着色玻璃的光吸收比远远大于无色玻璃,如 6 mm 厚的吸热玻璃的太阳光直接吸收比可达 35%~45%。

玻璃吸收的太阳光能会使玻璃的温度上升,并以热对流和辐射方式向玻璃的室外侧、室内侧传递,传递的数量分别以向室外侧的二次传递系数和向室内侧的二次传递系数来表示,两者之和等于太阳光直接吸收比。由于室外侧空气的流动较大,因而传递向室外侧的大于传递向室内侧的。太阳光吸收比大的玻璃在强光照射下会因吸收较多的热量而使玻璃产生很大的温度应力,当超过玻璃的抗拉强度时会导致玻璃开裂。因此使用时应予以注意。

2. 光透射比

光透射比是指透过玻璃的光通量与入射光通量的百分比。按入射光的不同分为可见光透射比、太阳光直接透射比、紫外光(线)透射比、红外光(线)透射比等。

玻璃的光透射比与玻璃的化学组成、颜色、厚度及光的波长有关。同种玻璃,厚度越大透射比越小。无色玻璃的可见光透射比、太阳光直接透射比、紫外光透射比均高于着色玻璃、镀膜玻璃。如 3 mm 厚的普通无色平板玻璃的可见光透射比为 89%;太阳光直接透射比为 85%;红外光透射比,当波长小于 25 000 Å 时为 80%,而当波长为 30 000 Å 时仅有 10% 左右;紫外光透射比,当波长为 3 500 Å 时为 65%,而当波长为 3 000 Å 时为 0%。又如 5 mm 厚的各色吸热玻璃的可见光透射比和太阳光直接透射比分别为 30%~65%,50%~ 65%;而 5 mm 厚的热反射玻璃的可见光透射比和太阳光直接透射比均为 10%~30%。

太阳光除直接透射进入室内外,还通过玻璃吸收部分的二次热传递进入室内。因此将太阳光直接透射比与玻璃向室内侧的二次热传递系数之和称为太阳能总透射比。该值越大传递到室内的太阳能越多。普通无色玻璃的太阳能总透射比远远大于着色吸热玻璃和热反射玻璃。如 6 mm 厚的普通无色玻璃的太阳能总透射比为 84%,吸热玻璃为 50%~70%,热反射玻璃为 20%~50%。

3. 光反射比

光反射比是指玻璃反射的光通量与入射光通量的百分比。按入射光的不同分为可见光反射比和太阳光直接反射比等。

玻璃的光反射比主要与玻璃的表面有关。普通平板玻璃的可见光反射比和太阳光反射比都较小,均为 5%~8%;热反射玻璃的可见光反射比和太阳光直接反射比都较大,一般均为 15%~40%。

4. 遮蔽系数

玻璃对太阳光具有阻挡作用或遮蔽作用,这种作用称为遮光性,它反映了玻璃对太阳光(能)的隔绝能力,即隔热能力。玻璃遮光性的大小以遮蔽系数来表示,计算式如下:

$$S_e = \frac{g}{\tau_s}$$

式中　S_e——遮蔽系数；

　　　g——玻璃试样的太阳能总透射比，%；

　　　τ_s——3 mm 厚的普通透明平板玻璃的太阳能总透射比，其理论值取 88.9%。

遮蔽系数越小，通过玻璃进入室内的太阳辐射热越少。如 6 mm 厚的普通平板玻璃的遮蔽系数为 0.93，着色吸热玻璃为 0.60～0.70，热反射玻璃为 0.20～0.45。

（四）热物理性质

玻璃的比热与化学组成和温度有关。在 15～100 ℃范围内，普通玻璃的比热为 0.840 kJ/(kg·K)。

玻璃的导热系数与化学组成有关。石英玻璃的导热系数高于其它玻璃。普通玻璃的导热系数相对较小，一般为 0.73～0.82 W/(m·K)。

玻璃的热膨胀系数也与化学组成有关。一般二氧化硅含量越高，热膨胀系数越小。普通玻璃的热膨胀系数为 $(8\sim10)\times10^{-6}/℃$，石英玻璃为 $5.5\times10^{-7}/℃$。

玻璃的热稳定性较差，这主要是由于玻璃受热或冷时因玻璃的导热系数较小，热量不能及时传递到整块玻璃，故在局部产生膨胀或收缩，致使玻璃产生内应力。玻璃的热膨胀系数和弹性模量越高，产生的内应力越大；玻璃制品的尺寸和体积越大、越厚，产生的内应力越大，因而热稳定性越差。玻璃在急热作用下表面产生压应力，受急冷时在表面产生拉应力，因此玻璃对急热的稳定性要高于对急冷的稳定性。普通玻璃的热稳定性差，石英玻璃则明显优于普通玻璃。

玻璃在高温下会发生软化，并产生较大的变形。硅酸盐类玻璃的软化温度为 530～550 ℃，因此玻璃的耐热性较差。

（五）化学性质

玻璃具有较高的化学稳定性，但长期遭受侵蚀性介质的作用，也能导致变质和破坏。

硅酸盐类玻璃可以抵抗除氢氟酸以外的各种酸的侵蚀，但耐碱性较差，长期受碱液作用时玻璃中的二氧化硅会溶于碱液中，使玻璃受到侵蚀。硅酸盐类玻璃长期受水汽作用时，表面会产生水解生成碱（NaOH）和硅酸（$2SiO_2·nH_2O$），同时玻璃中的碱性氧化物还会与空气中的二氧化碳结合生成碳酸盐并在玻璃表面析出，形成白色斑点或薄膜，降低玻璃的透光性，俗称玻璃发霉。玻璃发霉时可采用酸处理其表面并加热到 400～450℃，不仅可溶去白色斑点和薄膜，还能得到致密的表面薄膜，即硅酸薄膜，从而提高玻璃的透光性和化学稳定性。

五、玻璃体的缺陷

玻璃属于均质非晶态材料，但由于生产工艺等的影响，有时可能会存在各种夹杂物，这些夹杂物会破坏玻璃的均匀性，称之为玻璃体的缺陷。玻璃体的缺陷不仅使玻璃的各项性质降低，也会严重影响到玻璃的使用效果，特别是装饰效果。同时对玻璃的进一步加工也会造成严重的影响，以至于会形成大量的废品。

玻璃产生缺陷的原因很多，缺陷的种类也很多。按缺陷的状态，主要有以下五种。

（一）气泡（气体夹杂物）

玻璃中的气泡是可见气体夹杂物，它是在生产过程中产生的，其直径从零点几毫米至几毫米。气泡不仅影响玻璃的外观质量，也影响玻璃的光透射比、透视性和机械强度。

（二）结石（固体夹杂物）

结石即固体夹杂物，是可见的缺陷。结石产生的原因是因为原料粒径过大、结团等致使其未能完全熔融而形成；或是由于熔窑（池）的耐火材料受到侵蚀、剥落而形成；或是由于玻璃在熔窑中形成部分析出的晶体所致。

结石是玻璃内最危险的缺陷，它破坏玻璃制品的外观质量和光学均一性，并且由于结石与周围玻璃的热膨胀系数相差较大，会在界面上形成较大的内应力，而使玻璃的机械强度和热稳定性大大降低，甚至会使其表面出现放射状裂纹或自行炸裂。玻璃制品中通常不允许结石存在。

玻璃中较小的结石称为砂粒。砂粒有时也指粘在玻璃表面上的槽口析晶。

（三）疙瘩

疙瘩是凸出玻璃表面的一种可见性缺陷，它是玻璃态的夹杂物，其组成与物理性质与周围玻璃不同。它是由于玻璃在熔窑中未完全熔融和均化所致。疙瘩对玻璃的外观、光学均一性、机械强度和热稳定性有较大的不利作用，但其有害程度低于结石。

（四）波筋

波筋是透明平板玻璃表面呈现出的条纹和波纹，它通常与玻璃拉引力的方向平行。它是由于玻璃液组成或温度不均；或成型时冷却不均；或因槽子砖槽口不平整等原因引起的。波筋是一种较普遍的玻璃不均匀性缺陷。波筋对光的反射和折射会产生差异，而使看到的物象变形。

实际生产中，理想的均质玻璃是极少的，容许非均质性的程度取决于玻璃的用途，如普通窗用玻璃对缺陷的控制程度低于装饰玻璃和特殊用途玻璃。

（五）线道

线道是玻璃表面呈现的很细、很亮的较长的线条。线道的存在降低了玻璃的外观质量和整体美感。

第二节　普通窗用玻璃

普通窗用玻璃也称单色玻璃、净片玻璃，是建筑工程中用量最大的玻璃，也是生产多种其它玻璃的原料，故又称原片玻璃。普通窗用玻璃属于无色钠钙硅酸盐玻璃，按生产工艺的不同主要有拉引法玻璃和浮法玻璃，前者也称为普通平板玻璃。

一、普通平板玻璃

普通平板玻璃是采用传统的拉引法生产的用于建筑和其它方面的平板玻璃。

（一）规格与技术要求

1.规格

普通平板玻璃的厚度分为 2，3，4，5 mm 四类，玻璃的形状应为矩形，尺寸一般不小于 600 mm×400 mm。

普通平板玻璃的规格一般由生产厂自定或供需双方协商。普通平板玻璃的最大尺寸可达 3 000 mm×2 400 mm。

2.技术要求

普通平板玻璃的表面不允许有擦不掉的白雾状或棕黄色的附着物，可见光透射比不得低于表5-2的规定。

表5-2　普通平板玻璃的可见光透射比要求（GB 4871—1995）

厚度(mm)	2	3	4	5
可见光透射比(%)，≮	88	87	86	84

普通平板玻璃按外观质量分为优等品、一等品、合格品，各等级的外观质量应满足表5-3的要求。玻璃不允许有裂口，此外尺寸偏差、弯曲度等也应满足《普通平板玻璃》(GB 4871—1995)的规定。

表5-3　普通平板玻璃的外观质量要求（GB 4871—1995）

缺陷种类	说明	优等品	一等品	合格品
波筋（包括波纹辊子花）	不产生变形的最大入射角	60°	45° 50 mm 边部,30°	30° 100 mm 边部,0°
气泡	长度 1 mm 以下的	集中的不许有	集中的不许有	不限
气泡	长度大于 1 mm 的每 1 m² 允许个数	≤6 mm,6	≤8 mm,8 >8~10 mm,2	≤10 mm,12 >10~20 mm,2 >20~25 mm,1
划伤	宽 ≤ 0.1 mm 的每 1 m² 允许条数	长≤50 mm 3	长≤100 mm 5	不限
划伤	宽>0.1 mm,每 1 m² 允许条数	不许有	宽≤0.4 mm 长<100 mm 1	宽≤0.8 mm 长<100 mm 3
砂粒	非破坏性的,直径 0.5~2 mm,每 1 m² 允许个数	不许有	3	8
疙瘩	非破坏性的疙瘩波及范围直径不大于 3 mm,每 1 m² 允许个数	不许有	1	3
线道	正面可以看到的每片玻璃允许条数	不许有	30 mm 边部 宽≤0.5 mm 1	宽≤0.5 mm 2
麻点	表面呈现的集中麻点	不许有	不许有	每 1 m² 不超过 3 处
麻点	稀疏的麻点,每 1 m² 允许个数	10	15	30

注：①集中气泡、麻点是指 100 mm 直径圆面积内超过 6 个。

　　②砂粒的延续部分,入射角 0°能看出的当线道论。

(二)性质与应用

普通平板玻璃透光透视，其可见光透射比大于 84％，并具有一定的机械强度，但性脆，抗冲击性差。此外，还具有导热系数较低〔0.73~0.82 W/(m·K)〕、太阳能总透射比高（大于 84%)、遮蔽系数大(约 1.0)、紫外线透射比低等特性。普通平板玻璃的外观质量相对较差,特别是所含的波筋使物象产生畸变。但普通平板玻璃的价格相对较低,且可切割,因而普通平板玻璃主要用于普通建筑工程的门窗等。也作为钢化玻璃、夹丝玻璃、中空玻璃、磨光玻璃、防火玻璃、光栅玻璃等的原片玻璃。

二、浮法玻璃

浮法玻璃是由浮法工艺生产的平板玻璃。

(一)规格与技术要求

1.规格

浮法玻璃的厚度分为 3,4,5,6,8,10,12 mm 七类,玻璃的形状应为矩形,尺寸一般不小于 1 000 mm×1 200 mm,不大于 2 500 mm×3 000 mm。其它尺寸由供需双方协商。

2.技术要求

浮法玻璃的可见光透射比应满足表 5-4 的要求。浮法玻璃按外观质量分为优等品、一等品、合格品,各等级的外观质量应满足表 5-5 的要求。

表 5-4　浮法玻璃的可见光透射比要求(GB 11614—89)

厚度(mm)	3	4	5	6	8	10	12
可见光透射比(%),≮	87	86	84	83	80	78	75

表 5-5　浮法玻璃的外观质量要求(GB 11614—89)

缺陷名称	说　明	优等品	一级品	合格品
光学变形	光入射角	厚 3 mm,55° 厚≥4 mm,60°	厚 3 mm,50° 厚≥4 mm,55°	厚 3 mm,40° 厚≥4 mm,45°
气　泡	长 0.5～1 mm,每 1 m² 允许个数	3	5	10
	长>1 mm,每 1 m² 允许个数	长 1～1.5 mm 2	长 1～1.5 mm 3	长 1～1.5 mm 4 长>1.5～5 mm 2
夹杂物	长 0.3～1 mm,每 1 m² 允许个数	1	2	3
	长>1 mm,每 1 m² 允许个数	长 1～1.5 mm 50 mm 边部 1	长 1～1.5 mm 1	长 1～2 mm 2
划　伤	宽≤0.1 mm,每 1 m² 允许个数	长≤50 mm 1.	长≤50 mm 2	长≤100 mm 6
	宽>0.1 mm,每 1 m² 允许条数	不许有	宽 0.1～0.5 mm 长≤50 mm 1	宽 0.1～1 mm 长≤100 mm 3
线　道	正面可以看到的,每片玻璃允许条数	不许有	50 mm 边部 1	2
雾斑(沾锡、麻点与光畸变点)	表面擦不掉的点状或条纹斑点,每 1 m² 允许数	肉眼看不出		斑点状,直径≤2 mm,4 个 条纹状,宽≤2 mm,长≤50 mm,2 条

玻璃不允许有裂口存在,此外尺寸偏差、弯曲度等也应满足《浮法玻璃》(GB 11614－89)的规定。

(二)性质与应用

浮法玻璃的表面平滑,光学畸变小,物象质量高,其它性能与普通平板玻璃相同,但强度稍低,并且价格较高。浮法玻璃良好的表面平整度和光学均一性,避免了普通平板玻璃易产生光学畸变的缺陷,适合用于各类建筑,特别是高级宾馆、写字楼、豪华商场、博物馆等建筑的门窗、橱窗等,也可替代磨光玻璃使用。浮法玻璃还广泛用作夹层玻璃、中空玻璃、热反射玻璃、钢化玻璃、防火玻璃、光栅玻璃的原片玻璃。

第三节 建筑装饰玻璃及制品

随着玻璃工业技术的发展和对建筑物功能要求的不断提高,玻璃品种不断增多,出现了许多具有特殊功能的玻璃,它们改变了玻璃过去只是(或主要是)用于采光的单一功能,为建筑物的美化、节能保温、隔声降噪、控制光线、防火等起到了不可忽视的作用。下面介绍部分装饰玻璃及制品。

一、磨光玻璃

磨光玻璃又称镜面玻璃,指表面经过机械研磨和抛光的平整光滑的平板玻璃。磨光的目的是为了消除由于表面不平引起的波筋、波纹等缺陷,使从任何方向透视或反射物象均不出现光学畸变现象。小规模生产,多采用单面研磨与抛光。大规模生产可进行单面或双面连续研磨与抛光,多用压延玻璃为毛坯,硅砂作研磨材料,氧化铁或氧化铈作抛光材料。除普通磨光玻璃外,还可制成磨光夹丝玻璃。由于磨光过程中破坏了平板玻璃原有的火抛表面,使其抗风压强度降低。磨光玻璃的厚度一般为 5～6 mm,光透射比在 84％ 以上。常用于大型高级门窗、橱窗及制镜工业。

由于浮法玻璃表面光洁、平整、无波筋、波纹,光学性能优良,质量不亚于经人工或机械精细加工而成的磨光玻璃,使人工磨光玻璃的生产量和需求量逐渐减小,而被浮法玻璃所替代。

二、彩色玻璃

彩色玻璃又称饰面玻璃。分透明和不透明及半透明三种。

透明彩色玻璃是在玻璃原料中加入一定量的金属氧化物作着色剂,使玻璃带有各种颜色,可以有离子着色、金属胶体着色和硫硒化合物着色三种着色机理。透明彩色玻璃具有很好的装饰效果,特别是在室外有阳光照射时,室内五光十色,别具一格。彩色玻璃常用氧化物着色剂列于表5-6。

表 5-6 彩色玻璃常用氧化物着色剂

色　彩	黑　色	深蓝色	浅蓝色	绿　色	红　色	乳白色	玫瑰色	黄　色
氧化物	过量的锰、铬或铁	钴	铜	铬或镉	硒或镉	氧化锡、磷酸钠等	二氧化锰	硫化镉

不透明彩色玻璃是在平板玻璃的表面经喷涂色釉后热处理固色而成,具有耐腐蚀、抗冲刷、易清洗等优良性能。其彩色饰面或涂层也可以是有机高分子涂料制成,它的底釉由透明着色涂料组成,为了使表面产生漫反射,可以在表面撒上细贝壳及铝箔粉,再刷上不透明有色涂料,有着独特的外观装饰效果。

半透明彩色玻璃又称乳浊玻璃,是在玻璃原料中加入乳浊剂,经过热处理,不透视但透光,可以制成各种颜色的饰面砖或饰面板。白色的又称乳白玻璃。

透明和半透明彩色玻璃常用于建筑内外墙、隔断、门窗及对光线有特殊要求的部位等。有时也被加工成夹层玻璃、中空玻璃、压花玻璃、钢化玻璃等,更具优良的装饰性和使用功能。

不透明彩色玻璃主要用于建筑内外墙面的装饰,可拼成不同的图案,表面光洁、明亮或漫射无光,具有独特的装饰效果,不透明彩色玻璃也可加工为钢化玻璃。

彩色玻璃的尺寸一般不大于 1 500 mm×1 000 mm,厚度为 5~6 mm。

三、磨砂玻璃

磨砂玻璃又称毛玻璃、漫射玻璃。通常是指磨砂平板玻璃,可以用机械喷砂、手工研磨或者氢氟酸溶蚀等物理或化学方法将玻璃的单面或双面加工成均匀的粗糙表面,使透入的光线产生漫射造成透光不透视的效果,并且光线柔和,不刺目。研磨材料可用硅砂、金刚砂、石榴石粉等,研磨介质为水。

磨砂玻璃多用于建筑物中办公室、浴室、厕所等有遮蔽形象要求的门窗、隔断等,还可以用做照相屏板、灯罩和玻璃黑板等,安装时毛面应向室内,但用于卫生间、浴室时毛面应向外。

四、压花玻璃

压花玻璃又称滚花玻璃。用压延法生产的平板玻璃,在玻璃硬化前经过刻有花纹的滚筒,使玻璃单面或两面压有花纹图案。由于花纹凹凸不平,使光线散射失去透视性,减低光透射比(光透射比为 60%~70%),同时,其花纹图案多样,具有良好的装饰效果。安装在窗户上可起到窗帘的作用,常用于办公室、会议室、餐厅、酒吧、浴室、卫生间的门窗、隔断、屏风等,使用时花纹向外。

《压花玻璃》(JC/T 511—93)规定压花玻璃的厚度为 3,4,5 mm。其尺寸不应小于400 mm×300 mm,且不得大于 2 000 mm×1 200 mm。按外观质量分为优等品、一等品、合格品,各等级的外观质量应满足表 5-7 的要求。此外,压花玻璃的尺寸偏差、弯曲度等也应满足 JC/T 511—93 的要求。

除一般压花玻璃外,还有彩色压花玻璃、热反射压花玻璃、彩色膜压花玻璃。热反射压花玻璃的立体感强,在不同角度光线的照射下立体感格外突出,且它具有的一定的反光性给人一种华丽、清新的美感,因而是一种理想的室内装饰材料。彩色膜压花玻璃是采用有机或无机金属化合物进行热喷涂制成的装饰玻璃,具有较高的热反射性能,其花纹的立体感较一般压花玻璃和彩色压花玻璃更突出,给人一种富丽堂皇的华贵之感,常用于卫生间、浴室、餐厅、酒吧等。

表 5-7　压花玻璃的外观质量要求（JC/T 511—93）

缺陷种类	说　明	优等品	一等品	合格品
线　道	因设备造成板面上的横向线道	不允许		
	纵向线道允许条数	50 mm 边部 1	50 mm 边部 2	3
热　圈	局部高温造成板面凸起	不允许		
皱　纹	板面纵横分布不规则波纹状缺陷，每平方米面积允许条数	长<100 mm 1	长<100 mm 2	—
气　泡	长度≥2 mm 的，每平方米面积上允许个数	≤10 mm 5	≤20 mm 10	≤20 mm 10 20～30 mm 5
夹杂物	压辊氧化脱落造成的 0.5～2 mm 黑色点状缺陷，每平方米面积上允许个数	不允许	5	10
	0.5～2 mm 的结石、砂粒，每平方米面积上允许个数	2	5	10
伤　痕	压辊受损造成的板面缺陷，直径 5～20 mm，每平方米面积上允许条数	2	4	6
	宽 0.2～1 mm，长 5～100 mm 的划伤，每平方米面积上允许个数	2	4	6
图案缺陷	图案偏斜，每米长度允许最大距离(mm)	8	12	15
	花纹变形度 P(%)	4	6	10
裂　纹	—	不允许		
压　口	—	不允许		

五、钢化玻璃

钢化玻璃又称强化玻璃，它具有较高的抗弯强度和抗冲击能力，克服了普通玻璃性脆、易碎的最大缺陷。

(一)钢化玻璃的生产

钢化玻璃按钢化原理的不同分为物理钢化和化学钢化两种。

1.物理钢化

物理钢化又称淬火钢化，它是将普通玻璃在加热炉中加热到接近玻璃软化点温度(约 650 ℃)并保持一段时间，使之消除内应力，之后移出加热炉并立即用多头喷嘴向玻璃吹以常温空气，使之迅速均匀冷却。冷却到室温后即成为高强度的钢化玻璃。物理钢化玻璃强度提高是因为玻璃在受到突然冷却时,由于玻璃的两个表面先冷却硬化,当玻璃内部逐渐冷却并产生收缩时,已硬化的两个表面对内部收缩起到阻止作用,从而在玻璃的两个表面产生压应力(约 70～180 MPa),而在内部产生拉应力,参见图 5-2。

表面所产生的预加压应力,可抵消玻璃受力时的拉应力,因而提高了玻璃的抗弯强度和抗冲击性。

物理钢化玻璃表面的预加压应力分布均匀,但一旦发生局部破损即会引起应力重分布,而导致钢化玻璃在倾刻间碎裂成无数无尖锐棱角的小颗粒,因而可避免因碎片飞溅引起的人身伤害,故属于安全玻璃。钢化程度太高即预加压应力太高会引起钢化玻璃自爆;钢化程度较低(预加压应力约 21～69 MPa)时,抗弯强度和抗冲击力的提高

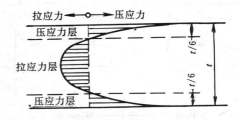

图 5-2　钢化玻璃断面应力分布

较小,称为中钢化玻璃或热增强玻璃。中钢化玻璃在碎裂时不会呈小颗粒,而与未钢化玻璃相似,因而破裂时仍会对人身造成伤害,故较少使用。

物理钢化玻璃按工艺分为垂直吊挂法和水平辊道法。后者是目前的主要钢化工艺方法,其产量大、质量好,并可生产尺寸大、厚度达 15～19 mm 的钢化玻璃,同时还可克服垂直吊挂法造成的夹钳印等缺陷。

物理钢化玻璃不能进行切割,须按要求的尺寸进行加工。

2. 化学钢化

化学钢化是采用离子交换法等来改变玻璃表面的组成,达到在玻璃中产生永久应力,从而提高玻璃强度和抗冲击能力的化学加工方法。离子交换法分为高温型和低温型两种。

(1)高温型　是在玻璃转变温度以上进行离子交换,是以含 Li^+ 离子的熔盐与玻璃中的 K^+ 或 Na^+ 离子进行交换。由于 Li^+ 离子的热膨胀系数小,从而在冷却过程中造成玻璃表面层收缩较小而内层收缩较大,冷却至常温后,玻璃表面层产生压应力,而内层为拉应力。

(2)低温型　是在不超过玻璃转变温度的范围内,以体积大的 K^+ 离子或 Na^+ 离子来交换玻璃表面中半径较小的 Na^+ 离子或 Li^+ 离子。由于体积效应使玻璃的表层产生压应力,而内部产生拉应力。

化学钢化不会使玻璃变形,能处理所有的表面,但处理时间长,成本高。因而多用于薄壁、形状复杂或尺寸精度要求高的玻璃制品。化学钢化玻璃可进行任意切割。

化学钢化玻璃的压应力层很薄(一般为 50 μm),但应力值与物理钢化玻璃基本相同。化学钢化玻璃表面磨伤后强度会降低。化学钢化玻璃在破碎后仍然为带尖角的大碎片,因此一般不作为安全玻璃使用。

工程中应用的主要为物理钢化玻璃。

(二)规格与技术要求

《钢化玻璃》(GB 9963—88)规定了物理钢化玻璃的分类与技术要求。

1. 分类

钢化玻璃按用途分为建筑、铁路机车车辆、工业装备用钢化玻璃,汽车用钢化玻璃和船用钢化玻璃等。本书只介绍前者。

建筑、铁路机车车辆、工业装备用钢化玻璃按形状可分为平面钢化玻璃、曲面钢化玻璃，按原片玻璃分为浮法钢化玻璃、普通钢化玻璃，按碎片状态分为Ⅰ类、Ⅱ类、Ⅲ类钢化玻璃（见表5-8）。

表5-8　钢化玻璃按碎片状态分类（GB 9963—88）

种类	标记	特　性
Ⅰ类	T_I	平面钢化玻璃及曲面钢化玻璃的碎片状态应满足表5-11中的相应的要求
Ⅱ类	T_I	平面钢化玻璃的碎片状态应满足表5-11中的相应的要求
Ⅲ类	$T_Ⅱ$	平面钢化玻璃的碎片状态应满足表5-11中的相应的要求

2.规格

钢化玻璃的规格是按需加工订制,目前国内能生产的最大尺寸可达 3 000 mm×2 500 mm。其厚度见表5-9。

表5-9　钢化玻璃的厚度（GB 9963—88）

种类	厚　度(mm)	
	浮法玻璃	普通玻璃
平面钢化玻璃	4,5,6,8,10,12,15,19	4,5,6
曲面钢化玻璃	5,6,8	5,6

3.技术要求

钢化玻璃的外观质量、物理力学性能应分别满足表5-10、表5-11的要求。此外,钢化玻璃的尺寸偏差、弯曲度等也应满足 GB 9963—88 的要求。

（三）性质

1.抗折强度与抗冲击性

钢化玻璃的抗折强度高于 200 MPa,为普通玻璃的 4～5 倍。钢化玻璃的抗冲击性也很高,为普通玻璃的 4～5 倍,如 4 mm 厚的钢化玻璃可经受质量为 1 040 g 钢球自 1 500 mm 处自由落下而不破碎。

2.弹性变形

钢化玻璃的弹性变形能力大。如一块 1 200 mm×350 mm×6 mm 的钢化玻璃,在受力后可发生达 100 mm 的弯曲挠度,而普通平板玻璃的弯曲变形不超过 10 mm,若进一步弯曲将发生折断破坏。

3.安全性

物理钢化玻璃在破碎后,其碎片尺寸小,呈颗粒状,并且无尖锐棱角存在。因而可大大减少玻璃碎片飞溅对人体,特别是对面部造成的伤害,故属于安全玻璃。化学钢化玻璃在破碎后,其碎片状态与普通玻璃相同,因而一般不属于安全玻璃。

4.热稳定性

钢化玻璃的热稳定性高,可经受 180～200 ℃的温度剧变而不破坏;当钢化玻璃的一侧表面受温度剧变作用时,其可经受 300～350 ℃的温度剧变而不破坏。

表 5-10　钢化玻璃外观质量要求（GB 9963－88）

缺 陷 名 称	说　明	允 许 缺 陷 数	
		优 等 品	合 格 品
爆边	每片玻璃每米边长上允许有长度不超过 20 mm，自玻璃边部向玻璃板表面延伸深度不超过 6 mm，自板面向玻璃厚度延伸深度不超过厚度一半的爆边	1 个	3 个
划伤	宽度在 0.1 mm 以下的轻微划伤	距离玻璃表面 600 mm 处观察不到的不限	
	宽度在 0.1～0.5 mm 之间，每 0.1 m² 面积内允许存在条数	1 条	4 条
缺角	玻璃的四角残缺以等分角线计算，长度在 5 mm 范围之内	不允许有	1 个
夹钳印	玻璃的挂钩痕迹中心与玻璃边缘的距离	不得大于 12 mm	
结石	—	均不允许存在	
波筋、气泡、线道疙瘩、砂粒	—	优等品不得低于 GB 11614 一等品的规定 合格品不得低于 GB 4871 合格品的规定	

表 5-11　钢化玻璃的物理力学性能要求（GB 9963－88）

项　目		试 验 条 件	要　求
抗冲击性		用直径为 63.5 mm，质量为 1040 g 的钢球，自 1 000 mm 处自由落下冲击试样（610 mm×610 mm）	6 块试样中，破坏数不超过 1 块
碎片状态	I 类	厚度为 4 mm 时，用直径为 63.5 mm，质量为 1 040 g 的钢球自 1 500 mm 处自由落下冲击试样（610 mm×610 mm）。试样不破时，逐次将钢球提高 500 mm，直至试样破碎。并在 5 min 内称量	所有 5 块试样中最大碎片的质量不得超过 15 g
		厚度大于或等于 5 mm 时，用成品作为试样，用尖端曲率半径为（2.2±0.05）mm 的小锤或冲头将试样击碎	每块试样在 50 mm×50 mm 区域内的碎片数必须超过 40 个
	II 类	用质量为（45±0.1）kg 的冲击体（装有 ∅ 2.5 mm 铅砂的皮革袋）从 1 200～2 300 mm 高处摆式自由落下冲击试样（864 mm×1 930 mm），使之破坏	4 块试样全部破坏并且每块试样的最大 10 块碎片质量的总和不得超过相当于试样的 65 cm² 面积的质量
	III 类	应全部符合 I，II 类钢化玻璃的规定	
抗弯强度		试样尺寸 300 mm×300 mm	30 块试样的平均值不得低于 200 MPa
可见光透射比		按 GB 5137.2 进行	供需双方商定
热稳定性		1. 在室温放置 2 h 的试样（300 mm×300 mm）的中心浇注开始熔融的铅液（327.5 ℃） 2. 同一块试样加热至 200 ℃并保持 0.5 h，之后取出投入 25 ℃水中	均不应破碎

5.光学性质

平板玻璃钢化后,它的光透射比、反射比、可见光透射光谱(即玻璃的颜色),均不发生变化。但由于钢化玻璃残余内应力使光线产生双折射,故在一定角度下观察时,钢化玻璃表面有应力斑存在,该应力斑对视线有一定的影响。

6.不可加工性

物理钢化玻璃不能进行任何裁切、钻孔、磨槽等加工,这是因为钢化玻璃的残余压应力和拉应力处于平衡状态,任何破坏这种平衡状态的机械加工都可能使钢化玻璃完全破坏。

(四)应用

钢化玻璃主要用于建筑物的门窗、幕墙、隔断、护栏(护板、楼梯扶手等)、家具以及电话亭、车、船、设备等门窗、观察孔、采光天棚等。钢化玻璃可做成无框玻璃门,其装饰效果更佳。钢化玻璃用于幕墙时可大大提高抗风压能力,防止热炸裂,并可增大单块玻璃的面积,减少支承结构。

钢化玻璃不宜用于有防火要求的门窗玻璃和可能受到吊车、汽车直接多次碰撞的部位。

钢化玻璃除采用浮法玻璃、普通平板玻璃作为原片外,目前也使用吸热玻璃、压花玻璃、釉面玻璃等作为原片,后者分别称为吸热钢化玻璃、压花钢化玻璃、钢化釉面玻璃。吸热钢化玻璃主要用于既有吸热要求又有安全要求的玻璃门窗等;压花钢化玻璃主要用于浴室、酒吧间等;钢化釉面玻璃主要用于玻璃幕墙的拱肩部位及其它室内外装饰。

六、夹丝玻璃

夹丝玻璃,也称钢丝玻璃,是玻璃内部夹有金属丝(网)的玻璃。生产时将普通平板玻璃加热到红热状态,再将预热的金属丝网(普通金属丝的直径为 0.4 mm 以上,特殊金属丝的直径为 0.3 mm 以上)压入而制成。或在压延法生产线上,当玻璃液通过两压延辊的间隙成型时,送入经过预热处理的金属丝网,使其平行地压在玻璃板中而制成。由于金属丝与玻璃粘结在一起,而且受到冲击荷载作用或温度剧变时,玻璃裂而不散,碎片仍附在金属丝上,避免了玻璃碎片飞溅伤人,因而属于安全玻璃。

(一)技术要求

1.品种

夹丝玻璃分为夹丝压花玻璃和夹丝磨光玻璃。夹丝压花玻璃在一面压有花纹,因而透光不透视。夹丝磨光玻璃是对其表面进行磨光的夹丝玻璃,可透光透视。

2.规格

夹丝玻璃的厚度分为 6,7,10 mm。长度和宽度一般由生产厂自定,通常产品的尺寸不小于 600 mm×400 mm,不大于 2 000 mm×1 200 mm。

3.外观质量

夹丝玻璃按外观质量分为优等品、一等品、合格品,各等级的外观质量要求应满足表5-12的规定。

4.防火性

由于夹丝玻璃破裂而不散,因而对火焰可起到隔绝作用,即能起到阻止火灾蔓延或扩大的作用。对用于防火门、窗等的夹丝玻璃,其防火性能应达到《高层民用建筑设计防火规范》(GBJ 50045—93)的规定。

此外，夹丝玻璃的弯曲度、尺寸偏差等也应满足 JC 433—91 的规定。

5-12　夹丝玻璃的外观质量要求（JC 433—91）

项目	说明	优等品	一等品	合格品
气泡	直径 3～6 mm 的圆泡,每平方米面积允许个数	5	数量不限,但不允许密集	
	长泡,每平方米面积内允许个数长	6～8 mm 2	长 6～10 mm 10	长 6～10 mm 10 长 10～20 mm 4
花纹变形	花纹变形程度	不许有明显的花纹变形		不规定
异物	破坏性的	不允许		
	直径 0.5～2 mm 非破坏性的,每平方米面积内允许个数	3	5	10
裂纹	—	目测不能识别		不影响使用
磨伤	—	轻微		不影响使用
金属丝	金属丝夹入玻璃内状态	应完全夹入玻璃内,不得露出表面		
	脱焊	不允许	距边部 30 mm 内不限	距边部 100 mm 内不限
	断线	不允许		
	接头	不允许	目测看不见	

（二）性能

1. 安全性和防火性

夹丝玻璃的特点是由于金属丝网的存在,使夹丝玻璃在遭受冲击或温度剧变时,破而不缺,裂而不散,从而避免了带尖锐棱角玻璃碎片的飞出伤人,或仍能隔绝火焰,起到防火作用。因而安全性和防火性好。

2. 抗折强度

夹丝玻璃中金属丝网的存在降低了玻璃的均质性,因而夹丝玻璃的抗折强度与抗冲击力与普通玻璃基本一致,或有所下降,特别是在切割处,其强度约为普通玻璃的 50%。使用时应予以注意。

3. 耐急冷急热性

因金属丝网与玻璃的热膨胀系数和导热系数相差较大,因而夹丝玻璃在受到温度剧变作用时会因两者的热性能相差较大而产生开裂、破损。故夹丝玻璃不宜用于两面温差较大、局部受冷热交替作用的部位,如外门窗（因冬季室外冰冻、室内采暖;夏季暴晒暴雨）、火炉或暖气包附近。

4. 锈裂性

夹丝玻璃的锈裂性是指夹丝玻璃的切割边缘上外露的金属丝网,在遇水后产生锈蚀,并且锈蚀会向内部延伸,锈蚀物体积逐渐增大而将玻璃胀裂。此种现象通常在使用 1～2 年后出现,呈现出自下而上的弯弯曲曲的裂纹。故夹丝玻璃的切割口处应涂防锈涂料或贴异丁烯片,以阻止锈裂,同时还应防止水进入门窗框槽内。

(三)应用

夹丝玻璃主要用于天窗、天棚、阳台、楼梯、电梯井和易受振动的门窗以及防火门窗等处。以彩色玻璃原片制成的彩色夹丝玻璃,其色彩与内部隐隐出现的金属丝网相配具有较好的装饰效果。

夹丝玻璃在切割时,因金属丝网相连,常需反复上下折挠多次才能掰断。折挠时应十分小心,以防止切口边缘处相互挤压,造成微小缺口或裂口而引起使用时破损。夹丝玻璃在安装时一般也不应使之与窗框直接接触,宜填入塑料或橡胶等作为缓冲材料,以防止因窗框的变形或温度剧变而使夹丝玻璃开裂。

七、吸热玻璃

吸热玻璃是指能大量吸收红外线辐射,又能使可见光透过并保持良好的透视性的玻璃。

吸热玻璃的生产方法分为本体着色法和表面喷涂法(镀膜法)两种。本体着色法是在普通玻璃原料中加入具有吸热特性的着色氧化物,如氧化镍、氧化钴、氧化铁、氧化硒等,使玻璃本身全部着色并具有吸热特性。表面喷涂法是在普通玻璃的表面喷涂有色氧化物,如氧化锡、氧化钴、氧化锑等,在玻璃的表面形成一层有色的氧化物薄膜。

吸热玻璃按其成分和特性分为硅酸盐吸热玻璃、磷酸盐吸热玻璃、光致变色玻璃、热反射玻璃等。按玻璃的成型方式分为吸热普通平板玻璃和吸热浮法玻璃。

(一)吸热玻璃的技术要求

《吸热玻璃》(JC/T 536—94)对本体着色吸热玻璃作了技术规定。

1. 规格

吸热玻璃的厚度分为 2,3,4,5,6,8,10,12 mm,其长度和宽度与普通平板玻璃和浮法玻璃相同。

2. 光学性质

吸热玻璃的光学性能,用可见光透射比和太阳光直接透射比来表示,两者的数值换算成为 5 mm 标准厚度的值后,应满足表 5-13 的规定。

表 5-13　吸热玻璃的光学性质(JC/T 536—94)

颜色	可见光透射比(%),≮	太阳光直接透射比(%),≯
茶色	42	60
灰色	30	60
蓝色	45	70

3. 其它

吸热玻璃按外观质量分为优等品、一等品、合格品。吸热普通平板玻璃和吸热浮法玻璃的尺寸偏差、外观缺陷等应分别满足 GB 4871—1995 和 GB 11614—89 的规定,分别参见表5-3和表 5-5。

吸热玻璃的颜色均匀性应小于 3 NBS(NBS 为色差单位)。

(二)性质

与普通玻璃相比,吸热玻璃具有以下特点。

1. 吸热作用较强

吸热玻璃对太阳光中的红外光有较强的吸收能力。当太阳光照射在吸热玻璃上时,相当一部分的太阳辐射能被吸热玻璃吸收,被吸热玻璃吸收的热量可向室内、室外散发(即二次消散)。同时由于直接透射比的减少而使太阳光能进入室内的数量大为减少(约减少15％～25％),如图5-3所示。由此可见,吸热玻璃可明显降低炎热夏季室内的温度,避免了由于使用普通玻璃而带来的暖房效应(即由太阳能过多进入室内而引起室内温度上升较高的现象),可大大降低夏季的空调费用。

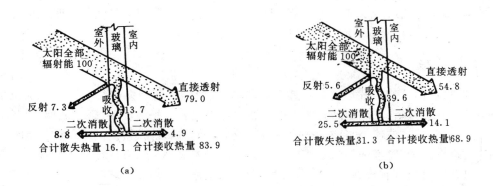

图 5-3 吸热玻璃对太阳光的吸收与透射

(a)6 mm 浮法玻璃;(b)6 mm 蓝色吸热玻璃

2.吸收可见光能力较强

吸热玻璃对可见光有较强的吸收能力,可见光的透射比大为减小,一般为35％～60％。可见光透射比的减小降低了室内的照度,可使刺眼的阳光变得柔和、舒适,并可起到良好的防眩作用。特别是在炎热的夏季,更能有效地改善室内的光线,使人感到舒适、凉爽。

3.吸收紫外线能力较强

吸热玻璃对太阳光中的紫外线具有较强的吸收作用,可减轻紫外线对人体和室内物品的损害,可减慢塑料等有机材料的退色和老化速度。

4.温度不均匀,热应力较高

吸热玻璃吸收的热量通过玻璃的两个表面向外散失。室外一侧由于空气的流动,热量易于散失,放出的热量较多。室内一侧热量的散失速度相对较慢,散失的热量也较少。因而吸热玻璃内外表面的温度不同。特别是局部受到强烈的阳光照射时,受照射部分与未受照射部分(如窗框内部分、阴影部分)间会产生很大的温度差,其引起的热应力有时足以引起吸热玻璃炸裂。如在晴朗的冬季上午,受太阳光直接照射的东向、东南向窗玻璃,有时会产生吸热玻璃炸裂,其原因就是局部快速升温所致。吸热玻璃的热炸裂除与玻璃的吸热能力有关外还与其边缘切口有关。切口整齐无伤痕时不易产生热炸裂。此外安装状况、阴影情况、有无遮阳设备、窗帘等因素也对热炸裂有影响。

(三)应用

吸热玻璃除常用的茶色、灰色、蓝色外,还有绿色、古铜色、青铜色、金色、粉红色、棕色等,因而除具有吸热功能外还具有良好的装饰性。采用吸热玻璃既可起到隔热或调节室内或车船内温度、节约能源的作用,又可起到防眩作用,能创造出一个舒适优美的生活和工作环境。吸热玻璃主要用作建筑外墙的门窗、车船的风挡玻璃等,特别适合用于炎热地区的建筑门窗等。

使用吸热玻璃时宜安装百页窗,这是因为吸热玻璃的温度较高,有较强的热辐射作用,尽管室内温度较低也使人体感到有点"闷热"。利用百页窗可消除此种现象。

为避免热炸裂现象,在安装吸热玻璃时应留有一定的间隙,应使窗帘、百页窗等远离玻璃表面以利于通风、散热。避免暖风或冷风直接吹在玻璃上,避免强光直接照射在玻璃上,避免外墙面过大的凹凸变化而在玻璃上出现形状复杂的阴影,避免在玻璃上粘贴纸等易吸收阳光的物品。

吸热玻璃也可被进一步加工成中空玻璃、夹层玻璃等,其隔热效果更佳。吸热玻璃还可被加工成钢化玻璃,用于有装饰、隔热和安全要求的门窗等。

八、夹层玻璃

夹层玻璃是两片或多片玻璃之间嵌夹透明、柔软而强韧的塑料薄片,经加热、加压粘合成平面的或曲面的复合玻璃制品。所采用的原片可以是普通平板玻璃、磨光玻璃、夹丝磨光玻璃、钢化玻璃、浮法玻璃、彩色玻璃、吸热玻璃及热反射玻璃等。常用的塑料胶片为聚乙烯醇缩丁醛、聚碳酸酯,厚度一般为 0.2~0.8 mm。由于塑料膜片具有优良的柔韧性及较高的强度,因而夹层玻璃具有较高的强度和抗冲击性,在受冲击作用而破坏时产生辐射状或同心圆形裂纹,玻璃碎片粘连在塑料薄膜上不脱落,不易伤人,属于安全玻璃。

夹层玻璃一般为 2~9 层,建筑上常用的为 2,3 层,原片玻璃的厚度为一般常用的 2,3,5 mm。

(一)技术要求

1. 分类

夹层玻璃按形状分为平面夹层玻璃、曲面夹层玻璃。按抗冲击性、抗穿透性分为 I 类、Ⅲ类夹层玻璃,其特性应满足表 5-14 的规定。

表 5-14　夹层玻璃的抗冲击、抗穿透性分类(GB 9962—88)

分类	标记	特　　性
I	L_I	平面及曲面夹层玻璃的抗冲击性应满足表 5-16 的规定
Ⅲ	$L_Ⅱ$	由 2 块玻璃组成,其总厚度不超过 16 mm 的平面夹层玻璃,抗冲击性和抗穿透性应满足表 5-16 的规定

Ⅲ类夹层玻璃不使用夹丝磨光玻璃及钢化玻璃。

2. 规格

夹层玻璃的长度、宽度和厚度由供需双方商定,但长度和宽度一般不大于 2 400 mm,厚度以原片玻璃的总厚度计一般为 5~24 mm。

3. 外观质量

夹层玻璃按外观质量分为优等品、合格品,各等级的外观质量应满足表 5-15 的规定。

此外,夹层玻璃的尺寸偏差也应满足 GB 9962—88 的要求。

表 5-15　**夹层玻璃的外观质量要求**(GB 9962－88)

缺陷名称	优等品	合格品
胶合层气泡	不允许存在	直径 300 mm 圆内允许长度 1～2 mm 以下的胶合层杂质 2 个
胶合层杂质	直径 500 mm 圆内允许长 2 mm 以下的胶合层杂质 2 个	直径 500 mm 圆内允许长 3 mm 以下的胶合层杂质 4 个
裂痕	不允许存在	
爆边	每平方米玻璃允许有长度不超过 20 mm 自玻璃边部向玻璃表面延伸深度不超过 4 mm,自板面向玻璃厚度延伸深度不超过厚度的一半	
	4 个	6 个
叠差	不得影响使用,可由供需双方商定	
磨伤	
脱胶	

4. 物理力学性能

夹层玻璃的耐热性、耐辐照性、抗冲击性和抗穿透性应满足表 5-16 的规定。

表 5-16　**夹层玻璃的物理力学性能**(GB 9962－88)

项　目	试验条件	要　求
耐热性	试样(300 mm×300 mm)在 100 ℃下保持 2 h	允许玻璃出现裂缝,但距边部或裂缝超过 13 mm 处不允许有影响使用的气泡或其它缺陷产生
耐辐照性	750 W 无臭氧石英管式中压水银蒸汽弧光灯辐照 100 h。辐照时保持试样温度为(45±5)℃	3 块试样试验后均不可产生显著变色、气泡或浑浊现象,并且辐照前后可见光透射比的相对减少率不大于 10%
抗冲击性	用直径为 63.5 mm,质量为 1 040 g 的钢球从 1 200 mm 处自由落下冲击试样(610 mm×610 mm)	6 块试样中应有 5 块或 5 块以上符合下述条件之一时为合格。 a. 玻璃不得破坏 b. 如果玻璃破坏,中间膜不得断裂或不因玻璃剥落而暴露
抗穿透性	用质量为(45±0.1)kg 的冲击体(装有 ∅2.5 mm 铅砂的皮革袋)从 300～2 300 mm 高处摆式自由落下冲击试样(864 mm×1 930 mm)	构成夹层玻璃的 2 块玻璃板应全部破坏,但破坏部分不可产生使直径 75 mm 的球自由通过的开口

(二)性能与应用

夹层玻璃的抗冲击性和抗穿透性高,在受到冲击力作用时,玻璃不易开裂、破碎,或开裂但不脱落,或脱落但不产生太大的穿透孔。通过选用适宜的原片玻璃、塑料胶膜和玻璃片的层数,可获得优良的抗穿透性或防弹性。夹层玻璃还具有较好的隔声、保温、耐热、耐寒、耐湿、耐光等性能,长期使用不易变色、老化,且可见光透射比高(2＋2 mm 夹层玻璃的可见光透射比不低于82%）。此外,夹层玻璃还具有其原片玻璃的原有特性,如当采用吸热玻璃为原片玻璃时夹层玻璃还具有隔热、防眩等作用。

夹层玻璃主要用于有振动或冲击力作用的,或防弹、防盗及其它有特殊安全要求的建筑门窗、隔墙、工业厂房的天窗、某些水下工程等。当在夹层材料置入电热丝时,夹层玻璃能迅速排除霜露,常用于汽车的风挡玻璃等。

九、热反射玻璃

热反射玻璃是对太阳光具有较高的反射比和较低的总透射比,可较好地隔绝太阳辐射能,并对可见光具有较高透射比的一种节能玻璃。热反射玻璃的较高反射比是通过磁控真空阴极溅射、电浮法、真空离子镀膜、溶胶凝胶法等在玻璃表面镀敷或离子交换形成的一层极薄的金、银、铝、铜、铬、镍、铁等金属或金属氧化物膜来实现的,因此也称为镀膜玻璃。

镀膜玻璃实际上是个更为广泛的概念,因为改变膜层的组成和结构,既可制成热反射玻璃,也可形成吸热玻璃和其它品种的玻璃(如低辐射玻璃、减反射玻璃等)等。热反射玻璃与吸热玻璃的区别在于前者的太阳光直接反射比大于直接吸收比,而后者的太阳光直接反射比小于直接吸收比。有的膜层既具有反射太阳辐射热的功能又具有吸收太阳辐射热的功能,这种玻璃称为阳光控制玻璃或遮阳玻璃。

热反射玻璃的生产方法很多,产品性能与质量也相差很大,但以磁控真空阴极溅射法生产的性能和质量最佳。

(一)技术要求

我国已制定了《热反射玻璃》(GB,报批稿)标准,该标准适用于磁控真空阴极溅射、电浮法、真空离子镀膜工艺生产的用于建筑、采光和装饰以及其它方面的热反射玻璃。热反射玻璃所用的原片玻璃为浮法玻璃。

1. 规格

热反射玻璃按厚度分为 3,4,5,6,8,10,12 mm 七种规格。热反射玻璃的长度、宽度不做规定。目前可生产的最大尺寸可达 2 000 mm×3 000 mm。

2. 外观质量

磁控真空阴极溅射、真空离子镀膜产品的外观质量应满足表 5-17 的要求,且原片玻璃应符合《浮法玻璃》(GB 11614—89)中的一级品或优等品的要求(参见表 5-5)。电浮法产品除光学变形、气泡、夹杂物、划伤等项应符合 GB 11614—89 的规定外(参见 5-5),还应满足表 5-18 的要求。

3. 物理性能

热反射玻璃的光学性能、色差、耐磨性能应满足表 5-19 的要求。

热反射玻璃的型号中,首位字母代表其生产工艺(M 为磁控真空阴极溅射,E 为电浮法,I 为真空离子镀膜),第二、三位字母代表膜层的主要着色材料,第四、五位字母代表玻璃的颜色(Si 为银色、Gr 为灰色、Go 为金色、Bl 为蓝色、Ea 为土色、Br 为茶色),最后的数字表示可见光透射比。

表 5-17　磁控真空阴极溅射及真空离子镀膜热反射玻璃的外观质量要求

缺 陷		等 级		
名称	说 明	优等品	一级品	合格品
针孔 (空洞)	直径小于 1.2mm	集中的不允许	集中的每平方米允许 2 处	不限
	直径大于或等于 1.2mm，小于或等于 1.6mm 的每平方米面积允许个数	中部不允许。边缘 75mm 允许 3 个	集中的不允许	不限
	直径大于 1.6mm，小于 2.5mm 的每平方米面积允许个数	不允许	75mm 边部允许 4 个，中部允许 2 个	75mm 边部允许 8 个，中部允许 3 个
	直径大于 2.5mm	不　允　许		
斑纹	—	不　允　许		
斑点	直径大于 1.6mm，小于 5.0mm 的每平方米面积允许个数	不允许	4 个	8 个
划伤	宽度大于 0.1mm，小于或等于 0.3mm 的每平方米面积允许条数	长度小于或等于 50mm 的允许 4 条	长度小于或等于 100mm 的允许 4 条	不限
	宽度大于 0.3mm 的每平方米面积允许条数	不允许	宽度小于 0.4mm，长度小于或等于 100mm 的 1 条	宽度小于 0.8mm，长度小于或等于 100mm 的 2 条

注：集中针孔（空洞）是指 100 mm 直径圆面积内超过 20 个。

表 5-18　电浮法热反射玻璃的擦伤和条纹要求规定

缺 陷		等 级		
名称	说 明	优等品	一级品	合格品
擦伤	75 mm 边部，面积小于或等于 300 mm²	不允许	允许 1 处	允许 2 处
	75 mm 边部，面积大于 300 mm²，小于 500 mm²	不允许	不允许	允许 1 处
条纹	50 mm 边部，宽小于 5 mm	不允许	允许 1 条	允许 2 条
	50 mm 边部，宽大于 5 mm，小于 10 mm	不允许	不允许	允许 2 条

(二)性质

与其它玻璃相比，热反射玻璃具有以下特性。

1. 太阳光反射比较高、遮蔽系数小、隔热性较高

热反射玻璃的太阳光反射比为 10％～40％（普通玻璃仅为 7％），太阳光总透射比为 20％～40％（电浮法为 50％～70％），遮蔽系数为 0.20～0.45（电浮法为 0.50～0.80）。因此热反射玻璃具有良好的隔绝太阳辐射能的性能（图 5-4），可保证炎热夏季室内温度保持稳定，并可大大降低制冷空调费用。

表 5-19　热反射玻璃的光学性能、色差和耐磨要求

种类	品种			可见光 (380~780 nm)		太阳光 (340~1 800 nm)			遮蔽系数	色差 ΔE L*a*b*	耐磨 ΔT (%)	注
	系列	颜色	型号	透射比 (%)	反射比 (%)	透射比 (%)	反射比 (%)	总透射比 (%)				
磁控真空阴极溅射	St	银	MStSi-14	14 ±2	26 ±3	14 ±3	26 ±3	27 ±5	0.30±0.08	≤4	≤8	
	St	灰	MStGr-8	8 ±2	36 ±3	8 ±3	35 ±3	20 ±5	0.20±0.08			
	St	灰	MStGr-32	32 ±4	16 ±8	20 ±4	14 ±3	44 ±6	0.50±0.08			
	St	金	MStGo-10	10 ±2	23 ±3	10 ±3	26 ±3	22 ±5	0.25±0.08			
	Ti	蓝	MTiBl-30	30 ±4	15 ±3	24 ±4	18 ±3	38 ±6	0.42±0.08			
	Ti	土	MTiEa-10	10 ±2	22 ±3	8 ±3	28 ±3	20 ±5	0.23±0.08			
	Cr	银	MCrSi-20	20 ±3	30 ±3	18 ±3	24 ±3	32 ±5	0.38±0.08			
	Cr	蓝	MCrBl-20	20 ±3	19 ±3	19 ±3	18 ±3	34 ±5	0.38±0.08			
	Cr	茶	MCrBr-14	14 ±3	15 ±3	13 ±3	15 ±3	28 ±5	0.32±0.08			
	Cr	茶	MCrBr-10	10 ±2	10 ±3	13 ±3	9 ±3	30 ±5	0.35±0.08			本体着色玻璃为基片
电浮法	Bi	茶	EBiBr	30 ~45	10 ~30	50 ~65	12 ~25	50 ~70	0.50~0.80			
离子镀膜	Cr	灰	ICrGr	4 ~20	20 ~40	6 ~24	20 ~38	18 ~38	0.20~0.45			
	Cr	茶	ICrBr	10 ~20	20 ~40	10 ~24	20 ~38	18 ~38	0.20~0.45			

注：电浮法产品的反射性能为膜面。磁控真空阴极溅射、真空离子镀膜产品的反射性能为玻璃面。

2.镜面效应与单向透视性

热反射玻璃的可见光反射比为 10%～40%，透射比为 8%～30%（电浮法为 30%～45%），从而使热反射玻璃具有良好的镜面效应和单向透视性，即在迎光面好似一面镜子，而在背光面又可透视。白天，在室外面对热反射玻璃时，看到的是映射在玻璃上的蓝天、白云和高楼大厦、车辆、行人等周围的景物，而看不到室内的景物，但在室内则可清晰地看到室外的景物，可见热反射玻璃对室内还起到了遮蔽和窗帷的作用。晚间，由于室内有灯照明，从室外可清晰地看到室内景物，但在室内却看不到室外的景物，给人以不受外界干扰的舒适感。

热反射玻璃较低的可见光透射比避免了强烈的日光，使光线柔和，起到防眩目的作用。

3.化学稳定性较高

热反射玻璃具有较高的化学稳定性，在 5% 的盐酸或 5% 的氢氧化钠中浸泡 24 h 后，膜层的性能不会发生明显的变化。

4.耐洗刷性较高

热反射玻璃具有较高的耐洗刷性，可用软纤维或动物毛刷任意洗刷，洗刷时可使用中性

或低碱性洗衣粉水。但热反射玻璃的膜层易被磨伤划破,因而应避免膜层与硬物接触。

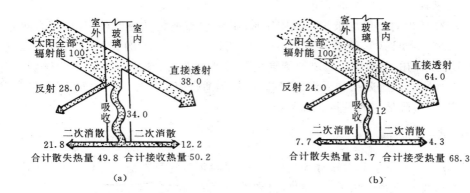

图 5-4　热反射玻璃对太阳光的反射与透射

(a)6 mm 两面反射膜蓝色热反射玻璃;(b)6 mm 单面反射膜热反射玻璃(镀膜在室外一侧)

5.装饰性好

热反射玻璃具有蓝、灰、银、金、茶、土等多种颜色,加之具有的镜面效应和单向透视性,使建筑物光辉灿烂,而影象的动静变幻更使建筑物富有生气,因而热反射玻璃是一种极富现代气息的装饰材料。

热反射玻璃的镜面效应虽可使建筑物大大增色,但其镜面反射也会带来较大的消极作用,即定向反射的强烈阳光会使行人、汽车司机等头昏目眩,同时对其它建筑或物体等也有不利的影响(如温度升高)。此种消极作用属于是一种光污染,使用时应充分考虑到这一点。

(三)应用

热反射玻璃的太阳能总透射比和遮蔽系数小,因而特别适合用于炎热地区,但不适合用于寒冷地区。

热反射玻璃主要用于玻璃幕墙、内外门窗及室内装饰等。用于门窗时,常加工成中空玻璃(外层玻璃为热反射玻璃,且膜层向内;内层玻璃为普通玻璃或其它玻璃)以进一步提高节能效果,并保护膜层不受侵蚀、划伤,有利于长久使用。《玻璃幕墙工程技术规范》(JGJ 102－96)规定,玻璃幕墙工程中允许使用磁控真空阴极溅射和在线热喷涂镀膜产品,而不得使用其它工艺生产的热反射玻璃。

热反射玻璃在施工时不得在膜面上涂写标记,也不要让胶粘剂、砂浆、涂料等流到膜面上,以保证膜面不受侵蚀、划伤等。同时应严格按 JGJ 102－96 进行施工,以防因施工不当使热反射玻璃产生较为严重的影象畸变,后者主要是安装方法不当使热反射玻璃产生了较大的弯曲变形所致。

十、低辐射玻璃

低辐射玻璃(LE),又称低辐射膜玻璃、低发射率膜玻璃、保温镀膜玻璃,是对近红外光具有较高透射比,而对远红外光具有很高反射比的玻璃。

低辐射玻璃能使太阳光中的近红外光透过玻璃进入室内,有利于提高室内的温度,而被太阳光加热的室内物体所辐射出的 3 μm 以上的远红外光则几乎不能透过玻璃向室外散失,因而低辐射玻璃具有良好的太阳光取暖效果。低辐射玻璃对可见光具有很高的透射比(75%~90%),能使太阳光中的可见光透过玻璃,因而具有极好的自然采光效果。此外,低辐射玻璃对紫外光也具有良好的吸收作用。

低辐射玻璃在使用时一般均被加工成中空玻璃(内层玻璃为低辐射玻璃,且膜面向外;外层玻璃为普通玻璃或其它玻璃),此种中空玻璃(3+A12+3)的传热系数约为 1.70 W/(m²·K),较同结构的普通中空玻璃的传热系数低 43%左右(参见表 5-22)。由于低辐射玻璃具有良好的太阳光取暖效果和保温效果,因而特别适合用于寒冷地区的建筑门窗等,它可明显提高室内温度,降低采暖费用。

十一、减反射玻璃

减反射玻璃,又称减反射膜玻璃或无反射玻璃,是对可见光具有极低反射比的玻璃。

普通玻璃的可见光反射比为 4%~7%,用来做橱窗玻璃往往会反射出周围的景物而影响橱窗内陈设物品的展览效果。减反射玻璃的可见光反射比小于 0.5%,它可以消除玻璃表面反射的影响,并能提高玻璃的可见光透射比,因而能显著提高橱窗内陈设物品的展示效果。

减反射玻璃主要用于橱窗、画框以及其它要求低反射比的部位。

十二、单向透视玻璃

单向透视玻璃也称单向透明玻璃,是一种对可见光具有很高反射比的玻璃,其反射比为 40%~75%。单向透视玻璃在使用时镀膜面必须是迎光面或朝向室外一侧。当室外比室内明亮时,单向透视玻璃与普通镜子相似,室外看不到室内的景物,但室内可以看清室外的景物。而当室外比室内昏暗时,室外可看到室内的景物,且室内也能看到室外的景物,其清晰程度取决于室外照度的强弱。单向透视玻璃主要适用于隐蔽性观察窗、孔等。

十三、中空玻璃

中空玻璃是两片或多片平板玻璃,其周边用间隔框分开,并用气密性好的密封胶密封,使玻璃层间形成干燥气体空间的玻璃制品。为防止空气结露,边框内常放有干燥剂。空气层的厚度为 6~12 mm 以获得良好的隔热保温效果。中空玻璃的结构示意图见图 5-5。中空玻璃使用的原片玻璃有普通平板玻璃、浮法玻璃、吸热玻璃、夹丝玻璃、钢化玻璃、压花玻璃、热反射玻璃、低辐射玻璃、彩色玻璃等。

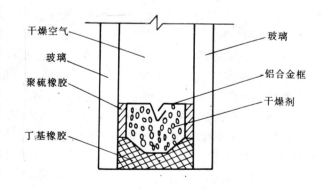

图 5-5 中空玻璃结构示意图

(一)规格与技术要求

1.规格

中空玻璃的常用形状与最大尺寸见表 5-20,其它形状和具体尺寸由供需双方协商。

表 5-20　**中空玻璃的常用形状与最大尺寸**(GB 11944－89)

原片玻璃厚度(mm)	空气层厚度(mm)	方形尺寸(mm)	矩形尺寸(mm)
3		1 200×1 200	1 200×1 500
4		1 300×1 300	1 300×1 500,1 300×1 800,1 300×2 000
5	6,9,12	1 500×1 500	1 500×2 400,1 600×2 400,1 800×2 500
6		1 800×1 800	1 800×2 000,2 000×2 500,2 200×2 600

2. 技术要求

中空玻璃用原片玻璃应满足相应技术标准要求,且普通平板玻璃应为 GB 4871－1995 中的优等品,浮法玻璃应为 GB 11614－89 中的优等品或一等品。

中空玻璃的内表面不得有妨碍透视的污迹及胶粘剂飞溅现象,且技术性能应满足表 5-21 的要求。

表 5-21　**中空玻璃的技术要求**(GB 11944－89)

试验项目	试验条件(按 GB 7020－86 进行)	性能要求
密封	在试验压力低于环境气压(10±0.5)kPa,厚度增长必须≥0.8 mm。在该气压下保持 2.5 h 后,厚度增长偏差<15%为不渗漏	全部试样不允许有渗漏现象
露点	将露点仪温度降到≤－40 ℃,使露点仪与试样表面接触 3 min	全部试样内表面无结露或结霜
紫外线照射	紫外线照射 168 h	试样内表面不得有结雾或污染的痕迹
气候循环及高温、高湿	气候试验经 320 次循环,高温、高湿试验经 224 次循环,试验后进行露点测试	总计 12 块试样,至少 11 块无结露或结霜

(二)性质

1. 隔热保温性

中空玻璃具有优良的气密性和水密性,且内部填充的为干燥空气,因而中空玻璃具有良好的隔热保温性,当采用吸热玻璃和热反射玻璃时,其隔热保温性更佳。几种中空玻璃的传热系数、遮蔽系数见表 5-22。从表中可以看出,中空玻璃的传热系数仅为单层玻璃的 56%～40%,可减少热损失 70%。

2. 隔声性

中空玻璃具有良好的隔声性,可使噪声下降 30 dB,见表 5-22。因此中空玻璃可以创造出一个宁静、舒心的工作与生活环境。

3. 防结露性

中空玻璃具有优良的防止结露的效果。中空玻璃良好的保温隔热性、气密性以及空气层的干燥性,使得中空玻璃内部的露点低于－40 ℃,因而不会结露或结霜,不会影响采光或观察效果。

表 5-22　中空玻璃的主要性能

品种	总厚度 (mm)	中空玻璃结构	传热系数 〔W/(m²·K)〕	可见光透射比(%)	太阳能总透射比(%)	遮蔽系数	隔声量 (dB)
普通中空玻璃	12	FB3＋A6＋FB3	3.10	81	78	0.88	26
	18	FB3＋A12＋FB3	2.65	81	78	0.88	26.5
	18	FB6＋A6＋FB6	2.92	76	73	0.83	29
吸热中空玻璃	18	XR6＋A6＋FB6	2.92	27～45	45～65	0.50～0.70	29
	24	XR6＋A12＋FB6	2.55	27～45	45～65	0.50～0.70	30
热反射中空玻璃	18	RF6＋A6＋FB6	2.92	10～30	18～41	0.17～0.46	29
	24	RF6＋A12＋FB6	2.55	10～30	18～41	0.17～0.46	30
低辐射中空玻璃	18	FB3＋A12＋DF3	1.70	60～75	50～65	0.60～0.79	26.5
钢化中空玻璃	18	T6＋A6＋FB6	2.92	76	73	0.83	29
夹层中空玻璃	18	L6＋A6＋FB6	2.55	74	72	0.81	34
吸热-热反射中空玻璃	18	XR6＋A6＋RF6	2.92	10～20	15～35	0.15～0.30	29
三层普通中空玻璃	21	FB3＋A6＋FB3＋A6＋FB3	2.20	72	70	0.80	29
普通玻璃	3	FB3	5.55	90	89	1.0	24

注：①表中 FB 表示浮法玻璃；XR 表示吸热玻璃；RF 表示热反射玻璃；T 表示钢化玻璃；L 表示夹层玻璃；DF 表示低辐射玻璃；A 表示空气层。

②吸热、热反射、低辐射及吸热-热反射中空玻璃的可见光透射比和遮蔽系数随所用吸热玻璃、热反射玻璃和低辐射玻璃性质的不同会有较大变化，表中数值仅供参考。

中空玻璃的内层玻璃的内表面的露点也较单层玻璃有明显的降低。根据室内温度和湿度的高低，露点可降低 10～20 ℃，如室内温度为 20 ℃，相对湿度为 50％的条件下，双层中空玻璃的露点为－9 ℃，而单层玻璃的露点为＋5 ℃。

4.光学性质

采用不同的原片玻璃，可以获得不同的光学效果和装饰效果（见表 5-22），起到调节室内光线、防眩目等作用。

（三）应用

中空玻璃主要用于需要采光（或透明、透视），但又要求隔热保温、隔声、无结露的门窗、幕墙等，它可明显降低冬季和夏季的采暖和制冷费用。中空玻璃的价格相对较高，故目前主要用于宾馆、办公楼、商场、机场候机厅、火车、轮船、纺织印染车间等。选用时应根据环境条件及特殊要求来确定中空玻璃的种类，如南方炎热地区可采用吸热中空玻璃、热反射中空玻璃、吸热-热反射中空玻璃，北方地区应选用低辐射中空玻璃，有安全要求的应采用夹层中空玻璃、钢化中空玻璃、夹丝中空玻璃。

中空玻璃不能现场加工,必须按设计要求的尺寸、原片玻璃的种类等定货。安装热反射玻璃、吸热玻璃、低辐射玻璃、夹层玻璃、钢化玻璃制成的中空玻璃时,应分清玻璃的正反面,如热反射玻璃、吸热玻璃等应朝向室外侧。选用中空玻璃时还应注意按露点来选择中空玻璃的结构(层数、空气层厚度等),并应按风荷载大小来选择原片玻璃的厚度。

十四、光栅玻璃(镭射玻璃)

光栅玻璃,俗称镭射玻璃。它是以玻璃为基材,用特殊材料采用特殊工艺处理,在玻璃表面(背面)构成全息光栅或其它几何光栅。在光源的照射下能产生物理衍射的七彩光的玻璃。

(一)分类与技术要求

1.分类

光栅玻璃按结构分为普通夹层光栅玻璃、钢化夹层光栅玻璃和单层光栅玻璃;按品种分为透明光栅玻璃、印刷图案光栅玻璃、半透明半反射光栅玻璃和金属质感光栅玻璃;按耐化学稳定性分为 A 类光栅玻璃和 B 类光栅玻璃。此外,还分为平面光栅玻璃和曲面光栅玻璃。

2.规格

光栅玻璃的形状、长度、宽度和厚度由供需双方商定。目前光栅玻璃的最大尺寸为 2 000 mm×1 000 mm。

3.技术要求

光栅玻璃使用普通平板玻璃、浮法玻璃、钢化玻璃为原片玻璃,它们应分别满足 GB 4871—1995、GB 11614—89、GB 9963—88 的规定。

光栅玻璃的外观质量和物理力学性能应分别满足表 5-23 和表 5-24 的要求。

(二)性质

1.光学性质

光栅玻璃表面的全息光栅或其它几何光栅,在阳光、灯光、月光等光源的照射下产生物理衍射的七彩光,且同一感光点或感光面,将因光源的入射角度不同或观察者角度不同出现不同的色彩变化,象闪烁的星星点点、时隐时现的宝石光等,给人以变化无穷、神秘莫测之感,可创造一个华贵高雅、富丽堂皇、梦幻迷人的气氛。半透明半反射光栅玻璃和金属质感光栅玻璃,光泽明亮,更显优雅华丽。因而光栅玻璃具有优良的装饰性。

2.力学性质

除单层光栅玻璃外,普通夹层光栅玻璃和钢化夹层光栅玻璃具有优良的抗冲击性,特别是钢化夹层光栅玻璃。同时也具有较高的硬度和耐磨性。

3.抗老化性

光栅玻璃的光栅结构是采用高稳定性的材料构成的,其对酸、碱、盐的抵抗力较高,并具有优良的抗老化性,使用寿命可达 50 年以上。

单层非钢化光栅玻璃可任意切割、钻孔、磨边,此外夹层结构的光栅玻璃还具有普通夹层玻璃所具有的其它特性,如隔声、保温、耐热等性能。

(三)应用

光栅玻璃的颜色有银白色、茶色、宝石蓝色、蓝色、灰色、紫色、红色、黑色等多种,加之光栅玻璃特有的变幻无穷的七彩光,使得光栅玻璃被广泛用于酒店、宾馆、舞厅及其它文化娱乐设施和商业设施等的内外墙面、柱面、地面、桌面、台面、幕墙、隔断、屏风、装饰画等,也可用于招牌、高级喷泉以及其它灯饰等。

使用时应注意，用于地面时应采用钢化玻璃夹层光栅玻璃。

表 5-23 光栅玻璃的外观质量要求（JC/T 510—93）

缺陷种类	说　明	允许数量
光栅层气泡	长 0.5～1.0 mm，每 0.1 m² 面积内允许个数	3
	长＞1～3 mm，允许个数	2
	距离边部 10 mm 范围内允许个数	
	其它部位	不充许
划伤	宽度在 0.1 mm 以下的轻划伤	不限
	宽度在 0.1～0.5 mm 之间，每 0.1 m² 面积允许条数	4
爆边	每片玻璃每米长度上允许有长度不超过 20 mm，自玻璃边部向玻璃板表面延伸长度不超过 6 mm，自板面向玻璃厚度延伸深度不超过厚度一半，允许个数	6
	小于 1 m 的，允许个数	2
缺角	玻璃的角残缺以等分角线计算，长度不超过 5 mm 允许个数	1
图案	图案清晰，色泽均匀，不允许有明显漏缺	
折皱	不允许有明显折皱	
叠差	由供需双方商定	

表 5-24 光栅玻璃的物理力学性能要求（JC/T 510—93）

项　目		试验条件		要求
太阳光直接反射比		GB/T 2680—94		≤4%
老化性能		采用长弧氙灯为辐射光源，控制试样架上黑板温度为（63±5）℃。单纯光照 102 min，喷淋光照 18 min，合计 2 h。喷淋时应采用去离子水，并应均匀薄雾状地喷淋在试样光照表面上		试样不应产生气泡、开裂、渗水和显著变色，且衍射效果不变
耐热性		浸入沸水中保持 2 h，然后冷却至室温干燥		不应产生气泡、开裂和明显变色，且衍射效果不变
冻融性		−(40±2)℃，保持 2 h		
耐化学稳定性	耐酸	（23±2）℃的 1 mol/L 盐酸中浸泡	A 类，48 h	试样不应产生腐蚀和明显变色，且衍射效果不变
			B 类，10 h	
	耐碱	（23±2）℃的 1 mol/L 氢氧化钠中浸泡	A 类，72 h	
			B 类，10 h	
弯曲强度		5 块 150 mm×150 mm 试样		≤25 MPa
抗冲击性[1]		用直径为 63.5 mm，质量为 1 040 g 的钢球从 1 200 mm 处自由落下冲击试样（610 mm×610 mm）		6 块试样中，破坏数不超过 1 块
耐磨性[1]		研磨材料 ∅1、∅2、∅3、∅5 mm 的钢球及 80 号白刚玉。耐磨仪转盘转速（300±15）r/min，试样运动直径为 45 mm，500 r		目测观察，试样表面不应出现明显可见磨损

注：1)抗冲击性和耐磨性只对铺地的钢化夹层光栅玻璃要求。

80

十五、冰花玻璃

冰花玻璃是将原片玻璃进行特殊处理,在玻璃表面形成酷似自然冰花纹理的一种新型装饰玻璃。所用的原片玻璃可以是普通平板玻璃、浮法玻璃,也可以是彩色平板玻璃。

冰花玻璃的冰花纹理对光线有漫反射作用,因而冰花玻璃透光不透视,犹如蒙上一层薄纱,可避免强光引起的眩目,光线柔和、视感舒适,加之冰花纹理自然、质感柔和,给人以典雅清新、温馨之感。适合用于娱乐场所、酒店、饭店、会议室、家庭等的门窗、隔断、屏风等。

十六、空心玻璃砖

空心玻璃砖又称玻璃组合砖,是把两块经模压成凹形的玻璃加热熔接或胶接成整体的空心砖,中间充以约三分之二个大气压的干燥空气,经退火,最后洗刷侧面即得。

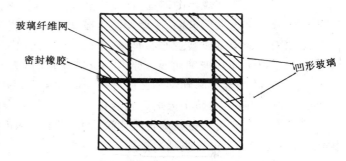

图 5-6 双腔空心玻璃砖剖面图

空心玻璃砖有单腔和双腔两种,双腔玻璃砖除保持良好的透光性能外,具有更好的隔热、隔声效果。双腔空心玻璃砖的结构见图5-6。空心玻璃砖可在内侧面做出各种花纹及图案,赋予特殊的采光性能,使外来光扩散或按一定方向折射。

空心玻璃砖主要用无色玻璃生产,也可使用着色玻璃生产,还可在腔内侧涂饰透明着色材料。目前还生产出了带有光栅的光栅空心玻璃砖(又称镭射空心玻璃砖)。空心玻璃砖的主要规格与性能见表5-25。

表 5-25 **空心玻璃砖的主要规格与性能**(JGJ 113-97)

主要规格(mm)	抗压强度 (MPa)	可见光透射比 (%)	传热系数 〔W/(m² · K)〕	隔声量 (dB)	体积密度 (kg/m³)
190×190×80,240×115×80 240×240×80,300×90×100 300×190×100,300×300×100	5~9	39~70	2.3~2.55	40~50	650~850

空心玻璃砖具有透光不透视,抗压强度较高,保温隔热性、隔声性能、防火性、装饰性好等特点,因而主要用于砌筑透光墙壁、建筑物的非承重内外隔墙、淋浴隔断、门厅、通道等,还可以用于必须控制透光、眩光和太阳光的地方,并可以做为装饰用的半透明内间隔墙。近年来,也有将空心玻璃砖预先制成单元墙体,便于砌筑和施工。

十七、异形玻璃

异形玻璃是一种新型建筑玻璃,是用普通硅酸盐玻璃制成的大型条形构件。一般可采用压延法、浇注法和辊压法生产。

异形玻璃分有无色和彩色,配筋和不配筋,表面带花纹和不带花纹,夹丝和不夹丝等等。异形玻璃按形状分有槽形(U)、波形、箱形、三角形、Z形和V形等。

异形玻璃主要用作建筑物外部竖向非承重的围护结构、内隔墙、天窗、透光屋面、阳台、走廊的围护屏壁及月台、遮雨棚等的构件。具有良好的透光、安全、隔热、隔音和节约能源、金属、木材及减轻建筑物自重等优良性能。

十八、防火玻璃

防火玻璃是指在规定的耐火试验中能够保持其完整性和隔热性的特种玻璃。防火玻璃按其结构分为防火夹层玻璃、薄涂型防火玻璃、防火夹丝玻璃。

防火夹层玻璃是以普通平板玻璃、浮法玻璃、钢化玻璃作原片,用特殊的透明塑料胶合二层或二层以上原片玻璃而成。当遇到火灾作用时,透明塑料胶层因受热而发泡膨胀并炭化。发泡膨胀的胶合层起到粘结二层玻璃板的作用和隔热作用,从而保证玻璃板碎片不剥离或不脱落,达到隔火和防止火焰蔓延的作用。

薄涂型防火玻璃是在玻璃表面喷涂防火透明树脂而成。遇火时防火树脂层发泡膨胀并炭化,从而起到阻止火灾蔓延的作用。

前面所述的具有一定耐火极限的夹丝玻璃也属于防火玻璃中的一种,但其防火机理与此处所述的防火夹层玻璃、薄涂型防火玻璃完全不同。

此处只介绍用量较大的夹层结构的防火玻璃。

(一)防火玻璃的分类与技术要求

《防火玻璃》(GB 15763—1995)规定了夹层结构的防火玻璃的分类及技术要求等。

1. 分类与耐火

防火玻璃按用途分为:

A类:建筑用防火玻璃及其它防火玻璃。

B类:船用防火玻璃,包括舷窗防火玻璃和矩形窗防火玻璃,外表面玻璃板是钢化安全玻璃,内表面玻璃板材料类型可任意选择。

本书只介绍A类防火玻璃。

2. 规格

《防火玻璃》(GB 15763—1995)对防火玻璃的尺寸和厚度未做规定。防火玻璃的最大长度和宽度一般小于2 400 mm,总厚度一般为5~30 mm。

3. 技术要求

A类防火玻璃的耐火性能按耐火极限分为甲级、乙级、丙级三个等级。A类防火玻璃按外观质量分为优等品、合格品。

A类防火玻璃的外观质量应符合表5-26的规定,耐火性能(耐火极限)、可见光透射比及其它物理力学性能应分别满足表5-27、表5-28、表5-29的规定。

此外,所用原片玻璃,即浮法玻璃、普通平板玻璃、钢化玻璃应分别满足GB11614—89、

GB4871－1995、GB9963－88 的规定。此外,防火玻璃的尺寸偏差、弯曲度等也应符合 GB 15763－1995的规定。

表 5-26　A 类防火玻璃的外观质量要求(GB 15763－1995)

允许数量 种类 缺陷名称	甲级		乙级		丙级	
	优等品	合格品	优等品	合格品	优等品	合格品
气泡	直径 300 mm 圆内允许长 0.5～1 mm 的气泡 3 个	直径 300 mm 圆内允许长 1～2 mm 的气泡 6 个	直径 300 mm 圆内允许长 0.5～1 mm 的气泡 2 个	直径 300 mm 圆内允许长 1～2 mm 的气泡 4 个	直径 300 mm 圆内允许长 0.5～1 mm 的气泡 1 个	直径 300 mm 圆内允许长 1～2 mm 的气泡 3 个
胶合层杂质	直径 500 mm 圆内允许长 2 mm 以下的杂质 4 个	直径 500 mm 圆内允许长 3 mm 以下的杂质 5 个	直径 500 mm 圆内允许长 2 mm 以下的杂质 3 个	直径 500 mm 圆内允许长 3 mm 以下的杂质 4 个	直径 500 mm 圆内允许长 2 mm 以下的杂质 2 个	直径 500 mm 圆内允许长 3 mm 以下的杂质 3 个
裂痕	不允许存在					
爆边	每平方米允许有长度不超过 20 mm,自玻璃边部向玻璃表面延伸深度不超厚度一半的爆边					
	4 个	6 个	4 个	6 个	4 个	6 个
叠差 磨伤 脱胶	不得影响使用,可由供需双方商定					

表 5-27　A 类防火玻璃的耐火等级与耐火性能要求(GB 15763－1995)

耐火等级	甲级	乙级	丙级
耐火性能(min)	72	54	36

表 5-28　A 类防火玻璃的可见光透射比要求(GB 15763－1995)

玻璃的总厚度 δ (mm)	$5 \leqslant \delta < 11$	$11 \leqslant \delta < 17$	$17 \leqslant \delta \leqslant 24$	$\delta > 24$
可见光透射比(%)	$\geqslant 75$	$\geqslant 70$	$\geqslant 65$	$\geqslant 60$

(二)防火玻璃的性质与应用

防火玻璃在平时是透明的,其性能与夹层玻璃基本相同,即具有良好的抗冲击性和抗穿透性,破坏时碎片不会飞溅,并具有较高的隔热、隔声性能。受火灾作用时,在初期防火玻璃仍为透明的,人们可以通过玻璃看到内部着火部位和火灾程度,为及时准确地灭火提供准确的火灾报告。当火灾逐步严重,温度较高时,防火玻璃的透明塑料夹层因温度较高而发泡膨胀,并炭化成为很厚的不透明的泡沫层,从而起到隔热、隔火、防火作用。防火玻璃的缺点是厚度大、自重大。

表 5-29　A 类防火玻璃的耐热、耐寒、耐辐照性能及抗冲击性要求（GB 15763—1995）

项目	试验条件	要　求
耐热性能	50 ℃，保持 6 h	3 块玻璃进行试验，试验后 3 块玻璃的外观质量、光学性能均应符合表 5-26 和表 5-28 的规定
耐寒性能	−20 ℃，保持 6 h	
耐辐照性能	用 750 W 无臭氧石英管式中压水银蒸汽弧光灯辐照 100 h。辐照时保持试样温度为（45±5）℃	3 块试样试验后均不可产生显著变色、气泡及浑浊现象，并且辐照前后可见光透射比的减少率不大于 10%
抗冲击性能	用质量为（1 040 ± 10）g 的钢球，在 1 000 mm 高处自由落下冲击试样（610 mm ×610 mm）（当原片玻璃厚度不同时，薄的一面朝向冲击体）	6 块试样中有 5 块或 5 块以上应符合下述条件之一 a. 玻璃没有破坏 b. 如果玻璃破坏，钢球不可穿透玻璃

防火玻璃适用于高级宾馆、饭店、会议厅、图书馆、展览馆、博物馆、高层建筑及其它防火等级要求高的建筑的内部门、窗、隔断，特别是防火门、防火窗、防火隔断、防火墙等。

防火玻璃也有使用磨砂玻璃、压花玻璃、磨花玻璃、彩色玻璃、夹丝玻璃作为原片玻璃的，它们的使用功能与装饰效果更佳。如在胶层中夹入导线或热敏元件，当后者与报警器或自动灭火装置相连，则可起到报警和自动灭火的双重作用。

防火玻璃应小于安装洞口尺寸 5 mm，嵌镶结构设计时既应考虑平时能将防火玻璃固定牢，又要考虑火灾时能允许夹层膨胀，以保证其完整性及稳定性不被破坏。安装后应采用硅酸铝纤维等软质不燃性材料填实四周的空隙。

防火玻璃不能切割，必须按设计要求的尺寸、原片玻璃的种类定货。

十九、釉面玻璃

釉面玻璃也是一种饰面玻璃。是在普通平板玻璃、磨光玻璃、压延玻璃或玻璃砖表面涂敷一层彩色易熔釉，在焙烧炉中加热至釉料熔融温度，使釉层与玻璃牢固结合，也可以通过丝网或辊筒印刷机印制在浮法玻璃表面，这种玻璃具有良好的耐久性、热反射性和不透水性，色彩不会退色和脱落。

釉面玻璃按热处理方法不同分为退火和钢化两种，退火釉面玻璃可进行切割，要求其机械强度符合同规格平板玻璃的技术性能；钢化釉面玻璃不能进行切割加工，其机械性能符合同规格钢化玻璃技术性能。钢化釉面玻璃强度高，破坏时无危险。表 5-30 为釉面玻璃的性能。

表 5-30　釉面玻璃的性能

项　　目	退火釉面玻璃	钢化釉面玻璃
体积密度（kg/m³）	2 500	2 500
抗弯强度（MPa）	45.0	250.0
抗拉强度（MPa）	45.0	230.0
热膨胀系数（1/℃）	（8.4～9.0）×10^{-6}	（8.4～9.0）×10^{-6}

釉面玻璃的着色层具有良好的稳定性和装饰性，适用于室内饰面层、一般建筑物门厅和楼梯间的饰面层及建筑物外饰面层。

釉面玻璃的规格为(150~1 000) mm×(150~800) mm,厚度为5~6 mm。

二十、玻璃马赛克

玻璃马赛克又称玻璃锦砖或锦玻璃,是一种小规格的饰面玻璃。

(一)生产工艺

玻璃马赛克的生产工艺主要为熔融法和烧结法两种。熔融法是以石英粉、石灰石、长石、纯碱为主要原料,并加入乳浊剂、着色剂等,在高温下熔化、轧制成型并经热处理而得,此种马赛克呈乳浊状或半乳浊状,内部含有少量气泡和未熔颗粒。烧结法是以废玻璃为主要原料,加入适量粘结剂等经压制、高温烧结、退火等而得。

与陶瓷锦砖一样,为方便铺贴,玻璃马赛克也在工厂按要求花色、图案等将玻璃马赛克反贴在一定规格的牛皮纸上(称为联)。

(二)分类、规格与技术要求

1.分类

玻璃马赛克按生产工艺和表面特性分为熔融玻璃马赛克、烧结玻璃马赛克、金星玻璃马赛克(代号S)三种。金星马赛克是近几年出现的新型玻璃马赛克,它内部含有少量气泡和一定量的金属结晶颗粒,遇光时会产生非常明显的闪烁。

玻璃马赛克的颜色分为白(A)、蓝(B)、绿(C)、灰(D)、茶(E)、紫(F)、黑(G)、肉红(H)、黄(J)、红(K)十大系列。

同一颜色系列中用阿拉伯数字从小至大表示颜色深浅,数小表示色浅,数大表示色深。

2.规格

玻璃马赛克一般为正方形,尺寸主要有20 mm×20 mm×4.0 mm,25 mm×25 mm×4.2 mm,30 mm×30 mm×4.3 mm,其它规格可由供需双方协商。

玻璃马赛克的联长(每联的长度)为327 mm,也可以有其它尺寸的联长。

(三)技术要求

玻璃马赛克的外观质量应满足表5-31的规定,理化性能应满足表5-32的规定。

表5-31　玻璃马赛克的外观质量要求(GB 7697-1996)

缺陷名称		表示方法	缺陷允许范围	备注
变形	凹陷 ───	深度(mm)	≤0.3	—
	弯曲	弯曲度(mm)	≤0.5	—
缺边		长度(mm)	≤4.0	允许一处
		宽度(mm)	≤2.0	
缺角		损伤长度(mm)	≤4.0	—
裂纹		—	不允许	—
疵点		—	不明显	—
皱纹		—	不密集	—
开口气泡		长度或宽度(mm)	长度≤2.0,宽度≤0.1	—
色泽		—	目测同一批产品应基本一致	—
金星分布闪烁面积[1]		占总面积的百分比(%)	≥20,且显星部分分布均匀	—

注:1)仅对金星玻璃马赛克要求。

单块玻璃马赛克的背面应有锯齿状或阶梯状的沟纹,以增加铺贴时的粘接力。玻璃马赛克的尺寸偏差等也应满足《玻璃马赛克》(GB 7697—1996)的规定。

(四)性质与应用

玻璃马赛克表面光滑、质地坚硬、性能稳定、不吸水、抗沾污性和自洁性好,并具有良好的热稳定性和化学稳定性,经久耐用。

表 5-32　玻璃马赛克的理化性能要求(GB 7697—1996)

项　目		条　件	指　标
玻璃马赛克与铺贴纸粘合牢固度		—	均无脱落
脱纸时间		5 min 时	无脱落
		40 min 时	≥70%
热稳定性		(90±2)℃的水中浸泡 30 min 后提出,立即放入 18～25 ℃的水中浸泡 10 min。循环 3 次	全部试样均无裂纹和破损
化学稳定性	盐酸溶液	1 mol/L,100 ℃,4 h	质量变化率≥99.90%
	硫酸溶液	1 mol/L,100 ℃,4 h	质量变化率≥99.93%
	氢氧化钠溶液	1 mol/L,100 ℃,4 h	质量变化率≥99.88%
	蒸馏水	100 ℃,4 h	质量变化率≥99.96%

注:质量变化率指腐蚀后试样质量与腐蚀前质量之比的百分率。

玻璃马赛克外观呈乳浊状、半乳浊状或呈金星闪烁,其色彩丰富、柔和典雅,花色多样(多达数十种),永不退色,可烘托出一种明快、清新、豪华的气氛。

玻璃马赛克的价格低于陶瓷马赛克,且性能优良,因而广泛用于各类建筑的外墙装饰。铺贴时采用不同颜色的搭配,可使外墙装饰更加丰富多彩。玻璃马赛克也常用于拼铺一些壁画、装饰图案等。

二十一、微晶玻璃装饰板

微晶玻璃是将加有成核剂(个别也可不加)的特定组成的基础玻璃,在一定温度下热处理后而制得的由微晶体和玻璃相组成的混合体。其结构和性能及生产方法与玻璃和陶瓷均有不同,其性能集中了两者的特点,成为一类独特的材料,所以也称为玻璃陶瓷和结晶化玻璃。微晶玻璃中微晶体的大小为 0.01～200 μm,晶体数量可高达 50%～90%。此种结构使微晶玻璃具有优良的物理、力学、化学性能。

微晶玻璃的品种很多,建筑上常用的主要为利用矿渣和粉煤灰生产的矿渣微晶玻璃和粉煤灰微晶玻璃。矿渣微晶玻璃与粉煤灰微晶玻璃常采用烧结法、压延法或浇注法成型成板材,其最大尺寸一般为 600 mm×600 mm,厚度一般为 10～30 mm。板材的颜色主要有浅灰、灰、深灰、黑等,矿渣微晶玻璃装饰板还有白、红等其它颜色。烧结法生产的板材通过着色材料的变换,可以生产非常自然的各种图案,其外观酷似天然大理石和花岗石。矿渣微晶玻璃装饰板和粉煤灰微晶玻璃装饰板的主要技术性能见表 5-33。由表可见两者的强度、耐磨、耐腐等性能及使用寿命均优于天然大理石和花岗石,因而是天然大理石和花岗石的理想替代品,可用于各类建筑的室内外墙面、地面等的装饰,也用于化工、矿山、机械等行业的耐磨、耐腐蚀部位。

表 5-33　矿渣微晶玻璃和粉煤灰微晶玻璃的主要技术指标

抗压强度 （MPa）	抗折强度 （MPa）	莫氏硬度	磨损率 （g/cm²）	吸水率 （%）	耐酸率 （%）	耐碱率 （%）
500～900	60～130	6～7	0.13	<0.01	98.55～99.9	98.0～99.9

第六章 建筑装饰塑料

塑料是以合成有机高分子材料为主的人造材料。它具有许多优良的物理力学性能及优良的装饰性,因而在建筑工程中,特别是在建筑装饰工程中被广泛用作装饰材料,它已成为建筑装饰材料主要成员之一。

第一节 高分子材料的基本知识

合成高分子材料是指由人工合成的高分子化合物组成的材料。高分子化合物又称高聚物,其分子量可高达几万乃至几百万。高聚物按其特性与用途分为树脂、橡胶和纤维。树脂又按其来源分为天然树脂和合成树脂。合成树脂具有许多优良的性能,因而在塑料工业中广泛使用的为合成树脂。

高聚物的分子量虽然很大,但化学成分却比较简单,它是由简单的结构单元以重复方式连接起来而形成的。例如,聚氯乙烯的结构为:

$$\cdots CH_2-CH-CH_2-CH\cdots$$
$$\qquad\ \ \ | \qquad\qquad\ \ |$$
$$\qquad\ \ \ C1 \qquad\qquad\ C1$$

这种结构很长的大分子称为"分子链",可简写为 $\{CH_2-CH\}_n$。可见聚氯乙烯是以

$$\qquad\qquad\qquad\qquad\ \ |$$
$$\qquad\qquad\qquad\qquad\ C1$$

氯乙烯分子为结构单元重复组成,这种重复的结构单元称为"链节"。大分子链中,链节的数目 n 称为"聚合度"。聚合度由几百至几千。

少数高聚物的大分子结构非常复杂,在它们的分子链中已找不到链节,这类高聚物通常称之为合成树脂。合成树脂一词源于最早合成的一些高聚物,它们在外观上很象天然树脂,因而被称为合成树脂。后来合成树脂的名称不断扩大,对一些在外观上与天然树脂没有任何相似之处的高聚物也使用了合成树脂一词。

现在习惯上,常将塑料工业中使用的人工合成的高聚物统称为合成树脂,有时将未加工成型的高聚物也统称为树脂。

利用合成树脂,可制成树脂基复合材料,如各种塑料、纤维增强塑料、聚合物水泥与混凝土、树脂基人造石材等。

一、合成树脂的分类与特性

(一)合成树脂的分类

1. 按合成高聚物时的化学反应分类

(1)加聚树脂 又称聚合树脂,是由含有不饱和键的低分子化合物(称为单体)经加聚反应而得。加聚反应过程中无副产品,加聚树脂的化学组成与单体的化学组成基本相同。

由一种单体加聚而得的称为均聚物,其命名方法为在单体名称前冠以"聚"字,如由乙烯加聚而得的称为聚乙烯,由氯乙烯加聚而得的称为聚氯乙烯。由两种或两种以上单体经加聚而得的称为共聚物,其命名方法为在单体名称后加"共聚物",如由乙烯、丙烯、二烯炔共聚而得的称为乙烯丙烯二烯炔共聚物(又称三元乙丙橡胶),由丁二烯、苯乙烯共聚而得的称为丁二烯苯乙烯共聚物(又称丁苯橡胶)。

(2)缩聚树脂　又称缩合树脂,一般由二种或二种以上含有官能团的单体经缩合反应而得。缩合反应过程中有副产品——低分子化合物出现,缩聚树脂的化学组成与单体的化学组成完全不同。

缩聚树脂的命名方法为在单体名称前冠以"聚"字,并在单体名称后给出聚合物在有机化学中的类属,如对苯二甲酸和乙二醇的聚合物在有机化学中属于酯类,因此称为聚对苯二甲酸乙二醇酯(即涤纶,为聚酯类树脂中的一个品种);又如己二酸和己二胺的聚合物在有机化学中属于酰胺类,因此称为聚己二酸己二酰胺(即尼龙66,为聚酰胺类树脂中的一种)。如聚合物的结构复杂则其命名一般为在单体名称后加"树脂"或在其结构特征(特征键型或基团)名后加"树脂",前者如由苯酚和甲醛缩合而得的称为酚醛树脂、由脲和甲醛缩合而得的称为脲醛树脂,后者如具有环氧基团的称为环氧树脂。

2.按合成树脂受热时的性质分类

(1)热塑性树脂　可反复进行加热软化、熔融,冷却硬化的树脂,称为热塑性树脂。全部加聚树脂和部分缩合树脂属于热塑性树脂。

(2)热固性树脂　仅在第一次加热(或加入固化剂前)时能发生软化、熔融,并在此条件下产生化学交联而固化,以后再加热时不会软化或熔融,也不会被溶解,若温度过高则会导致分子结构破坏,故称为热固性树脂。大部分缩合树脂属于热固性树脂。

(二)高聚物大分子链的几何形状与特性

高聚物大分子链的几何形状分为线型结构、支链型结构、网型结构(或称体型结构)三种,如图6-1所示。线型结构的高聚物,其主链是长链状的线状大分子,它们可以是直线型的或卷曲型的,如图6-1中(a)、(b)所示。支链型结构的高聚物在其主链上带有侧支链,支链的长度可相同亦可不同,如图6-1中(c)、(d)、(e)所示。网型结构的高聚物是在线型结构主链之间或支链结构之间以化学键交联的形式形成的网状结构,如图6-1中(f)、(g)所示。

由于线型和支链型结构是相互间靠范德华力(即分子间力)或氢键等长程作用力结合在一起的,而这种作用力比化学键弱得多,仅及其$\frac{1}{10} \sim \frac{1}{50}$,故这两类高聚物是可溶和可熔的,它们均具有热塑性。在线型和支链型结构二者间,由于后者的排列更为疏松,分子间作用力更弱,则其溶解度大、密度小、机械强度低。

网型高聚物则是由共价键将分子主链相互连接成庞大的网状结构,故不能被溶剂溶解分散,加热亦不能软化、流动。坚硬刚脆,呈热固性。

(三)高聚物的结晶

线型高聚物分为晶态高聚物和非晶态高聚物。由于线型高分子难免没有弯曲,故高聚物的结晶为部分结晶。结晶所占的百分比称为结晶度。一般地,结晶度越高,则高聚物的密度、弹性模量、强度、硬度、耐热性、折光系数等越大,而冲击韧性、粘附力、断裂伸长率、溶解度等越小。晶态高聚物一般为不透明或半透明的,非晶态高聚物则一般为透明的。

体型高聚物只有非晶态一种。

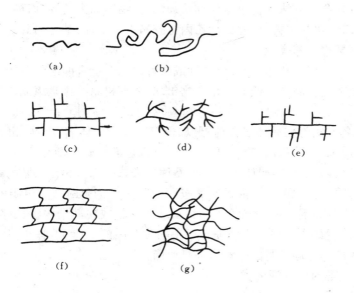

图 6-1 高聚物大分子链几何形状示意图

(a)直线型；(b)卷曲型；(c)、(d)、(e)支链型；(f)、(g)体型(或网型)

（四）高聚物的变形与温度

线型非晶态高聚物在不同的温度下可出现三种不同的力学状态：玻璃态、高弹态、粘流态。晶态高聚物则只有结晶态和粘流态。体型高聚物则只有玻璃态，当交联程度较低时，则具有玻璃态和高弹态。

1. 玻璃态

线型非晶态高聚物的变形与温度的关系如图 6-2 所示。

线型非晶态高聚物在低于某一温度时，由于所有的分子链段和大分子链均不能自由转动，分子被"冻结"成为硬脆的玻璃体，即处于玻璃态，高聚物转变为玻璃态的温度称为玻璃化温度 T_g。玻璃态下只有链节、键角、原子等可在其平衡位置的附近作小范围的振动。受力时由于链段的微小伸长和键角的微小变化而产生较小的变形。

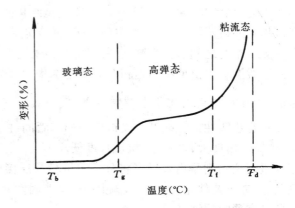

图 6-2 线型非晶态高聚物变形与温度的关系

当温度继续降低到某一温度时，由于分子振动被冻结，柔顺性完全消失，高聚物发生脆化。此时的温度称为脆化温度 T_b。各种塑料材料应在 $T_b \sim T_g$ 范围内使用。

2. 高弹态

90

当温度超过玻璃化温度T_g时,由于分子链段可以发生运动(大分子仍不可运动),使高聚物产生大的变形(可达100%～1 000%),具有高弹性,即进入高弹态。

3. 粘流态

温度继续升高至某一数值时,由于分子链段和大分子链均可发生运动,使高聚物产生塑性变形,即进入粘流态,成为熔融体,将此温度称为高聚物的粘流态温度T_f。

继续升高温度高聚物将发生分解,此时的温度称为分解温度T_d。

热塑性树脂与热固性树脂在成型时均处于粘流态,但加热温度应在T_f～T_d。

通常将玻璃化温度T_g低于室温的称为橡胶,高于室温的称为塑料。玻璃化温度是塑料的最高使用温度,但却是橡胶的最低使用温度。

二、常用合成树脂

(一)常用热塑性树脂

1. 聚氯乙烯(PVC)

结构式为:

$$\left[CH_2-CH \right]_n$$
$$\quad\quad\quad\quad | $$
$$\quad\quad\quad\quad Cl$$

是由氯乙烯($CH_2=CHCl$)经聚合反应而制成,属于热塑性树脂。聚氯乙烯是一种无味的白色粉末。密度为1.35～1.46 g/cm³(20 ℃下)。聚氯乙烯为线型分子结构,故沿其主链存在着许多 —C—Cl 极性键,从而使大分子间的结合力增强,所以聚氯乙烯的机械性能和耐化学腐蚀性能优良。但聚氯乙烯性脆,同时由于存在 —C—Cl 键,其耐热性较差,当树脂被加热至100 ℃以上时,就开始分解出HCl。因其熔融温度高于分解温度,若不加入适宜的多种添加剂,则成型困难。加入增塑剂可生产软质聚氯乙烯塑料。

又因为聚氯乙烯中含有大量的—Cl,故其阻燃性较好。但若以聚氯乙烯制成塑料时,增塑剂的引入会在一定程度上降低其阻燃性。

2. 聚乙烯(PE)

结构式为:

$$\left[CH_2-CH_2 \right]_n$$

聚乙烯是乙烯($CH_2=CH_2$)在一定压力下聚合的产物,属于热塑性树脂。根据聚合压力条件,可将聚乙烯分为高压聚乙烯(LDPE)和低压聚乙烯(HDPE)。前者又称低密度聚乙烯,密度稍小,为0.910～0.940 g/cm³;后者又称高密度聚乙烯,密度稍大,为0.941～0.965 g/cm³。

聚乙烯是白色半透明粉末或小颗粒。无臭,无毒,可燃,触感似蜡。它具有良好的机械性能,耐溶剂性极佳,仅在高温下,才能被CCl_4等某些溶剂缓慢侵蚀。聚乙烯的脆化点为 −110～−60 ℃,故其耐低温性质比聚氯乙烯好,低温脆性小。聚乙烯可制作卫生、食品、上下水管道等塑料制品。

聚乙烯耐热性差,易受热软化,故一般应在100 ℃以下使用。又因聚乙烯极易燃烧,容易造成火灾,导致火焰快速蔓延,故在使用聚乙烯及相应塑料制品时应予以特别的注意。

3. 聚丙烯(PP)

结构式为:

$$\begin{matrix} & CH_3 \\ \lbrack CH_2 & CH \rbrack_n \end{matrix}$$

是由单体丙烯($CH_2\!=\!CH\!-\!CH_3$)聚合而成,属于热塑性树脂。聚丙烯的密度较小,为 0.90 g/cm³。按照CH_3—在主链上排列的规则程度,聚丙烯可分为等规、间规和无规三种。整规度愈高,则机械性能愈好,但脆性有所增大。常用的为正规聚丙烯。聚丙烯的抗拉强度较高、硬度大、耐磨性和电绝缘性好、但耐候性差、易脆化、静电性高、染色性差。聚丙烯的耐热性较好,可在 100 ℃下长期使用。聚丙烯的耐低温冲击强度不如 PE,但其耐溶剂性与 PE 一样,常温下不被溶剂溶解。聚丙烯的阻燃性差,燃烧情形与 PE 相近,亦会造成猛烈的燃烧和火焰的迅速蔓延。

4. 聚苯乙烯(PS)

结构式为:

$$\lbrack CH_2\!-\!CH \rbrack_n$$

是由单体苯乙烯($CH_2\!=\!CH$)聚合而成,属于热塑性树脂。聚合方法分为本体聚合和悬浮聚合。聚苯乙烯为无色透明,类似玻璃的树脂,光透射比可达88%～92%。无味无毒。其透明性和良好的着色性决定了聚苯乙烯类材料具有较好的装饰性。

聚苯乙烯可进行发泡处理,制成聚苯乙烯泡沫塑料,被广泛地用于建筑隔热保温。

聚苯乙烯的主要缺点是其抗冲击性差、脆性大、耐热度一般不超过 80 ℃。特别是聚苯乙烯燃烧时,会放出大量浓烟,并发出苯乙烯的特殊气味。

5. ABS 共聚物

ABS 共聚物又称 ABS 树脂,是由苯乙烯(A)、丁二烯(B)、丙烯腈(S)三种单体共聚而成,属于热塑料性树脂,其结构式为:

$$\lbrack (CH_2\!-\!CH)_x \ (CH_2\!-\!CH\!=\!CH\!-\!CH_2)_y \ (CH_2\!-\!CH)_z \rbrack_n$$

为改善各单体性能上的不足,使之能取长补短,发挥综合优势,采用丙烯腈(S)增加 ABS 树脂的耐蚀性和硬度;采用丁二烯(B)提高 ABS 树脂的韧性,提高抗脆裂破坏性能;采用苯乙烯(A)来改善 ABS 树脂的加工性,从而使 ABS 树脂具有良好的工程可用性。

ABS 树脂为不透明材料,其抗冲击脆裂性良好,耐热性也有所提高,并可根据工程要求,调整三种单体组分的比例,人为设计 ABS 的使用性能。

6. 丙烯酸类树脂(AC)

其结构有多种形式，用通式可表示为：

$$R \left[CH_2 \underset{\underset{\underset{O-R}{|}}{\overset{O=C}{|}}}{\overset{\overset{R'}{|}}{C}} \right]_n$$

R′为 H—时，产物为聚丙烯酸及其酯类树脂。当 R′为 CH_3—时，产物为甲基丙烯酸及其酯类树脂。而 R 则可为 CH_3—或 C_4H_9—等基团。丙烯酸类树脂为热塑性树脂。

此类树脂中的聚甲基丙烯酸甲酯(PMMA)，是一种常用的材料，其结构式为：

$$\left[CH_2 \underset{\underset{\underset{O-CH_3}{|}}{\overset{O=C}{|}}}{\overset{\overset{CH_3}{|}}{C}} \right]_n$$

其透光性最好，光透射比达 92%，故被称为有机玻璃。有较好的耐候性，但其硬度远比无机玻璃低，表面易被划伤磨损。同时亦可燃烧。

7. 聚醋酸乙烯(PVAC)

结构式为：

$$\left[CH_2 \underset{\underset{\underset{C-CH_3}{\underset{\parallel}{O}}}{\overset{O}{|}}}{CH} \right]_n$$

聚醋酸乙烯或称聚乙酸乙烯酯，属于热塑性树脂。它可作为涂料或胶粘剂的原料，也可直接作为胶粘剂使用，称为乳白胶或白乳胶。

将聚醋酸乙烯水解，可得到聚乙烯醇(PVAL)。其结构式为：

$$\left[CH_2 \underset{OH}{\overset{|}{CH}} - CH_2 \underset{OH}{\overset{|}{CH}} \right]_n$$

聚乙烯醇分子中的羟基若与甲醛、乙醛、丁醛缩合，则可得到：

$$\left[CH_2 \overset{|}{CH} - CH_2 \overset{|}{CH} \right]_n$$
$$\underset{R}{\overset{O-CH-O}{|}}$$

若式中：R 为 H，则产物称聚乙烯醇缩甲醛(PVFM)。

R 为 CH_3，则产物称聚乙烯醇缩乙醛。

R 为 C_3H_7，则产物称聚乙烯醇缩丁醛(PVB)。

其中聚乙烯醇缩甲醛(PVFM)称为 107 胶，可作为建筑工程，尤其建筑装饰工程的万能胶，用途较为广泛。

8. 聚碳酸酯(PC)

分子主链上含有碳酸酯的高分子化合物的总称。对于二羟基化合物的线型结构的聚碳酸酯，其结构通式为：

$$\left[O \overset{\overset{O}{\parallel}}{C} O - R \right]_n$$

R 为
$$\text{R为} \left[\bigcirc - \underset{\underset{CH_3}{|}}{\overset{\overset{CH_3}{|}}{C}} - \bigcirc \right] \text{时为芳香族聚碳酸酯,实用价值最大。}$$

常用的聚碳酸酯是以 4,4-二羟基二苯基丙烷为单体的聚合物,为热塑性树脂。其光透射比高,可达 75%~89%,可制成透明的塑料制品。又因其具有较好的染色适应性,而使聚碳酸酯类塑料色泽鲜艳。同时聚碳酸酯具有较好的耐久性,对多种侵蚀性介质、冷热作用、老化冷脆、荷载冲击等都具有良好的抵抗作用,且尺寸稳定性和自熄性好。因而在现代化的高档建筑装饰工程中颇受青睐。

(二)常用热固性树脂

1.酚醛树脂(PF)

酚醛树脂是酚类与醛类化合物缩合而成,其中以单体苯酚和甲醛经缩聚反应而得的树脂是酚醛树脂中最重要的产物。在酸性催化剂的作用下,苯酚的摩尔数超过甲醛的摩尔数,经缩聚反应制得的酚醛树脂为热塑性树脂,加入亚甲基四胺后可成为热固性树脂;而在碱性催化剂的作用下,甲醛的摩尔数超过苯酚的摩尔数,则经缩合反应制得的酚醛树脂为热固性树脂。两者的结构式为:

热塑性酚醛树脂:

$$\bigcirc_{OH} \!\!-\!\! \left[CH_2 \!\!-\!\! \bigcirc_{OH} \right]_n \!\!-\!\! CH_2 \!\!-\!\! \bigcirc_{OH}$$

热固性酚醛树脂:

$$\left[\bigcirc_{OH} \!\!-\!\! CH_2 \right]_n \!\!-\!\! \underset{CH_2OH}{\overset{OH}{\bigcirc}} \!\!-\!\! CH_2 \right]_m$$

常用的为热固性酚醛树脂。酚醛树脂具有良好的力学性能、电绝缘性、化学稳定性、耐水性,较高的耐热性和耐烧蚀性,但脆性大、延伸率低。可用来生产胶合板或纸质装饰塑料层压板。

2.氨基树脂

氨基树脂是由氨基化合物(如尿素、三聚氰胺等)、醛类(主要是甲醛)缩合而成的一类树脂的总称,常用的有脲醛树脂(UF)、三聚氰胺甲醛树脂(MF)。

(1)脲醛树脂(UF) 结构式为:

$$\left[H_2C \!\!-\!\! \underset{|}{N} \!\!-\!\! \underset{\underset{O}{\|}}{C} \!\!-\!\! \underset{|}{N} \!\!-\!\! CH_2 \right]_n$$

脲醛树脂的性能与酚醛树脂基本相仿,但耐水性及耐热性较差。脲醛树脂的着色性好,表面光泽如玉,有"电玉"之称。脲醛树脂主要用作建筑小五金、泡沫塑料、胶合板、层压塑料板等。

(2)三聚氰胺甲醛树脂(MF) 又称密胺树脂,其结构式为:

$$\text{+CH}_2\text{—NH—C} \qquad \text{C—NH—CH}_2\text{+}_n$$

（上部为含氮三嗪环结构式）

具有很好的耐水性、耐热性和耐磨性，表面光亮，但成本高。建筑中主要用于装饰层压板。

3. 不饱和聚酯树脂（UP）

不饱和聚酯树脂是指不饱和聚酯在乙烯基类交联单体（如苯乙烯）中的溶液。不饱和聚酯树脂通常由不饱和二元羧酸（或酸酐）、饱和二元羧酸（或酸酐）与多元醇缩聚而成。在主链上既含有酯键（ —C—O— ），又含有不饱和键（ —CH=CH— ）。常温下可在引发剂、光等的作用下由线型分子转变为体型分子。不饱和聚酯树脂的光透射比高、化学稳定性好、强度高、抗老化性及耐热性好，但固化时的收缩大，且不耐浓酸、浓碱的侵蚀，主要用于玻璃纤维增强塑料。不饱和聚酯树脂是热固性树脂中用量最大的一种。

4. 环氧树脂（EP）

环氧树脂是指分子链上含有两个或两个以上环氧基团（ —HC——CH— ）的高分子化合物的总称。环氧树脂的品种很多，常用的二酚基丙烷型环氧树脂的结构式为：

$$\text{H}_2\text{C—CH—CH}_2\text{+O—}\bigcirc\text{—C—}\bigcirc\text{—O—CH}_2\text{—CH—CH}_2\text{+}_n$$

（结构式，含 CH$_3$、OH 等基团）

未固化的环氧树脂为高粘度的流体或低熔点固体。易溶于丙酮和二甲苯等溶剂。加入固化剂后环氧树脂就成为热固性树脂，可在室温或加热条件下，交联固化成体型结构。环氧树脂性能优异，特别是粘接力和强度高，化学稳定性好，且固化时的收缩小，但价格较高。环氧树脂是一种用途相当广泛的合成树脂。

5. 聚氨酯（PUR）

分子链中含有重复氨基甲酸酯基团（ —NH—C—O— ）的高聚物统为聚氨基甲酸酯，简称聚氨酯。分有热塑性、热固性和弹性体三种，建筑塑料中常用的为热固性聚氨酯。聚氨酯的强度和粘接力高，耐候性、耐热性和耐寒性好。

聚氨酯常用来发泡作为一种硬质泡沫塑料在建筑工程中用作保温隔热材料。如我国天津生产的天荣板，就是用聚氨酯泡沫生产的彩色压型板，它集保温、隔热、防水于一身，是大型工业厂房及体育场馆屋顶的首选材料。其外装饰效果也具现代艺术特点,受到建筑工程界的欢迎。

PUR 材料固化前有毒(但固化后无毒,可作自来水场水池内壁涂料,可使饮用水毒性化检验合格),故施工时注意安全。另此种树脂易燃,且烟雾有毒,因而使用时应注意防火。

6. 有机硅树脂(SI)

主链由硅氧键(—Si—O—Si—)构成的高分子化合物,也称聚有机硅氧烷。

它的侧链上可为 $CH_3—$, $C_2H_5—$, $C_6H_5—$ 等基团。因有机硅树脂的主链由硅氧键组成,键能高,因而具有较好的耐热性(200~250 ℃)。又因有机硅树脂主链外面为一层非极性的烃基,所以它具有极好的耐水性、防水性。它与水接触时可呈非浸润状态,因而在纤维织物上涂上有机硅树脂,可制成功能性防水材料——防水且可透气,装饰使用功能极佳。

有机硅树脂分为热固性和弹性体两种,塑料中常用的为热固性有机硅树脂。

常用树脂(或塑料)的性质见表 6-1。

表 6-1 建筑工程常用合成树脂或塑料的性质

名称		密度	线膨胀系数 $(10^{-5}/K)$	24h 吸水率 (%)	耐热温度 (℃)	抗拉强度 (MPa)	伸长率 (%)	抗压强度 (MPa)	弹性模量 $(10^2\ MPa)$	冲击强度(缺口) (kJ/m^2)	硬 度 M-莫氏 R-洛氏 D-肖氏
热固性	酚醛塑料	1.25~1.30	2.5~6.0	0.1~0.2	120	49.0~56.0	1.0~1.6	70.0~210.0	53~70	0.43~0.77	M124~128
	脲醛塑料	1.47~1.52	2.7	0.4~0.8	75	42.0~91.0	0.5~1.0	175.0~245.0	105	0.54~0.75	M115~120
	密胺树脂	1.47~1.52	4.0	0.1~0.6	100	49.0~91.0	0.6~1.9	175.0~300.0	91	0.51~0.75	M110~125
	聚酯树脂	1.10~1.46	5.5~10.0	0.15~0.6	120	42.0~70.0	<5	90.0~255.0	21~45	4.3~8.6	M70~115
	环氧塑料	1.88	1.1~3.0	—	155	70.0	—	90.0~160.0	—	~5	—
热塑性	聚氯乙烯(硬)	1.35~1.45	5~18.5	0.07~0.4	50~70	35.0~63.0	20~40	55.0~90.0	25~42	4~8	D70~90
	聚氯乙烯(软)	1.3~1.7	—	0.5~1.0		7.0~25.0	200~400	7.0~12.5		8~11	—
	丙烯酸类	1.18~1.19	9	0.3~0.4	70~90	49.0~63.0	3~10	85.0~125.0	32	8.6~10.7	M85~105
	聚酰胺	1.09~1.14	10~15	0.4~1.5	80~150	49.0~77.0	90	50.0~90.0	18~28	4~15	R111~118
	聚乙烯	0.92	16~18	<0.015	100	11.0~13.0	220~550	20.0~25.0	1.3~2.5	>3.43	R11
	聚苯乙烯	1.04~1.07	6~8	0.03~0.05	65~75	35.0~63.0	1~3.6	80.0~110.0	28~42	12~16	M65~90
	聚四氟乙烯	2.1~2.2	10	0.005	260	11.0~21.0	100~200	12.0	—	~98	D50~65

第二节 塑料的组成与特性

塑料是以合成树脂为主要成分,适当加入其它改性添加剂,经一定的温度、压力塑制而成的材料。

塑料作为一种建筑材料使用可追溯到 20 世纪 30 年代。与传统材料相比,塑料具有质轻、价廉、防腐、防蛀、隔热、隔音、成型加工方便、施工维修简单、品种花色繁多、装饰效果良好等优点,因而在全球范围内倍受欢迎,消费量逐年增加。在国外某些发达国家及某些发展中国家,建筑装饰塑料已成为塑料消费市场的主要产品。在发达国家,建筑塑料目前已占各国塑料消费量的 20%～30%,约占全部建筑材料的 11%～15%。

我国建筑塑料工业主要是在 20 世纪 80 年代初通过引进国外先进技术和设备发展起来的。因而技术水平较高,建筑塑料工业品种门类齐全。我国建筑塑料应用的比例从 1981 年的 1%迅速发展到 1995 年的近 10%。按此发展势头,预计在本世纪末,我国建筑塑料应用的比例将达到发达国家水平,达 20%以上。

一、塑料的组成

塑料是由树脂、填充料和助剂等组成。由于所用的树脂、填充料和助剂的不同,而使制成的塑料种类繁多,性能各异。

(一)树脂

树脂是塑料中最主要的组成材料,是一种起着胶粘剂作用,可将其它材料粘接在一起的重要组成。尽管塑料是在树脂的基础上加入填充料和助剂制成的,填充料和助剂对塑料具有明显的改性作用,但树脂仍是决定塑料特性和主要用途的最基本的因素。

根据树脂用量占塑料的百分率,可将其分成单组分和多组分塑料。如由聚甲基丙烯酸甲酯生产的塑料——有机玻璃,其树脂含量为 100%,是单组分塑料,但大多数塑料都是多组分的,其树脂含量一般为 30%～60%。

建筑及建筑装饰塑料常用合成树脂,如聚乙烯、聚丙烯、ABS 等。根据合成树脂受热时的性质,塑料也可分成热塑性塑料和热固性塑料。

(二)填充料

为提高塑料的强度、韧性、耐热性、耐老化性、抗冲击性等,同时为降低塑料的成本,常向树脂中加入基本上不参与树脂的复杂化学反应的粉状或纤维状物质,称为填充料。常用的填充料有滑石粉、硅藻土、石灰石粉、云母、石墨、石棉、玻璃纤维等。

硬质聚氯乙烯(PVC)塑料、聚烯烃塑料等,在添加大量的硫酸污泥和石粉等钙质材料后,即成所谓的钙塑材料。因粉料添加量可达 70%,因而大大降低了塑料的成本,同时又改善了其性能。

塑料的主要填充料及其作用见表 6-2。

(三)增塑剂

增塑剂可降低树脂的粘流态温度 T_f,使树脂具有较大的可塑性以利于塑料的加工。同时,增塑剂的加入降低了大分子链间的作用力,因而能降低塑料的硬度和脆性,使塑料具有较好的韧性、塑性和柔顺性。常用的增塑剂是分子量小、熔点低、难挥发的液态有机物,如邻苯二甲酸二丁酯(DBP)、邻苯二甲酸二辛酯(DOP)、磷酸酯类等。

(四)固化剂

固化剂又称硬化剂,其主要作用是使线型高聚物交联成体型高聚物,使树脂具有热固性。如某些酚醛树脂常用的六亚甲基四胺(乌洛托品),环氧树脂常用的胺类(乙二胺、二乙烯三胺、间苯二胺)、酸酐类(邻苯二甲酸酐、顺丁烯二酸酐)及高分子类(聚酰胺树脂)。

表 6-2　塑料的主要填料及所提高的主要性能

填料种类及名称	提高的主要性能	备注
金属粉末类：铁　粉	负载能力、导热性	
铅　粉	负载能力、自润滑、耐磨、导热	
铜　粉	负载能力、自润滑、耐磨、导热	
铝　粉	负载能力、光反射、防老化、导热	
氧化物类：氧化铝	刚硬度	有磨损摩擦件的可能
二氧化硅	刚硬度	有磨损摩擦件的可能
氧化锌	负载能力、自润滑性	
氧化钛	刚硬度、耐磨	易磨损摩擦件
气相 SiO_2	耐磨性	
硫化物类：硫化钨	自滑润、耐磨	
硫化铅	自滑润、耐磨	
二硫化钼	自滑润、耐磨	
天然矿物：天然石墨	自滑润、耐磨、导热	
滑石粉	自滑润、耐磨、硬度	
云　母	耐热、电绝缘	
石棉纤维	耐热、耐磨、增强	
高温高模量纤维：玻璃纤维	增强、硬度、耐温	尺寸稳定性
碳纤维	增强、硬度、耐温、减磨	
石英或硼纤维	增强、硬度、耐温	有时有耐磨作用
其它类：聚四氟乙烯	减磨、耐磨、润滑	
人造石墨	导热、耐磨、润滑	
碳化硅（钨）	硬度、耐磨性	

（五）着色剂

建筑装饰塑料因其具有绚丽的色彩而使其具有极佳的装饰性和艺术性。着色剂是可使塑料产生特定的色彩和光泽效应的物质，它可分成两类。

1．染料

染料是溶解在溶液中，靠离子或化学反应作用产生着色的化学物质，实际上染料都是有机物。其色泽鲜艳，着色性好，但其耐碱、耐热性差，受紫外线作用后易分解退色。

2．颜料

颜料是基本不溶的微细粉末状物质。靠自身的光谱特性吸收并反射特定的光谱而显色。塑料中所用的颜料，除具有优良的着色作用外，还可以作为填充料和稳定剂，来提高塑料的性能，从而起到一剂多能的综合作用，如锌白、铁红、铬绿等。

此外，还可以向塑料中加入发光性的助剂，或可产生干涉、散射作用的填料，也会改变塑料的颜色或光学性质。如向塑料中加入荧光物质或磷光物质后，塑料在日光、灯光作用下会发生"吸光"作用，而当日落后或停电时，则可发光。利用它可做成发光指示牌或发光楼梯等。另外向塑料中加入的"珠光云母粉"类的添料，由于云母粉产生光的干涉作用，故可使塑料产生星光闪烁般的珠光效应，使之在建筑装饰中得到良好的应用。

（六）阻燃剂

很多种类的树脂及塑料制品都是易燃或可燃性材料，在建筑装饰工程中一旦遇火，则会产生极大的危险。阻燃剂是向树脂等塑料原料中添加的可以减缓或阻止塑料燃烧的物质，根据阻燃剂种类的不同，其作用机理是不同的。阻燃剂的作用机理可分如下几个方面：

（1）吸热效应　阻燃剂物质在塑料燃烧时，吸热效应明显，使温度上升速度减缓，从而达到阻燃作用。如 $Mg(OH)_2$，$Al(OH)_3$ 以及含结晶水的硼砂等含水型阻燃剂，受热时将发生分解作用,产生显著的吸热效应,从而阻燃。

(2)覆盖效应 阻燃剂物质在高温下能在塑料表面生成稳定的覆盖层,对塑料分子起到隔热隔绝空气的作用,从而达到阻燃效果。

(3)稀释效应 阻燃剂物质受热后,能分解并产生大量的不燃性气体,这些气体,使可燃性气体达不到可燃烧的浓度范围,从而达到阻燃作用。

(4)转移效应 阻燃剂物质在塑料燃烧时,改变塑料的分解模式,把原可分解成可燃性气体的分解产物,转移成为非可燃性气体,从而抑制可燃性气体的产生,达到阻燃作用。

(5)抑制效应 阻燃剂物质与塑料中树脂的自由基产生化学作用,可与自由基反复反应,生成 H_2O,从而抑制 OH^- 连锁反应,达到阻燃作用。

此外,阻燃剂的作用机理亦遵从交互作用原理,例如同时使用不同种类的阻燃剂,则可使多种效应交互作用,从而产生较好的阻燃作用。

(七)其它助剂

塑料生产中常常还加入一定量的其它助剂,使塑料制品的生产和塑料的性能更好、用途更加广泛,如稀释剂、润滑剂、抗氧化剂、紫外线吸收剂、发泡剂等。

在种类繁多的塑料助剂中,由于各种助剂的化学组成、物质结构的不同,对塑料的作用机理及作用效果的各异,因而由同种型号树脂制成的塑料,其性能会因助剂的不同而不同。在使用中常会出现极为明显的质量波动和性能上的差异。故不同厂家生产的同种牌号树脂的塑料性能可能会不同。

二、塑料的特性

(一)塑料的加工特性

对不同的树脂或生产不同的产品时,可采用不同的加工工艺。在树脂的种类、性质及各种助剂一定的条件下,加工工艺对塑料性能的影响是十分显著的。

1. 注塑成型

对热塑性塑料,将塑料颗粒在注塑机内加热熔化,以较高的压力和速度注入模具内。

2. 挤压成型

将加热熔化的塑料通过挤压机的挤压作用经不同的孔型模口而挤成不同形状的型材。

3. 喷涂工艺

在金属、非金属板面及纤维网胎上喷涂塑料膜层。

4. 模压成型

对热固性塑料,将塑料粉、片、粒状原料放入模具中加热软化,同时加压成型,使之发生化学交联而固化。

5. 层压成型

层状增强物质浸涂热固性树脂后,经处理制成层叠板材、卷材等,再经层压机加压加热处理,使之固化成型。

6. 浇注成型

将液态树脂浇注在模具中,使之在常压或低压下固化冷却成型。

7. 发泡成型

可采用机械的方法或化学方法在塑料内引入无数微小的球形气泡,从而制成体积密度小、保温隔热性能好、吸音性能好的泡沫塑料。

(二)物理力学性能

1. 比强度

塑料制品比其它材料的比强度大,因而在建筑装饰及日用、航天等工程中,成为首选材料。几种常用材料的比强度见表 6-3。

表 6-3　几种材料的比强度

材料名称	体积密度(g/cm³)	抗拉强度(MPa)	比强度〔(MPa·cm³)/g〕
碳素钢(Q235)	7.85	380	55
铝合金(LC4)	2.80	470	167
松木	0.55	94	171
FRP(1)	1.65	250～300	167
FRP(2)	1.90	480～500	260

注:FRP 为纤维增强塑料。

2. 隔绝性

塑料制品的传导能力较金属或岩石小,即热传导、电传导和波传导的能力较小,因而其导热能力小(为金属的 1/500～1/600)、电绝缘、减振及吸音性好。

3. 装饰可用性

塑料制品的装饰可用性好。塑料制品色彩绚丽丰富,表面平滑而富有光泽,制品图案清晰。直、曲线条直则平齐规整,曲则柔和优美。其次塑料制品可锯、钉、钻、刨、焊、粘,装饰安装施工快捷方便,热塑性塑料还可以弯曲重塑,装饰施工质量易保证。此外塑料制品耐酸、碱、盐和水的侵蚀作用,化学稳定性好,因而美观耐用。非发泡型制品清洗便利、油漆方便。

4. 热性能

塑料制品与其它建筑装饰材料相比,具有独特的热受力变形性能。当塑料受热时,其变形能力增大,产生流动性。这种现象称为软化,用一定荷载下塑料软化到某一种程度时的温度——耐热温度表示。热塑性塑料耐热温度为 50～90 ℃,热固性塑料耐热温度为 100～200 ℃。当塑料使用环境温度降低时,则其脆性增大,受机械冲击力作用时,易碎裂破坏。以脆化温度表示塑料的冷脆性。

此外塑料的热膨胀系数较大,为金属材料的 3 倍左右,使用时应加以注意。

(三)老化性质

塑料因受使用环境中空气、阳光、热、离子辐射、应力等能量作用,氧气、空气、水分、酸碱盐等化学物质作用和霉菌等生物作用,其组成和结构发生了如分子降解(大分子链断裂解,使高聚物强度、弹性、熔点、粘度等降低)、交联(使高聚物变硬、变脆)、增塑剂迁移、稳定剂失效等一系列物理化学变化,从而导致塑料发生变硬、变脆、龟裂、变色乃至完全破坏,丧失使用功能的现象,称为塑料的老化。常用塑料的老化特性见表 6-4。

塑料的老化按其作用机理可分为如下多种形式。

1. 热老化

热老化主要发生在塑料的加工、生产和使用环境中。它可分为两种类型:无氧热老化和热氧化。前者又称热裂解,是在无氧高温条件下,大分子链逐渐地或杂乱无规则地解聚成单体或断裂成小段落,有时也会脱除小分子物质,从而使塑料高分子物质分子量下降,材料性质急剧恶化。后者是在高温富氧条件下,氧作用于塑料高分子物质的自由基,从而引发连锁反应,导致高分子物质断裂、分解,性能降低。

表 6-4　常用塑料对环境因素的相对稳定性

环境因素 高 聚 物 名 称	光	热	臭氧	湿气	燃烧
聚乙烯	×	○	√	√	×
聚丙烯	×	×	√	√	×
聚苯乙烯	×	○	√	√	×
聚氯乙烯	○	○	√	√	○
聚四氟乙烯	√	√	√	√	√
聚甲醛	×	×	○	○	×
聚丙烯腈	○	○	√	○	○
有机玻璃	√	○	√	√	×
聚碳酸酯	○	○	○	√	×
ABS	×	×	√	○	×

注:√表示非常稳定;○表示一般稳定;×表示不稳定。

2. 光老化

塑料中高分子物质链中的 C—H 键等键能恰与紫外线波谱相应的能量相近,因而在紫外线光波的作用下,大分子链可吸收能量发生降解或交联。特别是在富氧或臭氧的条件下,塑料大分子结构中的某些官能团,被紫外线活化,可与氧及臭氧进行光化学反应,使聚合高分子物质发生分解或交联,生成含有羰、羧、羟基的物质,使材料性能劣化。

3. 其它原因的老化

塑料在酸碱盐、生物、强电场等的作用下,也会发生老化作用。

(1)一般情况下塑料的抗化学腐蚀性很强,但在某些特殊条件下,塑料也可能发生或快或慢的由表及里的破坏,称之为化学介质老化。

(2)某些生物会分泌出某些特殊的酸性物质或生物酶,使塑料高分子物质分解或变为生物的食物,从而使塑料破坏,称为生物老化。

(3)在强电场作用下,塑料高分子物质因热离子辐射作用以及化学分解作用,使塑料的绝缘性下降而发生击穿破坏,称此种现象为电晕老化。

综上所述,老化是塑料耐久性破坏的一种主要形式,也是塑料的一大弱点。塑料抵抗老化作用的能力叫做抗老化性、大气稳定性或耐候性。塑料的抗老化性取决于其组成、结构及环境破坏因素的性质和特点,取决于树脂种类、助剂性质等。一般可采用掺加抗氧化剂、紫外线吸收剂、热稳定剂等抗老化剂,以减缓塑料的老化。

(四)阻燃性

由于塑料的基体是由 C,H 元素构成,故极易燃烧起火。因而塑料的阻燃性是除老化性质外阻碍其在建筑装饰工程中应用的又一关键性问题,也是一否决性的技术性质。

1. 破坏作用及燃烧机理

塑料燃烧形成火灾时,破坏性极大,它可以猛烈燃烧,释放出大量的热量,造成火势蔓延;又可由燃烧作用,导致建筑物破坏;亦可在燃烧时产生塑料特有的对人的伤害作用。

塑料的燃烧是按如下过程进行的:

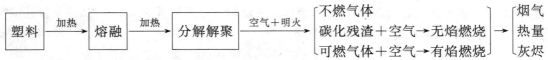

可见塑料的燃烧是受热分解，进而氧化燃烧的物理化学过程，其燃烧有如下特点：

$$
塑料的燃烧\begin{cases}
烟气：窒息作用\\
毒气：毒害作用\\
浓烟：妨碍作用\\
熔体：烫伤作用\\
火焰：烧伤作用
\end{cases}
$$

常用塑料燃烧特征与识别方法见表6-5。

表6-5　建筑工程常用塑料的燃烧特征与简易识别法

燃烧特征与识别方法 / 塑料名称	燃烧难易	离火后是否自熄	火焰状态	燃后塑料变化	燃后气味	水中沉浮
聚苯乙烯(PS)	易	继续燃烧	橙黄色、浓黑烟炭束	软化、起泡	特殊，苯乙烯单体味	沉
聚乙烯(PE)	易	继续燃烧	上端黄色，下端蓝色	熔融、滴落	石蜡燃烧的气味	浮
聚氯乙烯(PVC)	难	离火即灭	黄色，下端绿色、白色	软化	刺激性酸味	沉
聚丙烯(PP)	易	继续燃烧	上端黄色，下端蓝色，少量黑烟	熔融、滴落	石油味，石蜡的燃烧味	浮
尼龙(PA)	慢燃	慢慢熄灭	蓝色，上端黄色	熔融、滴落、起泡	特殊，羊毛、指甲烧焦味	沉
聚甲基丙烯酸甲酯(PMMA)	易	继续燃烧	浅蓝色，顶端白色	熔化、起泡	强烈花果臭味，腐烂蔬菜臭味	沉

(1)塑料在燃烧过程中，会产生大量的烟气，见表6-6。

表6-6　塑料的分解产物、燃烧产物及发烟量

材料名称	代号	热分解产物	燃烧产物	发烟量 D_m 有焰	发烟量 D_m 无焰	发烟量 t_c(min) 有焰	发烟量 t_c(min) 无焰
聚烯烃	PO	烯烃、链烷烃、环烷烃	CO,CO_2	150	470	4.0	5.5
聚苯乙烯	PS	苯乙烯单体、二聚物、三聚物	CO,CO_2	660	372	1.3	7.3
聚氯乙烯	PVC	氯化氢、芳香化合物	CO,CO_2,HCl	—	—	—	—

注：①NBS烟室法测定，试件厚度为6.4 mm。

②D_m为最大烟密度。一般50左右为较浓烟，100～300为浓烟，400以上为非常浓的烟。t_c为当烟密度达到16时所需的时间。它提供了人们从发生火灾的房间或飞机舱里退出现场的时间界限。

因塑料在燃烧中消耗了空气中的氧气，生成二氧化碳、一氧化碳、三氧化硫等气体，因而烟气的产生、扩散和流动，会充满或弥漫房屋空间，引起窒息作用，使人致死。

(2)塑料在燃烧过程中会产生或释放出大量的有毒气体，如一氧化碳、氢氰酸、苯酚、双偶氮丁二腈、氯气、氯化氢等气体，可使人中毒死亡。美国的某项统计表明，火灾死亡有2/3源自毒烟；日本某百货大楼火灾死亡118人，中毒死亡者约占死亡人数80%左右。我国哈尔

滨某宾馆和抚顺某歌舞厅的火灾伤亡事故中,都有2/3以上的是因烟气窒息或中毒而死亡。

(3)塑料燃烧时产生的烟气,除具有窒息和毒害作用外,还会产生妨碍作用。燃烧生成的烟气可分为黑烟和白烟。无论黑烟还是白烟,都是燃烧产物所形成的气溶胶。黑烟是塑料中的有机物质在缺氧条件下,燃烧时形成的烟气中悬浮有固体碳粒的烟尘混合物;白烟则是烟气中含有蒸汽凝聚微粒悬浮物的混合气体。因为塑料燃烧时生成近百倍于其自身体积的烟气,所以一旦塑料燃烧,常会出现浓烟滚滚现象,这样的浓烟对人会产生心理恐惧作用,也会遮挡人员视线,妨碍逃逸;又会对灭火造成困难,阻碍救援。

(4)塑料受热熔化,会流淌滴落。熔化变形或滴落的树脂类高分子物质,除可作为燃烧物引燃地面物品,还可使人遭到烫伤。

(5)塑料的燃烧与任何可燃烧性材料一样,会导致因燃烧造成伤亡。

国内外针对塑料的各种性质及其在建筑工程和建筑装饰工程中的应用,产业界、消防部门、建筑部门、安全环保部门一直在进行争论。为此对塑料装饰材料的生产者和使用者,提出了严格的要求,即按国家有关防火设计规范和建筑装修设计防火规范,选择难燃的塑料装饰材料,以达到防火、阻燃的安全要求。

2. 阻燃、抑烟、低毒塑料

塑料的阻燃性大小常用氧指数表示。氧指数[OI]表示在氮气和氧气的混合气体中,以维持某个燃烧时间或达到燃烧规定位置所必须的最低含氧的体积百分比,用下式表示。

$$[OI] = \frac{nO_2}{nO_2 + mN_2} \times 100$$

各种塑料的氧指数见表6-7。氧指数值越大,说明阻燃效果越好,越不易燃烧。氧指数是选择阻燃塑料的重要技术指标。

表6-7 几种塑料的氧指数

塑料名称	氧指数[OI]	塑料名称	氧指数[OI]
聚乙烯	17.4	聚酰胺	23
聚丙烯	17.4	聚乙烯醇	22.5
聚氯乙烯(硬)	41～45	聚苯乙烯	18.1
聚氯乙烯(软)	23～40	聚甲基丙烯酸甲酯	17.3
聚四氟乙烯	95	聚碳酸酯	26～28
聚偏二氯乙烯	60	环氧树脂	19.8

为提高塑料的阻燃性,一个有效的方法是向塑料中添加阻燃剂。

采用化学填加剂的方法,既可达到阻燃的效果,又可达到抑烟的目的,从而也减少了由于燃烧而生成毒气的可能。如填加水合氧化铝($Al_2O_3 \cdot 3H_2O$)、水合氧化镁〔$Mg(OH)_2 \cdot nH_2O$〕等都有阻燃和抑烟作用。若加入马来酸可减少发烟量45%。所以,在装饰工程中应选用这类具有阻燃、抑烟和防止产生毒气的塑料装饰材料。

(五)感观性能

感观性能是一个包括装饰性和人的心理感受及满意程度的一个技术性质。感观性能具有明确的内涵,可用色彩、光泽、表面组织状态、纹理造型、触感等技术指标评定、把握。但其影响因素、界定指标以及实际应用准则难以定量描述,因而感观性能是一具有模糊性的技术指标。其相关因素可定性描述如下(图 6-3)。

感观性能虽难于做定量的描述,但人们可以通过视觉(对色彩、光泽、纹理、形体)、听觉(对吸音性、共振、回声、传声)、触觉(对软硬、导热、粗糙度)、嗅觉(对气味)等进行评价。

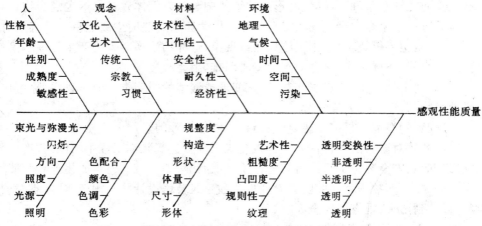

图 6-3 塑料装饰材料的感观性能与相关因素

塑料装饰材料的感观特性与其它材料相比,具有相对较高的满意程度。塑料装饰材料似石似木,类纸类棉,可仿陶瓷仿金属,模拟砖瓦,乔装花木。它又卫生清洁,华丽美观,具有现代工业产品体质特征和适应现代化生活的可用性。若在建筑工程及装饰工程中合理设计,正确使用,塑料制品在未来 21 世纪的建筑装饰工程中将会起到更加科学合理的作用。

第三节　建筑装饰塑料制品

建筑装饰塑料制品很多,最常用的有用于屋面、地面、墙面、顶棚的各种板材或块材、波形板(瓦)、卷材、装饰薄膜、装饰部件等。

一、墙面装饰塑料

墙面装饰塑料主要包括塑料装饰板(又称塑料护墙板)和塑料贴面材料,其分类如下:

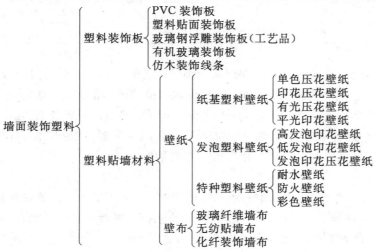

（一）PVC 装饰板

PVC 装饰板分有硬质板和软质板,硬质板适用于内外墙面等,软质板适用于内墙面。PVC 装饰板的形式有波形板(或称波纹板)、异型板、格子板等。

1. PVC 波形板

PVC 波形板分有纵向波形板和横向波形板。纵向波形板的宽度为 900～1 300 mm,长度一般不超过 5 m。横向波形板的宽度为 800～1 500 mm,由于横向波形板的波高较小,故可以卷起来,每卷长度为 10～30 m。波形板的厚度为 1.2～1.5 mm。

PVC 波形板可任意着色,且色彩鲜艳、表面平滑,同时又有透明和不透明两种。透明PVC 波形板的光透射比可在75%～85%。PVC 波形板适用于外墙装饰,特别是阳台栏板和窗间墙,其鲜艳的色彩和丰富的波形(见图 6-4)可使建筑物的立面大大增色。

硬质 PVC 板的物理力学性能见表 6-8。

2. PVC 异型板

PVC 异型板是利用挤出成型方式生产的板材,分为单层异型和中空异型两种,见图6-5。为适应板材的热胀冷缩性,其宽度一般较小,通常为100～200 mm,其长度一般为

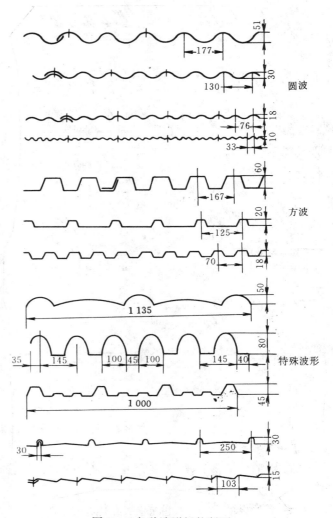

图 6-4　各种波形板的断面

1.8～6 m,板材厚度为 6.5～25 mm,板壁厚为 1.0～1.2 mm。板型具有企口,即一边带有凸出的肋,另一边带有凹槽,安装极为方便。

表 6-8　硬质 PVC 板的物理力学性能

密度（g/cm³）	抗拉强度(MPa)	抗弯强度(MPa)	吸水率(%),≤	阻然性	使用温度(℃),<
1.3～1.8	17～50	70～90	≤0.1	难燃自熄	60～80

PVC 异型板表面平滑具有各种色彩,内墙用异型板常带有各种花纹图案。适用于内外墙的装饰,同时还能起到隔热、隔声和保护墙体的作用。装饰后的墙面平整、光滑,线条规整,

洁净美观。中空异型板的刚度远大于单层异型板,且保温、隔声性也优于单层异型板。

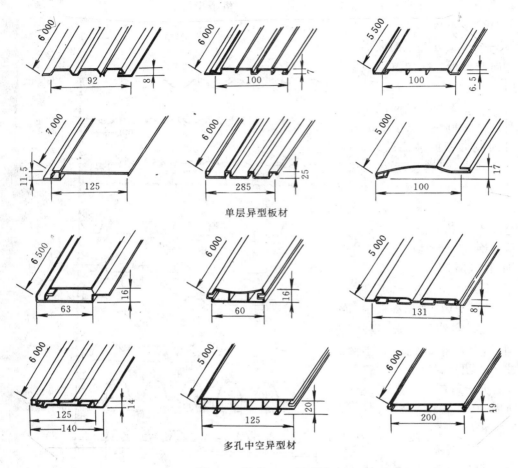

单层异型板材

多孔中空异型材

图 6-5　硬质 PVC 异型护墙板

3. PVC 格子板

PVC 格子板是将 PVC 平板用真空成型的方法使它成为具有各种立体图案和构型的方形或长方形板材,见图 6-6。

PVC 格子板的刚度大、色彩多、立体感强,在阳光不同角度照射下,背阳面可出现不同的阴影图案,使建筑的立面富有变化。适用于商业性建筑、文化体育设施等的正立面,如体育场、宾馆进厅口等处的正面。

安装格子板的龙骨一般应垂直排布,以便使格子板与墙面之间的夹层中的水汽能向上排出。

(二)塑料贴面板

其面层为三聚氰胺甲醛树脂浸渍过的具有不同色彩图案的特种印花纸,里面各层均为酚醛树脂浸渍过的牛皮纸,经干燥后叠合热压而成的热固性树脂装饰层压板(ZC)。

按用途分为平面类(P),具有高耐磨性,用于台面、地板、家具、室内装饰;立面类(L),耐磨性一般,用于家具、室内装饰;平衡面类(H),性能一般,作平衡材料用。按外观和特性分为有光型(Y)、柔光型(R)、双面型(具有两个装饰面,S)、滞燃型(Z)。产品尺寸有 1 830 mm×915 mm,2 135 mm×915 mm,1 830 mm×1 220 mm,2 440 mm×1 220 mm。板的厚度有 0.6,0.8,1.0,1.2,1.5,2.0 mm 等。产品分为一等品和合格品,各等级的质量应满足《热固性树脂装饰层压板 技术条件》(GB 7911.1—87)的要求。

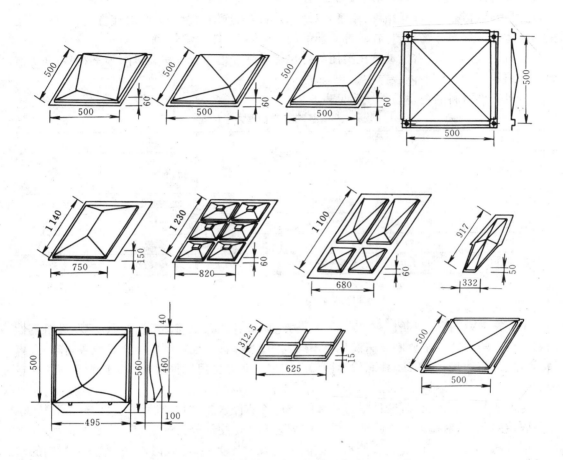

图 6-6　硬质 PVC 格子板

这种贴面板颜色艳丽,图案优美,花纹品种繁多。表面光滑,或略有凸凹,但均易清洗。平面多为高光(光泽度大于 85),浮雕面呈柔和低光(光泽度为 5～30)。耐烫阻燃、耐擦洗、耐腐蚀,与木材相比耐久性良好。是护墙板、车船舱、计算机台桌面的理想材料。作室内装饰贴面时,可与陶瓷、大理石、各种合金装饰板、木质装饰材料搭配使用或互换,可达以假乱真的艺术效果。

(三)玻璃钢装饰板

玻璃钢是玻璃纤维增强塑料的俗称,是以玻璃纤维为增强材料,经树脂浸润粘合、固化而成,亦称为 GRP。目前玻璃钢材料可缠绕成型,亦可手糊或模压成型。因而可制成平面、浮雕式的装饰板或制成波纹板、格子板。玻璃钢材料轻质高强,刚度较大,制成的浮雕立体感强,美观大方。经不同的着色等工艺处理后,可制成仿铜、仿玉、仿石、仿木等工艺品。制成的装饰制品表面光滑明亮,或质感逼真;同时硬度高、刚性大、耐老化、耐腐蚀性强。市场上亦有用玻璃钢制成的假山水模型、假盆景、假壁炉等装饰制品。

（四）有机玻璃饰面材料

一般采用PMMA（聚甲基丙烯酸甲酯）作为有机玻璃饰面材料。有机玻璃板可分为无色透明有机玻璃、有色透明有机玻璃、有色半透明有机玻璃、有色非透明有机玻璃等装饰板。最近市场又开发了珠光有机玻璃装饰板。在建筑装饰中，有机玻璃板主要用作隔断、屏风、护栏等，也可用作灯箱、广告牌、招牌、暗窗，以及工艺古董的罩面材料。目前国外将有机玻璃用于室外墙体绝热保温装饰材料，在装饰外墙的同时，达到节能保温作用。

有机玻璃彩绘板、有机玻璃压型压纹板也越来越多地用于书房、客厅、琴室、卫生间等墙面装饰或隔断屏风等墙体装饰中。

有机玻璃材料的物理力学性能见表6-9。

表6-9　有机玻璃的物理力学性能

项目	指标	项目	指标	项目	指标
密度（g/cm³）	1.18～1.20	冲击强度（缺口）（kJ/m²）	1～6	热胀系数（10⁻⁵/℃）	5～9
吸水率（%）	0.3～0.4	硬度（布氏）	14～18	光透射比（%）	＜92
伸长率（%）	2～10	熔点（℃）	＞108	耐老化	较好
抗拉强度（MPa）	49.0～77.0	马丁耐热（℃）	60～88	阻燃性	离火慢熄
抗压强度（MPa）	84.0～120.0	连续耐热（℃）	100～120	耐磨性	较差

（五）仿木装饰线条

主要是PVC钙塑线条。它具有质轻、防霉、防蛀、防腐、阻燃、安装方便、美观、经济等性能和优点。塑料线条主要制成深浅颜色不同的仿木纹线条，也可制成仿金属线条，作为踢脚线、收口线、压边线、墙腰线、柱间线等墙面装饰用。有时也用这种塑料线条作为窗帘盒或电线盒。

与木质装饰线条相似，这种塑料装饰线条花色品种繁多，图案造型千姿百态，不胜枚举。如同服装的花边，对墙面装饰的细部或两种构造连接过渡部分会产生较好的修饰作用，使之产生层次感，强调了不同建筑装饰材料间的变化及对比关系，给人以水平、整齐和规则的印象。

（六）塑料壁纸

塑料壁纸的品种很多，但它所用的树脂均为聚氯乙烯。聚氯乙烯壁纸是以纸为基材，以聚氯乙烯塑料为面层，经压延、或涂布以及印刷、轧花或发泡等工艺而制成的墙面和顶棚用装饰纸。

塑料壁纸的品种与结构见图6-7。

1．壁纸的规格与技术要求

（1）规格　塑料壁纸的宽度为530 mm和900～1 000 mm，前者每卷长度为10 m，后者每卷长度为50 m。

（2）技术要求　聚氯乙烯塑料壁纸的外观质量及物理性能应分别满足表6-10和表6-11的要求。

表 6-10　聚氯乙烯壁纸的外观质量(GB 8945—88)

名称	优等品	一等品	合格品
色　差	不允许有	不允许有明显差异	允许有差异,但不影响使用
伤痕和皱折	不允许有	不允许有	允许纸基有明显折印,但壁纸表面不允许有死折
气　泡	不允许有　-	不允许有	不允许有影响外观的气泡
套印精度	偏差≯0.7 mm	偏差≯1 mm	偏差≯2 mm
露底	不允许有	不允许有	允许有 2 mm 的露底,但不允许密集
漏　印	不允许有	不允许有	不允许有影响使用的漏印
污染点	不允许有	不允许有目视明显的污染点	允许有目视明显的污染点,但不允许密集

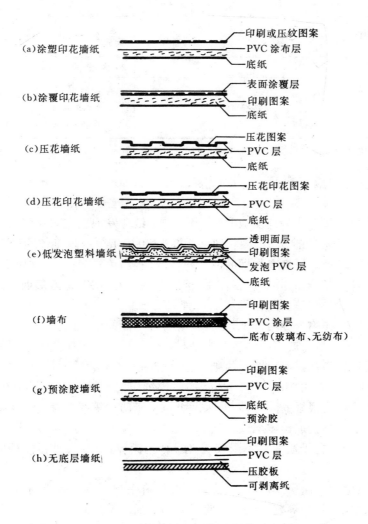

图 6-7　壁纸的品种与结构

2. 常用塑料壁纸

(1)纸基塑料壁纸　又称普通壁纸,是以 80 g/m² 的纸作基材,涂以 100 g/m² 左右的聚氯乙烯糊状树脂,经印花、压花等而成。分为单色压花、印花压花、平光、有光印花等,花色品种多,经济便宜,生产量大,是使用最为广泛的一种壁纸。它可用于住宅、饭店等公用及民用建筑的内墙装饰。

这种壁纸由于是以纸基作为基层,故其透气性与其它壁纸相比稍好。

表 6-11　聚氯乙烯壁纸的物理性质(GB 8945—88)

项　　目			指　标		
			优　等　品	一　等　品	合　格　品
退色性(级)			＞4	≥4	≥3
耐摩擦色牢度(级)	干摩擦	纵　横	＞4	≥4	≥3
	湿摩擦	纵　横			
遮蔽性(级)			4	≥3	≥3
湿润拉伸负荷(N/15mm)		纵　向	＞2.0	≥2.0	≥2.0
		横　向			
粘合剂可擦性(横向)			20 次无变化	20 次无变化	20 次无变化
可洗性	可　　洗		摩擦 30 次无外观上的损伤和变化		
	特别可洗		摩擦 100 次无外观上的损伤和变化		
	可刷洗		摩擦 40 次无外观上的损伤和变化		

注:①表中可擦性是指粘贴壁纸的粘合剂附在壁纸的正面,在粘合剂未干时,应有用湿布或海绵拭去而不留下明显痕迹的性能。

②表中可洗性是指可洗壁纸在粘贴后的使用期内可洗干净而不损坏的性能,是对壁纸用在有污染和高温度房间时的使用要求。

(2)发泡壁纸　又可分为低发泡壁纸、高发泡壁纸和发泡压花印花壁纸。发泡壁纸是以 100 g/m² 纸作为基材,上涂 PVC 糊状树脂 300～400 g/m²,经印花、发泡处理制得。与压花壁纸相比,这种发泡壁纸呈富有弹性的凹凸花纹或图案,色彩多样,立体感更强,浮雕艺术效果良好,柔光效果良好,同时具有吸音作用,但发泡的 PVC 图案易落灰烟尘土,易脏污陈旧,不宜用在烟尘较大的候车室等场所。

(3)特种壁纸　亦称为专用壁纸,是指具有特种功能的壁纸。

1)耐水壁纸　它是用玻璃纤维毡作为基材,适用于浴室、卫生间等墙面的装饰。它能进行洒水清洗。但使用时若接缝处渗水,则水会将胶粘剂溶解,从而导致耐水壁纸脱落。

2)防火壁纸　它是用 100～200 g/m² 的石棉纸作为基材。同时面层的 PVC 中掺有阻燃剂,使该种壁纸具有很好的阻然性,防火壁纸适用于防火等级较高的建筑室内装饰。此外,防火壁纸燃烧时,也不会放出浓烟或毒气。

3)自粘型壁纸　壁纸后面有不干胶层,使用时,撕掉保护纸,可直接将自粘型壁纸贴于被装饰墙面。

4)特种面层壁纸　面层采用金属、彩砂、丝绸、麻毛棉纤维等制成的特种壁纸,可使墙面产生金属光泽、散射、珠光等艺术效果。使被装饰墙面四壁生辉。

5)风景壁画型壁纸　壁纸的面层印刷成风景名胜、艺术壁画,常由几幅拼装而成。适用于装饰厅堂墙面。

与其它各种墙面装饰材料相比,壁纸的艺术性、经济性和功能性综合指标最佳。壁纸的色彩图案千变万化,适应不同用户所要求的丰富多彩的个性。设计选用时以色调和图案为主要指标,综合考虑其价格和技术性质。同时应注意粘贴质量,以保证其装饰艺术效果。

墙面装饰塑料与传统墙面装饰材料相比有如下的装饰特性:

(1)艺术性 室内墙面面积占被装饰面积的60%～80%。是反映装饰效果的重要空间部位,在一定程度上,决定了该房间的艺术性和文化基调。采用塑料装饰材料对墙面进行装饰,可使墙面在颜色、花纹、光泽、触感上优于涂料的装饰效果,并可获得浮雕、珠光等艺术效果,同时亦可获得仿瓷、仿木、仿大理石,仿粘土红砖及仿合金型材等工艺艺术效果。采用板类材料,线条清晰,尺寸规整;采用壁纸墙布,艺术图案丰富,色彩艳丽高雅。因而墙面装饰塑料是与涂料相媲美的适用性良好的主要墙体装饰材料之一。

(2)使用性 .多数塑料护墙面板类塑料装饰板和部分壁纸,可擦洗,耐污染,这是塑料装饰材料又一优良特性。同时塑料装饰材料与石材、陶瓷、金属相比,导热系数小、保温隔热性能好、触感较佳、使用性好。

(3)应注意的几个问题 该种装饰材料的燃烧性等级应予以重视。同时应注意其老化特性,防止其老化退色或老化开裂。使用塑料类材料作墙面装饰时,还应注意其封闭性,即这种材料的气密性及水密性。常常由于塑料墙体材料的封闭性,破坏了砖砌体及砖墙体的呼吸效应,使室内空气干燥,空气新鲜程度下降,从而使人产生不适感。树脂基涂料亦会有此封闭效应。

二、屋面与顶棚装饰塑料

(一)透明塑料卡布隆

透明塑料卡布隆是指采用透明塑料替代无机玻璃的采光屋面。

1. 透明聚氯乙烯卡布隆

采用透明聚氯乙烯制成。光透射比较高,阻燃,耐候性较好。一般适用于尺寸较小者。

2. 玻璃钢卡布隆

通常使用的为不饱和聚酯玻璃钢。与其它透明材料相比,其光透射比较低,且不能透视,但耐候性较好,强度高,适合制作大尺寸装饰制品。

3. 聚甲基丙烯酸甲酯卡布隆

具有透明度高,光透射比可达92%,抗冲击力、强度及耐候性较高,但耐磨性差,且具有可燃性。

4. 聚碳酸酯卡布隆

采用聚碳酸酯制成。轻质、光透射比高(可达36%～82%)、隔热、隔声、抗冲击、强度高、阻燃(可达B1级),并可在常温下弯曲,使用寿命长,可保证10年不变黄及具有高度的透明性。有时也进行着色,使它具有各种色彩以调节变换光线的颜色,改变室内环境气氛。除被制成用于屋面的透光顶棚、罩等外,聚碳酸酯也常被加工成平板、曲面板、折板等,替代玻璃用于室内外的各种装饰。

表6-12给出了几种透明塑料屋面材料的性能。塑料仿玻璃卡布隆的形状多样,主要有四棱锥、三棱锥、半球形、曲面形、平板等,图6-8给出了几种形式。透明塑料卡布隆被广泛用于现代商业建筑、公用建筑、民用建筑等的内外装饰,如天窗、拱型屋面、墙面及各类通道的顶棚等,也用于各类建筑进厅口及公共服务与娱乐设施的遮覆。

表 6-12　几种透明塑料屋面材料的技术性能

材料名称	密度(g/cm³)	导热系数〔W/(m・K)〕	光透射比(%)	韧性
无机玻璃	2.50	0.75～2.71	＞86	差
PVC(透明)	1.35～1.60	0.13～0.29	84	良
GRP	1.40～2.20	0.20～0.50	75	优
聚碳酸酯	1.20～1.24	0.23～0.25	36～82	良
有机玻璃	1.18～1.20	0.19～0.25	89～92	良

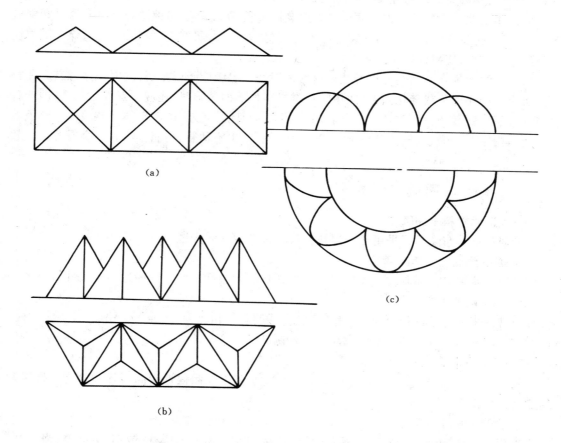

图 6-8　卡布隆透光制品的几种形式

(a)四棱锥；(b)三棱锥；(c)组合球面

聚碳酸酯卡布隆因其优越性特别适用于高级装饰中。玻璃纤维增强塑料因其强度高可制成尺寸很大的透光顶棚,如大型折板,它可完全合自撑而不需框架或屋架,适用于大面积的采光屋面。

采用这种塑料仿玻璃卡布隆,具有如下优点:

(1)安全性好　无机玻璃(平板玻璃、石英玻璃等)受冲击作用时或地震作用时,易碎裂,作屋顶装饰易伤人,或使人产生不安全感。而塑料仿玻璃卡布隆则抗冲击性良好,韧性较高,

112

特别是纤维增强塑料(FRP)，抗冲击性更强。

（2）自重较小　与其它透光材料相比，密度小，比强度高，运输、安装方便，结构装配处理容易。

（3）综合性能好　防水、气密、抗风化、抗冲击振动、保温隔热、防射线作用较好。由于塑料制品导热系数小，作为屋面采光件使用时，既可节约能源、保温隔热，又可防止大量结露、滴水。同时使室内采光效果较佳。

（二）艺术灯池及装饰灯具

采用塑料或纤维增强塑料制成的艺术灯池，可分为中式藻井浮雕灯池和欧式浮雕灯池。近年来又采用透明或半透明材料制成豪华的欧式宫灯。这种灯池或灯饰给人以工整对称，富丽豪华的深刻印象。

灯池可为长方形、正方形、圆形或椭圆形。尺寸一般在 600 mm×2 000 mm 以上。其中玻璃钢罩面式灯池采用树脂及增强纤维结构作为底层，制成浮雕图案的花饰造型结构，经着色印花工艺处理后，再用透明防辐射老化类树脂涂料罩面处理。其图案生动形象，色彩鲜艳丰富，表面精致细腻，装饰效果良好。尤其在不同灯具的相互衬托下，在灯光的映照下，使棚面空间富于变化，美丽豪华。

选取这种灯池塑料装饰板材时，除注意其艺术性外，应主要注意其耐老化性质，防止其老化退色或开裂破坏，同时应注意其阻燃性，应选用燃烧性等级为 B2 级以上的合格产品。

（三）钙塑泡沫天花板

在聚乙烯等树脂中，大量加入碳酸钙、亚硫酸钙等钙盐填充料及其它添加剂等而得的塑料。PE 钙塑泡沫天花板是我国开发的一种塑料装饰板材。它体积密度小、吸音隔热，且造型美观，立体感强，又便于安装。其缺点是易老化变色，且阻燃性差。现已有报导研制阻燃型钙塑板，其阻燃性可达到室内装饰防火规范要求。

（四）透明彩绘塑料天花板

由于玻璃彩绘发光天棚不能满足使用者的心理安全感，因而市场上开发了透明或半透明的彩绘塑料天花板。由于塑料体积密度小，着色性好，光线柔和均匀，可消除束光或眩光，且不易破碎伤人，故作为发光天棚装饰的彩绘天花板或发光带天花板，装饰效果良好，且技术经济综合指标适宜，故得到较为广泛的应用。

（五）塑料格栅式吊顶装饰板

这种装饰板多为装配式的构件，组合装配后可作为敞开式吊顶室内装饰。这种装饰是将棚面的空间构造和灯光照明效果综合处理的一种设计形式。由于预制的塑料格栅板在空间呈规则排列，周期性变换，故在艺术上给人以工整规则，整齐划一的工艺概念和机械韵律感。其效果呈现寓现代工艺的艺术观念于简单的装饰操作之中，富于现代气息，其形体构造见图6-9。这种格栅可采用透明塑料、半透明塑料，单色（彩色）、电镀、仿铝合金等不同的塑料制品，以强化其装饰性。其技术经济效果优于金属板格栅。

屋面与顶棚装饰塑料可以获得以下装饰效果：

（1）强化艺术气氛　人们对棚面和屋顶的感受与对墙壁、门窗、地面等其它部位的感受是不同的，后者主要是从使用的角度去观察，而前者是从观察的角度去欣赏。用塑料作透光罩、灯饰、天花板，配以一定的灯光效果，则可使室内光线增强或减弱，色调变化，从而产生不同的光线和色彩，进而创造和利用光学要素，最终达到营造空间气氛的艺术效果。

（2）强化空间领域感　人们对环境空间的占有、支配、理解和欣赏的心理状态和心理活动过程称为空间领域感。根据设计师和用户的要求,采用塑料进行屋面装饰,可突出地体现主人的个性,艺术欣赏能力,和对空间的占有及支配关系,强化人与环境的交流功能,使人能主动地接受这种装饰所蕴含的文化、艺术、传统、习惯,产生强烈的空间领域感。

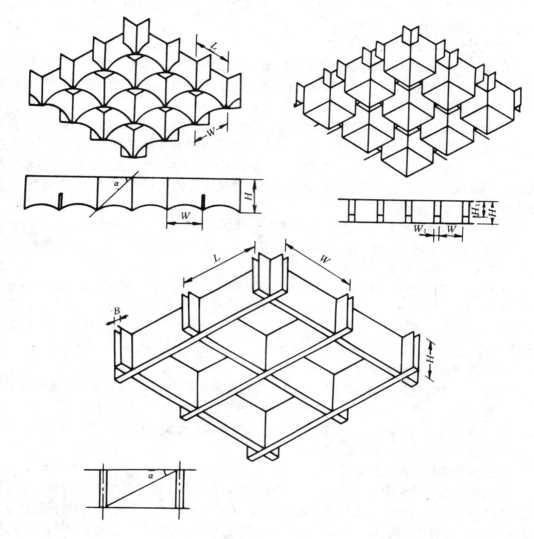

图 6-9　格栅式顶棚

（3）物理功能　塑料装饰板作为天花板,也具有一定的吸音、隔热、隐蔽管线等技术功能。

三、塑料门窗

目前的塑料门窗主要是采用改性硬质聚氯乙烯,以轻质碳酸钙为填料,并加入适量的各种添加剂,经混炼、挤出成型为内部带有空腔的异型材,以此塑料异型材为门窗框材,经切割、组装而成。改性后的硬质聚氯乙烯具有较好的可加工性、稳定性、耐热性和抗冲击性。常用的改性剂有 ABS 共聚物、氯化聚乙烯（PE-C）、甲基丙烯酸酯-丁二烯-苯乙烯共聚物（MBS）和乙烯-乙酸乙烯酯共聚物（E/VAC）等。

（一）塑料门窗的品种

1. 塑料门的品种

塑料门按其结构形式分为镶板门、框板门和折迭门；按其开启方式分为平开门、推拉门和固定门。此外还分有带纱扇门和不带纱扇门，有槛门和无槛门等。平开门与传统木门窗的开启相同；推拉门是固定在导轨内，开关时门在其平面内运动，实现开启或关闭，与推拉门相比，节约了平开门开启时所占有的空间。

2. 塑料窗的品种

塑料窗按其结构形式分有平开窗（包括内开窗、外开窗、滑轴平开窗）、推拉窗（包括上下推拉窗、左右推拉窗）、上旋窗、下旋窗、垂直滑动窗、垂直旋转窗、固定窗等。此外平开窗和推拉窗还分有带纱扇窗和不带纱扇窗两种。

3. 其它塑料门窗

（1）PVC 软质塑料门　此类门是采用透明 PVC 塑料制成的软质门。PVC 软质塑料门又可分为平开门、垂帘式软门等两种，具有透光透视、保温隔热和谐优美的装饰特性。平开 PVC 塑料软门常被用于特种建筑中；垂帘式 PVC 塑料软门（克尔西纳软门）常被用于豪华商场、影剧院等人流密度极大的场合，不仅装饰特色明显，而且隔热绝热性能良好，且对冬季热空气幕和夏季空调制冷冷气有很好的适应性。

（2）塑料工艺门　此类门可能有多种形式，其门扇内部可为实心、空心，内部为木材，亦可为纤维类仿木制品，外层粘贴或模压 PVC 塑料工艺贴面层。此类门扇整体轻、防火、防蛀，表面层装饰贴面呈仿木、仿钢、仿铝合金的平面式或浮雕式图案与造型。色彩丰富艳丽，装饰性好。

（3）塑料百页窗　用 PVC 等塑料叶片经编织缝制或穿挂而成。从装饰艺术角度讲，塑料百页窗既可起遮挡作用，又具有透视效果，同时通风透气，消声隔音。与布类棉质窗帘相比，更具有格律韵味，给人以高雅、神秘的感觉和气氛。尤其是现在流行的垂直式合成纤维与塑料复合织缝而成的百页窗，在保持百页窗的装饰艺术性方面，更向布类棉质窗帘靠近，同时具有拉走敞开、拉回遮挡的作用及摆动飘逸的特性，在住宅、宾馆、图书馆、博物馆中使用，装饰效果颇佳。

此外，塑料门窗还分有全塑门窗和复合塑料门窗。复合塑料门窗是在门窗框内部嵌入金属型材以增强塑料门窗的刚性，提高门窗的抗风压能力和抗冲击能力。增强用的金属型材主要为铝合金型材和轻钢型材。

（二）塑料门窗的规格与技术要求

1. 塑料门窗的规格

（1）塑料门的规格　《PVC 塑料门》（JG/T 3017—94）规定了平开塑料门（MSP）和推拉塑料门（MST），该标准也适用于带纱扇的（S）平开塑料门、固定塑料门（MSG）、无槛平开塑料门和带纱扇（S）的推拉塑料门。

平开塑料门门框厚度基本尺寸系列为为 50,55,60 mm。其洞口规格及其代号见表 6-13。

推拉塑料门门框的基本厚度尺寸系列为 60,75,80,85,90,95,100 mm。其洞口规格及其代号见表 6-14。

表 6-13 平开 PVC 塑料门洞口规格及其代号(JG/T 3017—94)

洞口高(mm) \ 洞口宽(mm)	700	800	900	1 000	1 200	1 500	1 800
2 100	0721	0821	0921	1021	1221	1521	1821
2 400	0724	0824	0924	1024	1224	1524	1824
2 500	0825	0825	0925	1025	1225	1525	1825
2 700		0827	0927	1027	1227	1527	1827
3 000			0930	1030	1230	1530	1830

表 6-14 推拉 PVC 塑料门洞口规格及其代号(JG/T 3017—94)

洞口高(mm) \ 洞口宽(mm)	1 500	1 800	2 100	2 400	3 000
2 000	1520	1820	2120	2420	3020
2 100	1521	1821	2121	2421	3021
2 400	1524	1824	2124	2424	3024

(2)塑料窗的规格 《PVC 塑料窗》(JG/T 3018—94)规定了平开塑料窗(CSP)和推拉塑料窗(CST),该标准同时也适用于固定塑料窗(CSG)、带纱扇(S)的平开塑料窗和带纱扇(S)的推拉塑料窗。

平开塑料窗窗框厚度基本尺寸系列分为 45,50,55,60 mm,其洞口规格及其代号,见表 6-15。推拉塑料窗窗框厚度基本尺寸系列分为 60,75,80,85,90,95,100 mm,其洞口规格及其代号见表 6-16。

表 6-15 平开 PVC 塑料窗洞口规格及其代号(JG/T 3018—94)

洞口高(mm) \ 洞口宽(mm)	600	900	1 200	1 500	1 800	2 100	2 400
600	0606	0906	1206	1506	1806	2106	2406
900	0609	0909	1209	1509	1809	2109	2409
1 200	0612	0912	1212	1512	1812	2112	2412
1 400	0614	0914	1214	1514	1814	2114	2414
1 500	0615	0915	1215	1515	1815	2115	2415
1 600	0616	0916	1216	1516	1816	2116	2416
1 800	0618	0918	1218	1518	1818	2118	2418
2 100	0621	0921	1221	1521	1821	2121	2421

PVC 塑料门窗的玻璃分为一层(A)、二层(B)、三层(C),也可使用中空玻璃(K)。

PVC 塑料门窗的颜色分为白色(W)、其它色(O)和双色(WO)。其它色的 PVC 塑料门窗宜用于非阳光直射处。

116

表 6-16　推拉 PVC 塑料窗洞口尺寸与洞口规格代号（JG/T 3018—94）

洞口规格代号　洞口宽(mm)　洞口高(mm)	1 200	1 500	1 800	2 100	2 400	2 700	3 000
600	1206	1506	1806	2106	2406	2706	3006
900	1209	1509	1809	2109	2409	2709	3009
1 200	1212	1512	1812	2112	2412	2712	3012
1 400	1214	1514	1814	2114	2414	2714	3014
1 500	1215	1515	1815	2115	2415	2715	3015
1 600	1216	1516	1816	2116	2416	2716	3016
1 800	1218	1518	1818	2118	2418	2718	3018
2 100	1221	1521	1821	2121	2421	2721	3021

2. 技术要求

PVC 塑料门窗的表面应平滑，颜色应基本均匀一致，无裂纹，无气泡，焊缝平整，不得有影响使用的伤痕、杂质等缺陷，其物理性能、力学性能、耐候性应分别满足表 6-17、表 6-18 和表 6-19 的要求。

表 6-17　PVC 塑料门和 PVC 塑料窗的物理性能（JG/T 3017～3018—94）

项　目		等　级						测试条件
		Ⅰ	Ⅱ	Ⅲ	Ⅳ	Ⅴ	Ⅵ	
抗风压性能(Pa)		≥3 500	<3 500 ≥3 000	<3 000 ≥2 500	<2 500 ≥2 000	<2 000 ≥1 500	<1 500 ≥1 000	取值是建筑荷载规范中设计荷载的 2.25 倍
雨水渗漏性能(Pa)		≥600	<600 ≥500	<500 ≥300	<350 ≥250	<250 ≥150	<150 ≥100	所列压力下,雨水不连续流入室内为合格
空气声计权隔声性能 (dB)	平开门、窗	≥35	≥30	≥25	—			混响室进行
	推拉门、窗	—						
空气渗透性能 〔m³/(h·m)〕	门	—	≤1.0	>1.0 ≤1.5	>1.5 ≤2.0	>2.0 ≤2.5	—	压力差为 10 Pa 时单位缝长空气渗透量
	推拉窗							
	平开窗	≤0.5	>0.5 ≤1.0					
保温性能 〔W/(m²·K)〕	平开门、窗	≤2.00	>2.00 ≤3.00	>3.00 ≤4.00	>4.00 ≤5.00	—		热室温度为 18 ℃,冷室温度: 单层窗为 -10 ℃,双层窗或单框双玻为 -20 ℃
	推拉门、窗	—						

注：①门窗的雨水渗漏性能的最低合格指标为不小于 100 Pa。
②门和推拉窗的空气渗透量的合格指标为不大于 2.5 m³/(h·m),平开窗的空气渗透量的合格指标为不大于 2.0 m³/(h·m)。
③窗的保温性能的合格指标为不大于 5.00 W/(m²·K)。
④窗的隔声性能的合格指标为不小于 25 dB。推拉窗的隔声指标也可协议确定。

表 6-18　PVC 塑料门和 PVC 塑料窗的力学性能（JG/T 3017～3018－94）

项　目		技术要求	
		门	窗
平开塑料门窗	锁紧器（执手）的开关力	—	不大于 100 N（力矩不大于 10 N·m）
	开关力	不大于 80 N	平铰链不大于 80 N（左列）；滑撑铰链不小于 30 N，不大于 80 N（右列）
	悬端吊重	500 N 力作用下，残余变形不大于 2 mm，试件不损坏，仍保持使用功能	
	翘曲	在 300 N 力作用下，允许有不影响使用的残余变形，试件不损坏，仍保持使用功能	
	开关疲劳	经不少于 10 000 次开关试验，试件及五金件不损坏。其固定处及玻璃压条不松脱，仍保持使用功能	
	大力关闭	模拟 7 级风开关 10 次，试件不损件，仍保持开关功能	
	角强度	平均值不低于 3 000 N，最小值不低于平均值的 70%	
	窗撑试验	—	在 200 N 力作用下，不允许位移，连接处型材不破裂
	软物冲击	无破损，开关功能正常	—
	硬物冲击	无破损	—
推拉塑料门窗	开关力	不大于 100 N	
	弯曲	在 300 N 力作用下，允许有不影响使用的残余变形，试件不得损坏，仍保持使用功能	
	扭曲	在 200 N 力作用下，试件不破损，允许有不影响使用的残余变形	
	对角线变形		
	开关疲劳	经不少于 10 000 次的开关试验，试件及五金件不损坏，固定处及玻璃条不松脱	
	角强度	平均不低于 3 000 N，最小值不低于平均值的 70%	
	软物冲击	试验后无损坏，启用功能正常	—
	硬物冲击	试验后无损坏	—

注：①全玻璃门不检测软、硬物性冲击性能。

　　②无凸出把手的门不作扭曲试验。

表 6-19　PVC 塑料门和 PVC 塑料窗的耐候性（JG/T 3017～3018－94、GB 11793.2－89）

项目	试验条件	技术要求
外观	人工加速老化：外用型材≮1 000 h，内用型材≮700 h。自然老化：曝晒 2 年。使用条件下的耐候性：建筑物上使用 2 年	无气泡、裂纹
变退色		不应超过 3 级灰度
冲击强度保留率		简支梁冲击强度保留率不低于 70%

注：一般情况下，只进行人工加速老化或自然老化试验即可。

（三）塑料门窗类材料的装饰特性

1. 现代感

亲临有塑料门窗类装饰材料的装饰建筑环境中，每个人都会感到一种强烈的时代感。因为此类装饰材料尺寸工整、边角平齐、缝线规则，同时色彩、构造、功能的综合效果，都能体现一种现代化工艺的技术水平和特色，是传统手工产品所无法相比的。这一点在各种塑料门、窗、百页窗等中,都得到了充分的体现。

2. 色彩艳丽

塑料门窗类装饰材料,与木质、钢质、铜、铝合金质同类产品相比,色彩艳丽丰富、花色繁多、色调高雅、富丽堂皇。加入特殊添加剂制成的及经过特殊工艺处理的塑料门窗类装饰产品,色彩稳定,不易老化退色,而且具有较好的耐污染性。因而又给人以洁净,卫生的印象,符合现代社会的生活理念。

3. 结构与质感的统一性

作为门窗类材料,塑料框材与无色或彩色玻璃相配合,形成结构上和质感上的统一性。这种作用关系从光泽、质感方面使塑料门窗材料与玻璃材料或室内外其它灯饰、电器装饰材料有机组合,达到了和谐与统一。较铝合金门窗、空腹钢窗更使人易于接受和接近,从而产生喜爱与依恋之感。而无论金属类门窗怎样进行表面装饰处理,都无法掩盖其质地冰冷的客观形象。塑料的质感给人以细腻、柔和、光洁、温暖的印象,具有广泛的大众接受力。

4. 优美舒适的声学特性

尤其作为门窗、百页窗等装饰时,塑料材料声学特性优良。赋予塑料门窗特有的装饰性,与金属类门窗不同,塑料门窗开关时发出低频声音,杜绝了金属撞击的噪音,同时塑料门窗的隔声性好,这对提高空间的声学环境质量,具有十分明显的实用价值及技术经济意义。

5. 塑料百页窗的装饰特性

尤其是垂直悬挂式的合成纤维-塑料复合百页窗,洁净高雅,规整对称,且呈现自然垂落,可随风飘摆,使之富于动感,加强了环境与人的相互交流功能,发挥了装饰材料参与人的欣赏享受的最佳装饰作用,因而颇受市场及大众的欢迎。

(四)塑料门窗的技术特性

1. 节能效果

门窗是建筑结构中热能消耗的关键部位。大量的室内外热冷空气,从门窗的缝隙中流动,使能量或热量由于对流作用而消耗。同时门窗框若是各类合金材料,由于其较大的导热系数,而使热量大量散失。塑料门窗一方面封闭性好,即由于框与玻璃间的橡胶密封条,使门扇及窗扇气密性及水密性良好;另一方面,塑料门窗结构紧密,缝隙小,亦使之气密性良好,因而减少了门窗缝隙中的气体流动,降低了能耗。同时塑料材料的导热系数小,仅为铝的1/1 000,隔热性能好,使之成为节能型门窗。可明显节约供热采暖和制冷空调的能耗。在注意装饰性及使用性的今天,这种节能型门窗受到用户欢迎。

2. 使用效果

塑料门窗轻质高强,开启力(矩)小。亦由于其导热系数较小,因而导热能力低,手感温暖舒适。长期使用不用油漆,外观不变,装饰性不衰,且耐腐蚀、耐老化,不受酸碱盐类物质或废气、酸雨的侵蚀影响。

3. 隔声效果

塑料门窗型材断面大,内部又充满空气且被分隔成小空腔;各种构件经精心设计,接缝严密;用时各缝隙联接处又有软质密封条。故隔音性能良好,隔声量可达 25~40 dB,能有效地防止室外噪声干扰,保持环境清新宁静,有助于改善或调整室内环境气氛使人轻松闲静,放松神经,缓减精神及心理压力。

4. 耐老化性

改性 PVC 塑料门窗的抗老化性高,使用寿命可达 30 年。

5. 防火性

PVC 本身难燃,并具有自熄性。因而具有较好的防火性。

6. 抗风压性

PVC 门窗,特别是框内加有金属型材的,具有较高的抗风压能力,可完全满足使用要求。

总之,塑料门窗类装饰材料不仅装饰性好,而且强度、开启力、耐老化、耐腐蚀、保温隔热、隔声、防水、气密、防火、抗震、耐疲劳等技术性质极佳,是具有广阔发展前景的一类装饰材料。

四、地面装饰塑料

70 年代初,塑料地面材料开始投放市场,以其花色新颖,价格低廉而受到用户的欢迎。

地面装饰塑料的主要品种有两种,一种是块状塑料地板,另一种是塑料卷材地板,亦称地板革。此外,塑料地毯也作为一种中低档装饰材料代替了部分毛、麻、化纤混纺、纯化纤类地毯。

(一)块状塑料地板

块状塑料地板,俗称塑料地板块(砖)。国内目前生产的主要为聚氯乙烯地板块,它是由聚氯乙烯、碳酸钙等为主,经密炼、压延、压花或印花、切片等工序而成。

按材质分为硬质和半硬质,目前大多数为半硬质;按外观分为单色、复色、印花、压花;按结构分为单层和复层等。

其规格主要为 300 mm×300 mm×1.5 mm。

1. 技术要求

《半硬质聚氯乙烯块状塑料地板》(GB 4085—83)对地板砖性能的要求见表 6-20。

表 6-20　半硬质聚氯乙烯块状塑料地板技术要求(GB 4085—83)

项 目		单层地板	同质复合地板
物理性能	热膨胀系数(1/℃),<	$1.0×10^{-4}$	$1.2×10^{-4}$
	加热质量损失率(%),<	0.50	0.50
	加热长度变化率(%),<	0.20	0.25
	吸水长度变化率(%),<	0.15	0.17
	23 ℃凹陷度(mm),<	0.30	0.30
	45 ℃凹陷度(mm),<	0.60	1.00
	残余凹陷度(mm),<	0.15	0.15
	磨耗量(g/cm²),<	0.020	0.015
外观质量	缺口、龟裂、分层	不可有	
	凹凸不平、纹痕、光泽不均、色调不均、污染、异物、伤痕	不明显	

2. 性质

(1)表面较硬,但仍有一定的柔性。故脚感虽较硬,但较水磨石等石材类仍略有弹性;无

120

冷感,步行时噪音较小。

(2)耐烟头性较好。掉落的烟头即时踩灭时不会被烧焦,但可能会略发黄。

(3)耐磨性较高。其耐磨性优于水泥砂浆、混凝土、水磨石,但次于瓷砖。

(4)耐污染性较好,但耐刻划性差,易被划伤。

(5)抗折强度较低,有时易被折断。

3. 应用

半硬质PVC地板砖属于低档装饰材料,适用于餐厅、饭店、商店、住宅、办公室等。

采用两种不同颜色的单色塑料地板砖装饰的地面,使室内显得规矩整洁,既有条理又对称,给人以秩序感。在使用面积不太大的普通住宅中进行此类装饰,可使拥挤杂乱感得到较好的控制。

若采用复色地板砖,室内面积稍大些,则装饰效果更好。虽然每块地板砖上色彩丰富,花色艳丽,富于变化,但在大面积粘贴后的地面上,却给人以均匀、统一、协调之感,仿佛多彩涂料,在微小区域内,色彩对比强烈,但整个墙面效果,却均匀淡雅,丰富厚重。

(二)塑料卷材地板

塑料卷材地板,俗称地板革,属于软质塑料。其生产工艺主要为压延法。产品可进行压花、印花、发泡等,生产时一般需要带有基材。

塑料卷材地板按外观分为印花、压花,并可以有仿木纹、仿大理石及花岗石等多种图案。按结构分为致密(CB)和发泡(FB),后者的结构见图6-10。

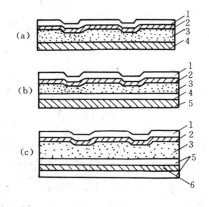

图 6-10 印花发泡卷材地板结构
1—PVC透明面层;2—印刷油墨;3—发泡PVC层;
4—底层;5—PVC打底层;6—玻璃纤维毡

地板革的幅宽分为 1 800,2 000 mm,每卷长度分为 20,30 m,厚度分为 1.5 mm(家用)和 2.0 mm(公共建筑用)。

1. 技术要求

《带基材的聚氯乙烯卷材地板》(GB 11982—89)对卷材的外观质量和物理性能的要求见表6-21。

2. 性质

与半硬质块状塑料地板相比具有以下特点:

(1)柔软、脚感好。以发泡地板革的脚感最好。

(2)铺设方便、快捷,装饰性更好。其幅宽,花色图案多,整体效果好。

(3)易清洗。

(4)耐热性及耐烟头性较差,易烧焦或烤焦。

(5)耐磨性较好。

3. 应用

可广泛用于住宅、办公室、实验室、饭店等的地面,也可用于台面等。

目前还出现了一些用于特殊场合的塑料地板,如防静电塑料地板、防尘塑料地板等。

表 6-21　带基材的聚氯乙烯卷材地板的物理力学性能与外观质量要求(GB 11982—89)

项　目		优等品	一等品	合格品
耐磨层厚度(mm),≥		0.15	0.15	0.10
物理力学性能	PVC 层厚度(mm),≥	0.80	0.80	0.60
	残余凹陷度(mm),≤	0.40	0.60	0.60
	加热长度变化率(%),≤	0.25	0.30	0.40
	翘曲度(mm),≤	12	15	18
	磨耗量(g/cm²),≤	0.002 5	0.003 0	0.004 0
	退色性(级),≥	3(灰卡)	3(灰卡)	3(灰卡)
	基材剥离力(N),≥	50	50	15
外观质量	裂纹、断裂、分层	不允许	不允许	不允许
	折皱、气泡		不允许	轻微
	漏印、缺膜			微小
	套印偏差、色差		不明显	不影响美观
	污染		不允许	不明显
	图案变形			轻微

五、塑料艺术制品

建筑装饰工程中,由于塑料的色彩艳丽、光泽高雅、可模可塑以及耐水性优良,因而常将塑料材料制成装饰艺术品,用于建筑空间的美化与优化。

(一)花木水草类塑料装饰材料

随着塑料工艺的发展,用塑料材料单独制成的或复合制成的塑料花草树木花样翻新,可以假乱真,传统的塑料花表面易吸尘,易被污染,且老化快,易退色。新型的塑料花草类制品,表面经特殊涂膜处理,油润洁净,富于活力;若与水景搭配,则与灯光水景,交相辉映,装饰点缀效果独到。同时它比真实的植物花草具有许多优点,不生虫、不萎黄落页、不需浇水施肥、不受季节影响。装饰的居室、宾馆饭店充满生机。

(二)室内造景类装饰材料

一般采用 GRP 类材料,可制成盆景、流水瀑布、叠石以及装饰壁炉等。根据建筑物的功能及主人的艺术爱好,利用塑料制品造景,则可产生自然色彩浓郁的艺术风格、欧式风格或传统式风格的装饰效果。使人在光射四壁的斗室之中,追求自然与梦想的浪漫意境。

六、合成革

亦称为人造革,多由聚氯乙烯制成。与真皮相比,塑料人造革耐水性好,不会因吸水而变硬,其色彩、光洁度、耐磨性及抗拉强度均优于真皮(牛皮),尤其是高档人造革,表现艺术美学性能优于真皮。但某些情况下,其柔韧性、折叠性疲劳、耐光性、热老化性及低温冷脆性不如真皮。低档的人造革质次价廉,而高档的人造革质优价中,在建筑装饰工程中,常被用作沙发面料,有时用作欧式隔音门的软包面料,也偶有在墙壁局部做包覆装饰之用。使用人造革或真皮作为家具类装饰用材料,给人以富有、和平、宁静、轻柔、温暖的感觉和印象,实际使用时,整洁方便、实惠耐用。但这种装饰透射着一种深沉古朴,稳重庄严的感染力,不能与一些万紫千红、生动活泼的其它装饰材料或作法相协调,故使用时应注意应用的环境条件,以保证艺术上的统一与和谐。

第四节　窗用节能塑料薄膜

一、窗用节能塑料薄膜的构造

窗用节能塑料薄膜又称遮光膜或滤光薄膜、热反射薄膜。它是以塑料薄膜为基材,喷镀金属后再和另外一张透明的染色胶料薄膜压制而成。常用的塑料薄膜基材为聚酯薄膜、聚乙烯薄膜、聚丙烯薄膜、聚氯乙烯薄膜。因聚酯薄膜的韧性大、抗拉强度与铝膜相当并在较宽的温度范围内能保持其优良的物理和机械性能,故在节能薄膜中大多采用聚酯薄膜。

节能薄膜的总厚度约 0.025 mm,上面镀有约 200~1 000 Å 的金属膜,通常以 400 Å 为多。节能薄膜的幅宽一般为 1 000 mm 左右。

二、窗用节能塑料薄膜的性质

节能薄膜的品种花色很多,常用节能薄膜的性能见表 6-22、表 6-23、表 6-24、表 6-25。由表中数据可以看出,未镀金属膜的效果明显低于镀金属膜者,故常用的为镀金属膜的塑料薄膜。寿命一般为 5 年以上。

表 6-22　国产节能薄膜的光学性质

品种	可见光透射比(%)	可见光反射比(%)	红外光透射比(%)
镀铝聚酯膜	15.1	58.0	<5.0
茶色聚酯膜	18.9	7.0	～40

表 6-23　国产镀铝聚酯薄膜的传热系数

试件种类与构造	传热系数〔W/(m² · K)〕
单层玻璃	5.24
单层玻璃,内表面贴膜	3.92
双层玻璃	2.76
外层玻璃,中有空气层,内层玻璃的内表面贴膜	2.32
外层玻璃的内表面贴膜,中有空气层,内层玻璃	2.13
外层玻璃,中有空气层,内层玻璃外表面贴膜	2.04

表 6-24　国外节能薄膜的物理性能

厚度 (mm)	拉伸强度 (N/cm)	透明度	颜色	在玻璃上 的燃烧	熔点 (℃)	热膨胀系数 (1/K)
0.025	40	同透明玻璃	各种颜色	可忽略	249~260	27×10⁻⁴

表 6-25　　国外各种节能薄膜的性能

各色反射膜及玻璃	可见光透射比（%）	太阳光直接透射比（%）	紫外光透射比（%）	太阳光直接反射比（%）	传热系数〔W/(m²·K)〕	遮蔽系数	最大热量〔W/(m²·h)〕
镀银反射玻璃	20	17	18	60	5.17	0.24	164
镀银反射压膜薄膜	20	17	0	60	5.17	0.24	164
灰色镀银反射薄膜	17	14	0	56	5.17	0.26	177
茶色镀银反射薄膜	17	14	0	56	5.17	0.26	177
黄色镀银反射薄射膜	17	14	0	56	5.17	0.26	177
深灰色不反射彩色薄膜	20	17	0	8	5.56	0.32	218
浅灰色不反射彩色薄膜	30	21	0	8	5.62	0.42	283
茶色不反射彩色薄膜	30	21	0	8	5.62	0.42	283
透紫外线不反射彩色薄膜	75	52	0	8	6.25	0.93	631
玻璃($\frac{1}{8}$ in,约 3.2 mm)	90	85	77	7	6.25	1.00	678
磨光平板玻璃($\frac{1}{4}$ in,约 6.4 mm)	88	77	68	7	6.25	0.93	631
灰色玻璃($\frac{1}{4}$ in,约 6.4 mm)	42	45	11	5	6.25	0.67	454
茶色玻璃($\frac{1}{4}$ in,约 6.4 mm)	51	44	21	5	6.25	0.67	454
绿色玻璃($\frac{1}{4}$ in,约 6.4 mm)	65	50	45	1	6.25	0.70	473

节能塑料薄膜具有以下特性。

1. 节能性较高

节能薄膜在冬季可将红外线大部分反射回室内,减少热量的损失,降低采暖费用,并能提高窗户的表面温度,减少窗上结露现象。而夏季可将太阳能的大部分反射出去,减少热量进入室内,降低空调费用,从而既节约了能源,又改善了室内的生活和工作环境。

2. 装饰性好

节能薄膜具有多种颜色,如银白、灰、茶、深灰、黄等,并可压花。镀膜的迎光面和背光面有不同的特性,使人在视觉上产生不同的反应,从内往外看,可见室外全景,并使光线柔和,且避免了眩目。从外看又有良好的装饰效果。压花薄膜还具有透光不透视的特点,且精致的花纹可产生出一种晶莹雅致的艺术效果,更使房间在宁静中呈现出高雅细腻的风格。彩色印花薄膜,则可使室内产生斑斓的色彩,增添欢乐愉悦的气氛。

3. 保护性好

节能薄膜吸收了大部分入射的紫外线,使室内涂料、壁纸、地毯、家具及其它饰物的退色大为减少,可提高室内陈设物品、饰物的耐久性,使其颜色长久不衰。

4. 安全性好

普通玻璃易碎,其碎片飞溅对人身安全有很大的危害。贴膜后,大大增强了玻璃的抗冲击力,且玻璃在破碎时也不易飞溅。

5. 减振降噪性好

节能塑料薄膜是一种新型的物美价廉的,有很大发展前途的集建筑节能与装饰为一体的薄膜材料。国内目前主要用于汽车玻璃、食品和礼品包装,而在建筑上还未得到较为广泛的应用,预计今后将会有较大的发展。

节能塑料薄膜,一般采用压敏胶粘贴,使用时只需将垫纸撕去即可粘贴。粘贴时应尽量赶尽气泡以免影响装饰效果。清洗时应采用中性洗涤剂和水,并使用软布擦洗以免产生划痕。

第七章 纤维装饰织物与制品

纤维织物与制品是现代室内重要的装饰材料之一,主要包括地毯、挂毯、墙布、浮挂、窗帘等纤维织物以及岩棉、矿渣棉、玻璃棉制品等。这类织物具有色彩丰富、质地柔软,富有弹性等特点,均会对室内的景观、光线、质感及色彩产生直接的影响。矿物纤维制品则具有吸声、不燃、保温等特性。所以合理地选用装饰织物与纤维制品不仅能美化室内环境,给人们生活带来舒适感,又能增加室内的豪华气派,对现代室内装饰起到锦上添花的作用。

第一节 纤维

装饰织物用纤维有天然纤维、化学纤维和无机玻璃纤维等。这些纤维材料各具特点,均会直接影响到织物的质地、性能等。

一、天然纤维

天然纤维包括羊毛、棉、麻、丝等。

(一)羊毛纤维

羊毛纤维弹性好、不易变形、耐磨损、不易燃、不易污染、易于清洗,而且能染成各种颜色,色泽鲜艳、制品美丽豪华、经久耐用,并且毛纺品是热的不良导体,给人一种温暖感觉。但羊毛易受虫蛀,对羊毛及其制品的使用应采取相应的防腐、防虫蛀措施。羊毛制品虽有许多优点,但因其价格高,应用受到限制。羊毛制成的地毯和挂毯是一种高级的装饰制品。

(二)棉、麻纤维

棉、麻均为植物纤维。棉纺品有素面和印花等品种,可以做墙布、窗帘、垫罩等。棉织品易洗熨烫。斜纹布和灯心绒布均可做垫套装饰之用。棉布性柔,不能保持摺线,易皱、易污。麻纤维性刚、强度高、制品挺括、耐磨,但价格高。由于植物棉麻纤维的供源不足,所以常掺入化学纤维混合纺制而成混纺制品,不仅性能得到了改善,而且价格也大大降低。

(三)丝纤维

自古以来,丝绸就一直被用作装饰材料。它滑润、半透明、柔韧、易上色,而且色泽光亮柔和。可直接用作室内墙面浮挂装饰或裱糊,是一种高级的装饰材料。

(四)其它纤维。

我国幅员广阔,植物纤维资源丰富,品种也较多,如椰壳纤维、木质纤维、苇纤维及竹纤维等均可被用于制作不同类型的装饰制品。

二、化学纤维

石油化学工业的发展,为各种化学纤维的生产创造了良好的条件。目前国内外纺织品市场上,化学纤维占有十分重要的地位。

化学纤维的分类如下：

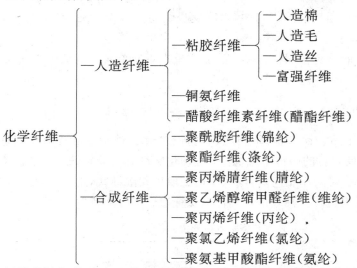

纤维装饰织物中主要使用合成纤维，常用的主要有以下几种。

（一）聚酰胺纤维（锦纶）

锦纶旧称尼龙，耐磨性能好，在所有天然纤维和化学纤维中，它的耐磨性最好，比羊毛高20倍，比粘胶纤维高50倍。如果用15%的锦纶和85%的羊毛混纺，其织物的耐磨性能比羊毛织物高3倍多。它不怕腐蚀，不怕虫蛀，不发霉，吸湿性能低，易于清洗。

但锦纶也存在一些缺点，如弹性差、易变形、易吸尘、遇火易局部熔融，在干热环境下易产生静电，在与80%的羊毛混合后其性能可获得较为明显的改善。

（二）聚酯纤维（涤纶）

涤纶耐磨性能好，虽略比锦纶差，但却是棉花的2倍，羊毛的3倍，仅次于锦纶。尤其可贵的是它在湿润状态同干燥时一样耐磨。它耐热、耐晒、不发霉、不怕虫蛀，但涤纶染色较困难。清洗地毯时，使用清洁剂要小心，以免颜色退浅。

（三）聚丙烯纤维（丙纶）

丙纶具有质地轻、强力高、弹性好、不霉不蛀、易于清洗、耐磨性好等优点，而且原料（丙烯）来源丰富，生产过程也较其它合成纤维简单，生产成本较低。

（四）聚丙烯腈纤维（腈纶）

腈纶纤维轻于羊毛（腈纶的密度 1.07 g/cm³，而羊毛的密度为 1.32 g/cm³），篷松卷曲，柔软保暖，弹性好，在低伸长范围内弹性回复能力接近羊毛，强度相当于羊毛的 2～3 倍，且不受湿度影响。腈纶不霉、不蛀，耐酸碱腐蚀。它还有个突出的特点，那就是非常耐晒，这是天然纤维和大多数合成纤维所不能比的。如果把各种纤维放在室外曝晒 1 年，腈纶的强力只降低 20%，棉花则降低 90%，其它如蚕丝、羊毛、锦纶、粘胶纤维之类，强力完全丧失干净。但是腈纶耐磨性稍差，在合成纤维成员中，是耐磨性较差的一个。

三、玻璃纤维

玻璃纤维是由熔融玻璃制成的一种纤维材料，直径数微米至数十微米。玻璃纤维性脆、较易折断、不耐磨，但抗拉强度高、吸湿性小、伸长率小、不燃、耐腐蚀、耐高温、吸音性能好，可纺织加工成各种布料、带料等，或织成印花墙布。

上述各种纤维的优缺点，用于装饰织物中，固能反映织物的质量情况，但是随着科学技术的发展，有些缺陷正在解决。至于有些纤维的缺点，现实中也不是绝对的，往往用混纺的办法可以得到解决。需要指出的是有些织物（如地毯）的质量也不能单靠材质来评比，还要从编织结构、织物的厚度、衬底的形式等多方面综合评价。

四、纤维的鉴别方法

目前市场上销售的纤维品种比较多，正确地识别各类纤维，对于使用及铺设都是有利的。鉴别方法很多，比较简便可行的办法是燃烧法。各种化学纤维与天然纤维燃烧速度的快慢，产生的气味和灰烬的形状等均不相同。可以从织物上取出几根纱线，用火柴点燃，观察它们燃烧时的情况，即能分辨出是哪一种纤维。几种主要纤维燃烧时的特性如表 7-1 所示。

表 7-1　用燃烧法鉴别各种纤维的特征

纤　维	燃　烧　特　征
棉	燃烧很快，发出黄色火焰，有烧纸般的气味，灰末细软，呈深灰色
麻	燃烧起来比棉花慢，也发黄色火焰与烧纸般气味，灰烬颜色比棉花深些
丝	燃烧比较慢，且缩成一团，有烧头发的气味，烧后呈黑褐色小球，用指一压即碎
羊　毛	不燃烧、冒烟而起泡，有烧头发的气味。灰烬多，烧后成为有光泽的黑色脆块，用指一压即碎
粘胶、富强纤维	燃烧很快，发出黄色火焰，有烧纸的气味，灰烬极少，细软，呈深灰或浅灰色
醋酯纤维	燃烧时有火花，燃烧很慢，发出扑鼻的醋酸气味，而且迅速熔化，滴下深褐色胶状液体。这种胶状液体不燃烧，很快凝结成黑色，有光泽块状，可以用手指压碎
锦　纶	燃烧时没有火焰，稍有芹菜气味，纤维迅速卷缩，熔融成胶状物，趁热可以把它拉成丝，一冷就成为坚韧的褐色硬球，不易研碎
涤　纶	点燃时纤维先卷缩，熔融，然后再燃烧。燃时火焰呈黄白色，很亮，无烟，但不延燃，灰烬成黑色硬块，但能用手压碎
腈　纶	点燃后能燃烧，但比较慢。火焰旁边的纤维先软化，熔融，然后再燃烧，有辛酸气味，然后成脆性小黑硬球
维　纶	燃烧时纤维发生很大收缩，同时发生熔融，但不延燃。开始时，纤维端有一点火焰，待纤维都融化成胶状物之后，就燃成熊熊火焰，有浓色黑烟。燃烧后剩下黑色小块，可用手指压碎
丙　纶	燃烧时可发出黄色火焰，并迅速卷缩，熔融，燃烧后呈熔融状胶体，几乎无灰烬，如不待其烧尽，趁热时也可拉成丝，冷却后也成为不易研碎的硬块
氯　纶	燃烧时发生收缩，点燃中几乎不能起燃，冒黑烟，并发出氯气的刺鼻臭味

第二节　地毯

地毯是一种历史悠久的世界性产品。最早是以动物毛为原料编织而成，可铺地、御寒湿及坐卧之用。随着社会的发展，逐渐采用棉麻、丝和合成纤维为制造地毯的原料。我国生产和使用地毯起源于西部少数民族地区的游牧部落，已有 2 000 多年的历史，产品闻名于世。

地毯既具有实用价值又有欣赏价值。它能起到抗风湿、吸尘、保护地面和美化室内环境的作用。它富有弹性、脚感舒适，且能隔热保温，可以降低空调费用。地毯还能隔声、吸声、降噪，可使住所更加宁静、舒适。并且地毯固有的缓冲作用，能防止滑倒、减轻碰撞，使人步履平稳。另外，丰富而巧妙的图案构思及配色，使地毯具有较高的艺术性。

地毯作为地面覆盖材料，同其它材料相比，它给人以高贵、华丽、美观、舒适而愉快的感觉，是比较理想的现代室内装饰材料。当今的地毯，颜色从艳丽到淡雅，绒毛从柔软到坚韧，使用从室内到室外，结构款式多种多样，其原料更是种类繁多，已形成了地毯的高、中、低档系列产品。

一、地毯的分类与特性

（一）按编制工艺分类

根据《地毯产品分类命名》(ZBW 56003－88)规定，地毯产品根据构成毯面加工工艺不同分为两大类，手工类地毯和机制类地毯。

手工类地毯即以人手和手工具完成毯面加工的地毯。按其编织方法的不同又分为手工打结地毯、手工簇绒地毯、手工绳条编结地毯、手工绳条缝结地毯。

机制类地毯即以机械设备完成地毯毯面加工过程的地毯。按其具体编造方法的不同又可分为机织地毯、簇绒地毯、针织地毯、针刺地毯、粘合地毯、针缝地毯、静电植绒地毯、辨结地毯。

常用地毯的主要编织方法有以下几种。

1. 手工打结地毯

即以手工打结方式形成栽绒结的地毯。又分手工打结 8 字扣（波斯结）地毯（图 7-1）、手工打结马蹄扣（土耳其结）地毯、手工打结双结地毯三个品种。此种方法多用于纯毛地毯，它是采用双经双纬，通过人工打结栽绒，将绒毛层与基底一起织作而成。这种

图 7-1 波斯结（纬向剖面——经断面）

地毯图案千变万化，色彩丰富、做工精细，是地毯中的高档品。但其工效低，产量少，因而成本高，价格昂贵。

2. 簇绒地毯

簇绒法是目前生产化纤地毯的主要方式。它是由带有往复式针的簇绒机织造的地毯，即在簇绒机上，将绒头纱线在预先制出的初级背衬（底布）的两侧编织成线圈，然后再将其中一侧用涂层或胶粘剂固定在底布上，这样就生产出了厚实的圈绒地毯（如图 7-2），若再用锋利的刀片横向切割毛圈顶部，并经修剪，则就成了割绒地毯（如图 7-3）。

簇绒地毯生产时绒毛高度可以调整，圈

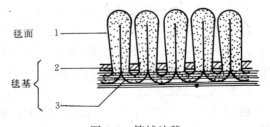

图 7-2 簇绒地毯
1—毛圈绒头；2—初级背衬；3—涂层

绒的高度一般为 5～10 mm,割绒绒毛高度多在 7～10 mm。簇绒地毯毯面纤维密度大,因而弹性好,脚感舒适,并且可在毯面上印染各种图案花纹,为很受欢迎的中档产品。

3.无纺地毯

指针刺地毯、粘合地毯等品种。它是近年出现的一种普及型廉价地毯,其价格约为簇绒地毯的 $\frac{1}{3}$～$\frac{1}{4}$。它是无经纬编织的短毛地毯,是生产化纤地毯的方法之一。它的制造方法,是先以无纺织造的方式将各种纤维(一般为短纤维)制成纤维网,然后再以针扎、缝编、粘合等方式将纤维网与底衬复合。

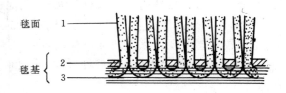

图 7-3　簇绒割绒地毯
1—割绒绒头;2—初级背衬;3—涂层

故有针刺地毯、粘合地毯等品种之分。这种地毯因其生产工艺简单、生产效率较高,故成本低、价廉,但其耐久性、弹性、装饰性等均比较差。为提高其强度和弹性,可在毯底加缝或加贴一层麻布底衬或可再加贴一层海绵底衬。

地毯的命名以基础名称和附加名称构成地毯产品的全称。基础名称指构成毯面的加工工艺,附加名称指构成地毯毯面材料名称和后整理过程名称。地毯原材料名称有羊毛、桑蚕丝、黄麻、人造丝、锦纶、腈纶、涤纶、丙纶等。地毯的后整理主要包括剪花、片凸、化学处理、仿古处理、防虫蛀整理、抗静电整理、阻燃整理、防尘整理、防污整理、背衬整理等。如手工打结羊毛防虫蛀地毯和簇绒丙纶抗静电地毯就是两种加工工艺、原材料、后整理过程均不同的地毯。

(二)按图案类型分类

地毯按图案类型不同,可分为以下几种。

1.北京式地毯

简称"京式"地毯,它的图案特点是有主调图案,其它图案和颜色都是衬托主调图案的。图案工整对称、色调典雅,四周方形边框醒目,具有庄重古朴的艺术特色,且所有图案均具有独特的寓意和象征性。

2.美术式地毯

其特点是有主调颜色,其它颜色和图案都是衬托主调颜色的。图案色彩华丽,富有层次感,具有富丽堂皇的艺术风格。它借鉴了西欧装饰艺术的特点,常以盛开的玫瑰花,苞蕾卷叶、郁金香等组成花团锦簇,给人以繁花似锦之感。

3.仿古式地毯

它以古代的古纹图案、风景、花鸟为题材,给人以古色古香、古朴典雅的感觉。

4.彩花式地毯

图案突出清新活泼的艺术格调,以深黑色作主色,配以小花图案,如同工笔花鸟画,浮现出百花争艳的情调,色彩绚丽,名贵大方。

5.素凸式地毯

色调较为清淡,图案为单色凸花织作,纹样剪片后清晰美观,犹如浮雕,富有幽静雅致的情趣。

（三）按材质分类

地毯按所用材质不同，可分为以下六类。

1.纯毛地毯

即羊毛为主要原料，故具有弹性大、拉力强、光泽好的优点，为高档铺地装饰材料。

2.混纺地毯

是将羊毛与合成纤维混纺后再织造的地毯，其性能介于纯毛地毯和化纤地毯之间。由于合成纤维的品种多，性能也各不相同，所以，当混纺地毯中所用纤维品种或掺量不同时，混纺地毯的性能也不尽相同。如在羊毛中加入 20％的尼龙纤维，可使地毯的耐磨性提高 5 倍，装饰性能不亚于纯毛地毯，且价格下降。

3.化纤地毯

也叫合成纤维地毯，是指以各种化学纤维为主要原料加工制成的一种地毯。现常用的为合成纤维材料，主要有丙纶、腈纶、锦纶、涤纶等。其外观和触感酷似羊毛，耐磨而富有弹性，为目前用量最大的中、低档地毯品种。

4.剑麻地毯

剑麻地毯可以说是植物纤维地毯的代表。它是采用剑麻纤维（西沙尔麻）为原料，经过纺纱、编织、涂胶、硫化等工序制成。产品分素色和染色两类，有斜纹、罗纹、鱼骨纹、帆布平纹、半巴拿马纹、多米诺纹等多种花色品种，幅宽 4 m 以下，卷长 50 m 以下，可按需要裁切。剑麻地毯具有耐酸碱、耐磨、尺寸稳定、无静电现象等特点。较羊毛地毯经济实用，但弹性较其它类型的地毯差。可用于宾馆、饭店、会议室等公共建筑地面及家庭地面。

5.塑料地毯

是以聚氯乙烯树脂为基料，加入填料、增塑剂等多种辅助材料和添加剂，然后经混炼、塑化，并在地毯模具中成型而制成的一种新型地毯。这种地毯具有质地柔软、色泽美观、脚感舒适、经久耐用、易于清洗、质量轻等特点。塑料地毯一般是方块地毯，常见规格有 500 mm×500 mm，400 mm×600 mm，1 000 mm×1 000 mm 等数种。为一般公共建筑和住宅地面的铺装材料，如宾馆、商场、舞台等公用建筑及高级浴室等。

6.橡胶地毯

它是以天然橡胶为原料，用地毯模具在蒸压条件下模压而成的。所形成的橡胶绒长度一般为 5～6 mm。橡胶地毯的供货形式一般是方块地毯，常见产品规格为 500 mm×500 mm，1 000 mm×1 000 mm。橡胶地毯除具有其它材质地毯的一般特性，如色彩丰富、图案美观、脚感舒适、耐磨性好等之外，还具有隔潮、防霉、防滑、耐蚀、防蛀、绝缘及清扫方便等优点，适用于名种经常淋水或需经常擦洗的场合，如浴室、走廊、卫生间、方厅等。

（四）按规格尺寸分类

地毯按其规格尺寸可分为以下两类。

1.块状地毯

不同材质的地毯均可成块供应，形状多为方形及长方形，通用规格尺寸从 610 mm×610 mm～3 660 mm×6 710 mm，共计 56 种。另外还有圆型、椭圆型等。厚度则随质量等级而有所不同。纯毛块状地毯还可成套供应，每套由若干块形状和规格不同的地毯组成。花式方块地毯是由花色各不相同的 500 mm×500 mm 的方块地毯组成一箱，铺设时可组成不同的图案。

块状地毯铺设方便灵活,位置可随意变动,给室内设计提供了更大的选择性,可以满足不同主人的不同情趣要求。同时,对已磨损的部位,可随时调换,从而可延长地毯的使用寿命,达到既经济又美观的目的。

门口毯、床前毯、道毯等小块地毯在室内的铺设,不仅使室内不同的功能有所划分,还可打破大片灰色地面的单调感,起到画龙点睛的作用,尼龙等化纤小块地毯还可铺放在浴室、卫生间,起到防滑作用。

2. 卷状地毯

化纤地毯、剑麻地毯及无纺纯毛地毯等常按整幅成卷供货,其幅宽有 1~4 m 等多种,每卷长度一般为 20~50 m,也可按要求加工。这种地毯一般适合于室内满铺固定式铺设,可使室内具有宽敞感、整洁感,但损坏后不易更换。

楼梯及走廊用地毯为窄幅,属专用地毯。幅宽有 700,900 mm 两种,也可按要求加工,整卷长度一般为 20 m。

(五)按使用场所不同分类

地毯按其所用场所不同,可分为以下六级。

1. 轻度家用级

铺设在不常使用的房间或部位。

2. 中度家用级或轻度专业使用级

用于主卧室或餐室等。

3. 一般家用或中度专业使用级

用于起居室及楼梯、走廊等交通频繁的部位。

4. 重度家用或一般专业使用级

用于家中重度磨损的场所。

5. 重度专业使用级

价格甚贵,家庭不用,用于特殊要求的场合。

6. 豪华级

地毯品质好,绒毛纤维长,豪华气派,用于高级卧室。

建筑室内地面铺设的地毯,是根据建筑装饰的等级、使用部位及使用功能等要求而选用的。总之,要求高级装饰选用纯毛地毯,一般装饰则选用化纤地毯。

二、地毯的主要技术性质

地毯的技术性能要求是鉴别地毯质量的标准,也是用户挑选地毯时的依据。

(一)剥离强度

剥离强度反映地毯面层与背衬间复合强度的大小,也反映地毯复合之后的耐水能力。通常以背衬剥离强力表示,即指采用一定的仪器设备,在规定速度下,将 50 mm 宽的地毯试样,使之面层与背衬剥离至 50 mm 长时所需的最大力。

化纤簇绒地毯要求剥离强力大于 25 N。我国上海产簇绒和机织丙纶、腈纶地毯,无纺干、湿状态,其剥离强力均在 35 N 以上,超过了国外同类产品的水平。

(二)绒毛粘合力

绒毛粘合力是指地毯绒毛在背衬上粘接的牢固程度。化纤簇绒地毯的粘合力以簇绒拔

132

出力来表示,要求平绒毯簇绒拔出力大于 12 N,圈绒毯大于 20 N。我国上海产簇绒丙纶地毯,粘合力达 63.7 N,高于日本产同类产品 51.5 N 的指标。

(三)耐磨性

地毯的耐磨性是衡量其使用耐久性的重要指标。表 7-2 为上海产化纤地毯的耐磨性指标。从表中可看出,地毯的耐磨性优劣与所用面层材质,绒毛长度有关,即化纤地毯比羊毛地毯耐磨,地毯越厚越耐磨。

表 7-2　化纤地毯耐磨性

面层织造工艺及材料	绒毛高度(mm)	耐磨性(次)	备　注
机织法丙纶	10	>10 000	耐磨次数是指地毯在固定的压力下磨损后露出背衬所需的次数
机织法腈纶	10	7 000	
机织法腈纶	8	6 400	
机织法腈纶	6	6 000	
机织法涤纶	6	>10 000	
机织法羊毛	8	2 500	
簇绒法丙纶、腈纶	7	5 800	
日本簇绒法丙纶、锦纶	10	5 400	
日本簇绒法丙纶、锦纶	7	5 100	

(四)弹性

弹性是反映地毯受压力后,其厚度产生压缩变形的程度,这是地毯是否脚感舒适的重要性能。地毯的弹性通常用动态负载下(规定次数下周期性外加荷载撞击后)地毯厚度减少值及中等静负载后地毯厚度减少值来表示。表 7-3 为上海产化纤地毯弹性指标,从表中可以看出化纤地毯的弹性次于羊毛地毯,丙纶地毯的弹性次于腈纶地毯。

表 7-3　化纤地毯弹性

地毯面层材料	厚度损失百分率(%)			
	500 次碰撞后	1 000 次碰撞后	1 500 次碰撞后	2 000 次碰撞后
腈纶地毯	23	25	27	28
丙纶地毯	37	43	43	44
羊毛地毯	20	22	24	26
香港羊毛地毯	12	13	13	14
日本丙纶、锦纶地毯	13	23	23	25
英国"先驱者"腈纶地毯	—	14	—	—

(五)抗静电性

静电性是表示地毯带电和放电的性能。静电大小与纤维本身导电性有关。一般来说,化学纤维未经抗静电处理时,其导电性差,所以化纤地毯所带静电较羊毛地毯大。静电大,易吸尘,清扫除尘较困难。这是由于有机高分子材料受到摩擦后易产生静电,且其本身又具绝缘性,使静电不易放出所致。严重时,会使走在上面的人有触电感。为此,在生产合成纤维时,常掺入一定量的抗静电剂,国外还采用增加导电性处理等措施,以提高其抗静电性。

化纤地毯的静电大小,常以其表面电阻和静电压来表示。目前,国产化纤地毯的静电值较大,尚需进一步改善其抗静电能力。

(六)抗老化性

在光照和空气等因素作用下,经过一定时间后,毯面化学纤维会发生老化,导致地毯性能指标下降。化纤地毯老化后,受撞击和摩擦时会产生断裂粉化现象。在生产化学纤维时,加入一定量的抗老化剂,可提高其抗老化性能。

化纤地毯的抗老化性通常是用经一定时间的紫外线照射后,地毯的耐磨次数、弹性及色泽等变化程度来评定。国产丙纶地毯的变化情况见表7-4。

表 7-4 丙纶地毯光照后变化情况

紫外光照时间 (h)	毛高 (mm)	耐磨次数 (次)	厚度损失百分率(%)			
			500 次碰撞后	1 000 次碰撞后	1 500 次碰撞后	2 000 次碰撞后
0		3 400	32	36	39	41
100	8	3 155	28	31	35	27
312		2 852	33	43	45	47
500		2 632	29	35	38	41

(七)耐燃性

耐燃性是指化纤地毯遇火时,在一定时间内燃烧的程度。由于化学纤维一般易燃,故常在生产化学纤维时加入一定量的阻燃剂,以使织成的地毯具有自熄性或阻燃性。当化纤地毯试样在燃烧 12 min 的时间内,其燃烧面积的直径不大于 17.96 cm 时,则认为耐燃性合格。需要特别注意的是,化纤地毯在燃烧时会释放出有害气体及大量烟气,容易使人窒息,难以逃离火灾现场。因此应尽量选用阻燃型化纤地毯,避免使用非阻燃型化纤地毯。

(八)抗菌性

地毯作为地面覆盖材料,在使用过程中较易被虫、菌等侵蚀而引起霉变。因此,地毯在生产中常要作防霉、抗菌等处理。通常规定,凡能经受8种常见霉菌和5种常见细菌侵蚀而不长菌和霉变时,认为合格。化纤地毯的抗菌性优于纯毛地毯。

三、纯毛地毯(羊毛地毯)

纯毛地毯分手工编织地毯和机织地毯两种。

(一)手工编织纯毛地毯

手工编织的纯毛地毯是采用中国特产的优质绵羊毛纺纱,用现代染色技术染出最牢固的颜色,用精湛的技巧织成瑰丽的图案后,再以专用机械平整毯面或剪凹花地周边,最后用化学方法洗出丝光。

羊毛地毯的耐磨性,一般是由羊毛的质地和用量来决定。用量以每平方厘米的羊毛量来衡量,即绒毛密度。对于手工编织的地毯,一般以"道"的数量来决定其密度,即指垒织方向(自下而上)上 1 英尺内垒织的纬线的层数(每一层又称一道)。地毯的档次亦与道数成正比关系,一般家用地毯为 90～150 道,高级装修用的地毯均在 250 道以上,目前最精制的为

400道地毯。

手工地毯具有图案优美、色泽鲜艳、富丽堂皇、质地厚实、富有弹性、柔软舒适、经久耐用等特点，其铺地装饰效果极佳。纯毛地毯的质量多为$1.6\sim2.6$ kg/m²。

手工地毯由于做工精细，产品名贵，故售价高，所以仅用于国际性、国家级的大会堂、迎宾馆、高级饭店和高级住宅、会客厅、舞台以及其它重要的、装饰性要求高的场所。

(二)机织纯毛地毯

机织纯毛地毯具有毯面平整、光泽好、富有弹性、脚感柔软、抗磨耐用等特点。与化纤地毯相比，其回弹性、抗静电、抗老化、耐燃性等都优于化纤地毯。与纯毛手工地毯相比，其性能相似，但价格远低于手工地毯。因此，机织纯毛地毯是介于化纤地毯和纯毛手工地毯之间的中档地面铺盖材料。

机织纯毛地毯最适合用于宾馆、饭店的客房、楼梯、楼道、宴会厅、酒吧间、会客室、会议室及体育馆、家庭等满铺使用。另外，这种地毯还有阻燃性产品，可用于防火性能要求高的建筑室内地面。

近年来我国还发展生产了纯羊毛无纺地毯，它是不用纺织或编织方法而制成的纯毛地毯。它具有质地优良，消音抑尘，使用方便等特点，这种地毯工艺简单，价格低，但其弹性和耐久性稍差。

四、化 纤 地 毯

化纤地毯是70年代发展起来的一种新型地面铺装材料，它是以各种化学合成纤维（丙纶、腈纶、涤纶、锦纶等）为原料，经过机织法或簇绒法等加工成面层织物后，再与麻布背衬材料复合处理而成。

(一)化纤地毯的构造

化纤地毯由面层、防松涂层、背衬三部分构成。

1. 面层

化纤地毯的面层是以聚丙烯纤维（丙纶）、聚丙烯腈纤维（腈纶）、聚酯纤维（涤纶）、聚酰胺纤维（锦纶）等化学纤维为原料，通过采用机织和簇绒等方法加工成为面层织物。面层织物过去多以棉纱作初级背衬，现逐渐由丙纶扁丝替代。在以上各种纤维中，从性能上看，丙纶纤维的密度较小，抗拉强度、湿强度、耐磨性都好，但回弹性、耐光性与染色性较差。腈纶纤维密度稍大，有足够的耐磨性，色彩鲜艳，静电小，回弹性优于丙纶。涤纶纤维具有上述两种纤维的优点，但价格稍贵。从纤维的生产来看，丙纶和腈纶都是由丙烯衍生而来，锦纶和涤纶都从芳香烃衍生而来，在价格上丙纶类较便宜。为适应对地毯的不同功能和价格方面的要求，也可用两种纤维混纺制作面层，在性能和造价上可以互相补充。织作面层的纤维还可进行耐污染和抗静电等处理。在现代地毯的生产中，由于选用了适当分散的酸性阴离子型的染料，在同一染缸中可染成多种色彩，且染色具有良好的热稳定性。印染簇绒地毯的出现，是化纤地毯的重要发展。

化纤地毯机织面层的纤维密度较大，毯面平整性好，但工序较多，织造速度不及簇绒法快，故成本较高。

化纤地毯面层的绒毛可以是长绒、中长绒、短绒、起圈绒、卷曲绒、高低圈绒、平绒圈绒组合等多种，一般多采用中长绒制作面层，因其绒毛不易脱落和起球，且使用寿命长。另外，纤维的粗细也会直接影响地毯的弹性和脚感。

2. 防松涂层

防松涂层是指涂刷于面层织物背面初级背衬上的涂层。这种涂层材料是以氯乙烯-偏氯乙烯共聚乳液为基料,再添加增塑剂、增稠剂及填料等配制而成的一种乳液型涂料,将其涂于面层织物背面,可以增加地毯绒面纤维在初级背衬上的粘接牢固程度,使之不易脱落。同时,待涂层经热风烘至干燥成膜后,当再用胶粘贴次级背衬时,还能起防止胶粘剂渗透到绒面层而使面层发硬的作用,因而可控制和减少胶粘剂的用量,并增加粘接强度和毯的弹性。

3. 背衬

化纤地毯的背衬材料一般为麻布,采用胶结力很强的丁苯乳胶、天然乳胶等水乳型橡胶作胶粘剂,将麻布与已经防松涂层处理过的初级背衬相粘合,以形成次级背衬,然后再经加热、加压、烘干等工序,即成卷材成品。次级背衬不仅保护了面层织物背面的针码,增强了地毯背面的耐磨性,同时也加强了地毯的厚实程度与弹性,使人更感步履轻松。

(二)化纤地毯的主要品种及等级

1. 化纤地毯主要品种及标准

化纤地毯按其面层织物的织造方法不同,可分为簇绒地毯、针刺地毯、机织地毯、粘合地毯、静电植绒地毯等多种,其中以簇绒地毯产销量最大,其次是针刺地毯和机织地毯,它们的产品标准分别为《簇绒地毯》(GB 11746—89)、《针刺地毯》(QB 1082—91)和《机织地毯》(GB/T 14252—93)。

2. 簇绒地毯的等级及分等规定

根据 GB 11746—89 规定,簇绒地毯按其技术要求评定等级,其技术要求分内在质量和外观质量两个方面,具体要求见表 7-5 和表 7-6。按内在质量评定分合格品和不合格品两等,全部达到技术指标为合格,当有一项不达标时即为不合格品,并不再进行外观质量评定。按外观质量分为优等品、一等品、合格品三个等级。簇绒地毯的最终等级是在内在质量各项指标全部达到的情况下,以外观质量所定的品等作为该产品的等级。

表 7-5　簇绒地毯内在质量指标(GB 11746—89)

序号	项　目		单位	技 术 指 标	
				平 割 绒	平 圈 绒
1	动态负载下厚度减少(绒高 7 mm)		mm	≤3.5	≤2.2
2	中等静负载后厚度减少		mm	≤3	≤2
3	绒簇拔出力		N	≥12	≥20
4	绒头单位质量		g/m²	≥375	≥250
5	耐光色牢度(氙弧)		级	≥4	
6	耐摩擦色牢度(干摩擦)		级	纵向、横向均≥3～4	
7	耐燃性(水平法)		mm	试样中心至损毁边缘的最大距离≤75	
8	尺寸偏差	宽度	%	在幅宽的±0.5 内	
		长度		卷装:卷长不小于公称尺寸 块状:在长度的±0.5 以内	
9	背衬剥离强力		N	纵向、横向均≥25	

表 7-6 簇绒地毯外观质量评等规定(GB 11746—89)

序　号	外　观　疵　点	优等品	一等品	合格品
1	破损(破洞、撕裂、割伤)	不允许	不允许	不允许
2	污渍(油污、色渍、胶渍)	无	不明显	不明显
3	毯面折皱	不允许	不允许	不允许
4	修补痕迹	不明显	不明显	较明显
5	脱衬(背衬粘接不良)	无	不明显	不明显
6	纵、横向条痕	不明显	不明显	较明显
7	色条	不明显	较明显	较明显
8	毯边不平齐	无	不明显	较明显
9	渗胶过量	无	不明显	较明显

（三）化纤地毯的特点与应用

一般来说,化纤地毯具有的共同特性是不霉、不蛀、耐腐蚀、质轻、耐磨性好、富有弹性、脚感舒适、步履轻便、吸湿性小、易于清洗、铺设简便、价格较低等,它适用于宾馆、饭店、招待所、接待室、餐厅、住宅居室、活动室及船舶、车辆、飞机等地面装饰铺设。对于高绒头、高密度、流行色、格调新颖、图案美丽的化纤地毯,可用于三星级以上的宾馆。机织提花工艺地毯属高档产品,其外观可与手工纯毛地毯媲美。

化纤地毯的缺点是:与纯毛地毯相比,均存在着易变形,易产生静电以及吸附性和粘附性污染,遇火易局部熔化等问题。

化纤地毯可以摊铺,也可以粘铺在木地板、马赛克地面、水磨石地面及水泥混凝土地面上。

地毯是相对比较高级的装饰材料,所以应正确、合理地选用、搬运、贮存和使用,以免造成浪费和损坏。首先,在订购地毯时,应说明所购地毯的品种,包括材质、图案类型(或图案号码)、颜色、规格尺寸等。如是高级羊毛手工编织地毯,还应说明经纬线的道数、厚度。如有特殊需要,可自行提出图样颜色及尺寸。在搬运地毯前,应先把地毯卷在圆管上,圆管直径不宜过细,在搬运过程中,不能弯曲,不能局部重压,以防止地毯折皱和损坏毯面。运输地毯的车船应洁净、无潮湿,并须覆盖防雨苫布,防日晒、雨淋。如地毯暂时不用时,应卷起来,用塑料薄膜包裹,分类贮存在通风、干燥的室内,距热源不得小于 1 m,温度不超过 40 ℃,并避免阳光直接照射。大批量地毯的存放不可码垛过高,以防毯面出现压痕。对于纯毛地毯应定期撒放防虫药物,如萘粉等。铺设地毯时应尽量避免阳光的直射。使用过程中不得沾染油污、碱性物质、咖啡、茶渍等,如有沾污,应立即清除。在地毯上放置家具时,其接触毯面的部分,最好放置一面积稍大的垫片,或定期移动家具的位置,以减轻对毯面的压力,以免变形。对于那些经常行走,践踏或磨损严重的部分,应采取一些保护措施,或把地毯调换位置使用。

五、挂毯

挂在墙上供人观赏的地毯称为挂毯或艺术挂毯,是珍贵的装饰品和艺术品。它有吸音、隔热等实用功能,又给人以美的享受。用艺术挂毯装点室内,不仅产生高雅艺术的美感,还可以增加室内安逸平和的气氛。挂毯不仅要求图案花色精美,其材质往往也为上乘,一般为纯毛和丝。

挂毯的规格尺寸多样,大的可达上百平方米,小的则不足一平方米。

挂毯的图案题材十分广泛,多为动物花鸟、山水风光等,这些图案往往取材于优秀的绘画名作,包括国画、油画、水彩画等,例如规格为 3 050 mm×4 270 mm 的"奔马图"挂毯,即取材于一代画师徐悲鸿的名画。另外,还可取材于成功的摄影作品。艺术挂毯采用我国高级纯毛地毯的传统作法——栽绒打结编织技法织造而成。

我国部分地毯的规格、性能及生产厂见表 7-7。

表 7-7 地毯主要规格、性能及生产厂

品　名	规　格(mm)	性　能　特　点	生　产　厂
90 道手工打结羊毛地毯 素式羊毛地毯 艺术挂毯	610×910～3 035×4 270 等各种规格	以优质羊毛加工而成,图案华丽、柔软舒适、牢固耐用	上海地毯总厂
90 道羊毛地毯 120 道羊毛艺术挂毯	厚度:6～15 宽度:按要求加工 长度:按要求加工	用上等纯羊毛手工编制而成。经化学处理,防潮、防蛀、图案美观、柔软耐用	武汉地毯厂
90 道高级羊毛手工地毯 120,140 道高级艺术挂毯	任何尺寸与形状	产品有:北京式、美术式、彩花式、素古式以及风景式、京彩式、京美式等	青岛地毯厂
高级羊毛手工栽绒地毯 (飞天牌)	各种形状规格	以上等羊毛加工而成,有北京式、美术式、彩花式、素凸式、敦煌式等	兰洲地毯总厂
羊毛满铺地毯 电针绣枪地毯 艺术壁毯 (工美牌)	有各种规格	以优质羊毛加工而成,电绣地毯可仿制传统手工地毯图案,古色古香,现代图案富有时代气息。壁毯图案粗犷朴实,风格多样,价格仅为手工编织壁毯的1/5～1/10	北京市地毯二厂
机织纯毛地毯	幅宽:<5 000 长度:按需要加工	以上等纯毛机织而成,图案优美,质地优良	天津市地毯八厂
90 道手工栽绒纯毛地毯	尺寸规格按需要加工	产品有:北京式、美术式、彩花式和素凸式	西安地毯厂
120 道艺术挂毯		图案有:秦始皇陵铜车马、大雁塔、半坡纹样、昭陵六骏等	
纯毛无纺条纹地毯 (金蝶牌)	宽度:2 000 厚度:6±0.5 单位质量:(2.7±0.2) kg/m²	日晒牢度:≥6 级 摩擦牢度:干磨≥2 级 　　　　　湿磨≥3 级 断裂强度: 　径向≥650 N/5cm 　纬向≥700 N/5cm 剥离强力:40 N/4cm	湖北沙市无纺地毯厂

品　名	规　格(mm)	性　能　特　点	生　产　厂
丙纶簇绒地毯 丙纶机织地毯 （燕山牌）	(1)簇绒地毯 　幅宽：4 000 　长度：15 000,25 000 　花色：平绒、圈绒、高 　　　　低圈绒 　圈绒采用双色或三 　色合股的复色绒线 (2)提花满铺地毯 　幅宽：3 000 (3)提花工艺美术地毯 　1 250×1 660 　1 500×1 900 　1 700×2 350 　2 000×2 860 　2 500×3 310 　3 000×3 860	(1)簇绒地毯 绒毛粘合力： 　圈绒：25 N 　平绒：10 N 圈绒绒头单位质量：800 g/m² 干断裂强力： 　径向：>500 N 　纬向：>300 N 日晒色牢度：≥4 级 耐燃损毁最大距离：<75 mm (2)提花地毯 干断裂强力： 　径向：≥400 N 　纬向：≥300 N 日晒色牢度：≥4 级 耐燃损毁最大距离：<75 mm	北京燕山石油化工公司 化纤地毯厂
丙纶针刺地毯	卷装： 　幅宽：1 000 　长度：10 000～ 　　　　20 000 方块： 　500×500 花色：素色、印花 颜色：6 种标准色	断裂强力(N/5cm)： 　径向：≥800 　纬向：≥300 耐燃性：难燃,不扩大 水浸：全防水 酸、碱腐蚀：无变形	湖北沙市无纺地毯厂
丙纶、腈纶簇绒地毯	绒高：7～10 幅宽：1 400,1 600,1 800, 　　　2 000 长度：20 000 单位质量： 　丙纶 1 450 g/m² 　腈纶 1 850 g/m² 颜色： 　丙纶地毯：绿 　腈纶地毯：绿、墨绿、 　　　　果绿、紫 　　　　红、棕黑	绒毛粘合力(N)： 　丙纶地毯：38 　腈纶地毯：37 横向耐磨（次）： 　丙纶地毯：2 690 　腈纶地毯：2 500 耐燃性： 　燃烧时间：2 min 　燃烧面积：直径 2 cm 圆孔	上海床罩厂
涤纶机织地毯 （环球牌）	花色：提花、素色 提花地毯 　厚：12～13 　幅宽：4 000 素色地毯： 　厚：9～10 　幅宽：1 300	纺织牢度：经上百万次脚踏,不 易损坏 耐热温度：48 ℃ 收缩率：0.5%～0.8% 背衬剥离强度：≥0.05 MPa	江苏常州市地毯厂

第三节 墙面装饰织物

在一般建筑中,室内墙面的装饰常常是灰墙、涂料、塑料、玻璃之类,给人以一种单调、刻板、冷漠之感。采用织物装饰墙面,织物将以其独特的柔软质地和特殊效果的色彩来柔化空间、美化环境,可以起到把温暖和祥和带到室内的作用,从而深受人们的喜爱。

墙面装饰织物是指以纺织物和编织物为面料制成的壁纸(或墙布),其原料可以是丝、羊毛、棉、麻、化纤等,也可以是草、树叶等天然材料。目前,我国生产的主要品种有织物壁纸、玻璃纤维印花贴墙布、无纺贴墙布、化纤装饰墙布、棉纺装饰墙布、织锦缎等。

一、织物壁纸

织物壁纸现有纸基织物壁纸和麻草壁纸两种。

(一)纸基织物壁纸

纸基织物壁纸是由棉、毛、麻、丝等天然纤维及化纤制成的各种色泽、花色的粗细纱或织物再与纸基层粘合而成。这种壁纸是用各色纺线的排列达到艺术装饰效果,有的品种为绒面,可以排成各种花纹,有的带有荧光,有的线中编有金、银丝,使壁面呈现金光点点,还可以压制成浮雕图案,别具一格。纸基织物壁纸的品种、规格、技术性能、生产厂见表7-8。

纸基织物壁纸的特点是:色彩柔和幽雅,墙面立体感强,吸声效果好,耐日晒,不退色,无毒无害,无静电,不反光,且具有透气性和调湿性。适用于宾馆、饭店、办公大楼、会议室、接待室、疗养所、计算机房、广播室及家庭卧室等室内墙面装饰。

(二)麻草壁纸

麻草壁纸是以纸为基底,以编织的麻草为面层,经复合加工而制成的墙面装饰材料。

表 7-8　织物壁纸主要产品、规格、技术性能及生产厂

产 品 名 称	规 格(mm)	技 术 性 能	生 产 厂
纺织艺术壁纸 (虹牌)	幅宽:914.4,530 长度: 　914.4 宽:15 000 　530 宽:10 050	耐光色牢度:>4 级 耐磨色牢度:4 级 粘接性:良好 收缩性:稳定 阻燃性:氧指数 30 左右 防霉性(回潮 20%封闭定温):无霉斑	上海第二十一棉纺织厂
花色线壁纸 (大厦牌)	幅宽:914 长度:7 300 　　　50 000	抗拉强力:纵 178 N,横 34 N 吸湿膨胀性:纵-0.5%,横+2.5% 风干伸缩性:纵-0.5%~-2%, 　　　　　　横 0.25%~1% 耐干摩擦:2 000 次 吸声系数(250~2 000 Hz):平均 0.19 阻燃性:氧指数 20~22 抗静电性:$4.5×10^7\ \Omega$	上海第五制线厂
麻草壁纸	厚度:1 宽度:910 长度:按用户要求	—	浙江省东阳县墙纸厂
草编壁纸	厚度:0.8~1.3 宽度:914 长度:7 315,5 486	耐光色牢度:日晒半年内不退色	上海彩虹墙纸厂

麻草壁纸具有吸声、阻燃、散潮气、不吸尘、不变形等特点,并且具有自然、古朴、粗犷的大自然之美,给人以置身于原野之中,回归自然的感觉。适用于会议室、接待室、影剧院、酒吧、舞厅以及饭店、宾馆的客房等的墙壁贴面装饰,也可用于商店的橱窗设计。

麻草织物壁纸的主要产品、规格、技术性能及生产厂见表7-8。

二、玻璃纤维印花贴墙布

玻璃纤维印花贴墙布是以中碱玻璃纤维布为基材,表面涂以耐磨树脂,印上彩色图案而成。其特点是:玻璃布本身具有布纹质感,经套色印花后,装饰效果好,且色彩鲜艳,花色多样,室内使用不退色,不老化,防水,耐湿性强,可用肥皂水洗刷。价格低廉、施工简单、粘贴方便。适用于招待所、旅馆、饭店、宾馆、展览馆、餐厅、工厂净化车间、居民住宅等室内墙面装饰,尤其适用于室内卫生间、浴室等墙面的装贴。

玻璃纤维印花贴墙布在使用中应注意,防止硬物与墙面发生摩擦,否则表面树脂涂层磨损后,会散落出玻璃纤维,损坏墙布。另外,在运输和贮存过程中应横向放置、放平,切勿立放,以免损伤两侧布边,影响施工时对花。当墙布有污染和油迹后,可用肥皂水清洗切勿用碱水清洗。

玻璃纤维印花贴墙布的主要规格、技术性质及生产厂见表7-9所示。

表7-9 玻璃纤维印花贴墙布的主要规格、技术性能及生产厂

产品名称	规 格				技 术 性 能					生 产 厂
	厚 (mm)	宽 (mm)	长 (m/匹)	单位质量 (g/m²)	日晒 牢度 (级)	刷洗 牢度 (级)	摩擦 牢度 (级)	断裂强力(N)		
								经 向	纬 向	
玻璃纤维 印花贴墙布	0.17~ 0.20	840~880	50	190~200	5~6	4~5	3~4	≥700	≥600	上海耀华玻璃公司玻璃纤维厂(万年青牌)
	0.17	850~900	50	170~200				≥600		四川玻璃纤维厂(金钟牌)
	0.20	880	50	200	4~6	4(干洗)	4~5	≥500		陕西兴平玻璃纤维厂
	0.71	860~880	50	180	5	3	4	≥450	≥400	湖北宜昌玻璃纤维厂

三、无纺贴墙布

无纺贴墙布是采用棉、麻等天然纤维或涤纶、腈纶等合成纤维,经无纺成型、涂布树脂、印刷彩色花纹等工序而制成。

这种贴墙布的特点是:挺括,富有弹性,不易折断,纤维不老化,不散头,对皮肤无刺激作用,色彩鲜艳,图案雅致,粘贴方便,具有一定的透气性和防潮性,能擦洗而不退色,且粘贴施工方便。适用于各种建筑物的室内墙面装饰,尤其是涤纶无纺墙布,除具有麻质无纺墙布的所有性能外,还具有质地细洁,光滑等特点,特别适用于高级宾馆、高级住宅。

无纺贴墙布的主要品种、规格、技术性能及生产厂见表7-10。

表 7-10　无纺贴墙布主要品种、规格、性能及生产厂

产 品 名 称	规 格	技 术 性 能	生 产 厂
涤纶无纺墙布	厚度:0.12~0.18 mm 宽度:850~900 mm 单位质量:75 g/m²	强度:2.0 MPa(平均) 粘贴牢度(乳白胶或化学浆糊粘贴): (1)混合砂浆墙面:5.5 N/25mm (2)油漆墙面:3.5 N/25mm	上海市无纺布厂 浙江瑞安县建材公司
无纺印花涂塑墙布	厚度:0.8~1.0 mm 宽度:920 mm 长度:50 m/卷 每箱 4 卷,共 200 m	强度:2.0 MPa 耐磨牢度:3~4 级 胶粘剂:聚醋酸乙烯乳胶	江苏南通市无纺布厂
麻无纺墙布	厚度:0.12~0.18 mm 宽度:850~900 mm 单位质量:100 g/m²	强度:1.4 MPa(平均) 粘贴牢度(乳白胶或化学浆糊粘贴): (1)混合砂浆墙面:2.0 N/25mm (2)油漆墙面:1.5 N/25mm	江苏南通市无纺布厂

四、化纤装饰墙布

化纤装饰贴墙布是以化学纤维织成的布(单纶或多纶)为基材,经一定处理后印花而成。常用的化学纤维有粘胶纤维、醋酯纤维、丙纶、腈纶、锦纶、涤纶等。所谓"多纶"是指多种化纤与棉纱混纺制成的贴墙布。

这种墙布具有无毒、无味、透气、防潮、耐磨、不分层等特点。适用于各级宾馆、饭店、办公室、会议室及居民住宅。

化纤装饰贴墙布的主要品种、规格、技术性能见表 7-11。

表 7-11　化纤装饰贴墙布的主要品种、规格、性能及生产厂

产 品 名 称	规 格	技 术 性 能	生 产 厂
化纤装饰墙布	厚度:0.15~0.18 mm 宽度:820~840 mm 长度:50 m/卷	—	天津第十六塑料厂
"多纶"粘涤棉墙布	厚度:0.32 mm 长度:50 m/卷 单位质量:8.5 kg/卷 粘结剂:配套使用 "DL"香味胶水粘结剂	日晒牢度:黄绿色类 4~5 级 　　　　　红棕色类 2~3 级 摩擦牢度:干 3 级,湿 2~3 级 拉断强度:径向 300~400 N/(5 cm× 　　　20 cm) 纬向 290~400 N/(5 cm×20 cm) 耐老化性:3~5 年	上海市第十印染厂

五、棉纺装饰墙布

棉纺装饰墙布是以纯棉平布为基材经前处理、印花、涂布耐磨树脂等工序制作而成。该墙布强度大、静电小、蠕变性小、无光、吸声、无毒、无味,对施工人员和用户均无害,花型色泽

美观大方。可用于宾馆、饭店及其它公共建筑和较高级的民用建筑中的装饰,适合于水泥砂浆墙面、混凝土墙面、白灰墙面、石膏板、胶合板、纤维板、石棉水泥板等墙面基层的粘贴或浮挂。

棉纺装饰墙布还常用作窗帘,夏季采用这种薄型的淡色窗帘,无论其是自然下垂或双开平拉成半弧形式,均会给室内创造出清静和舒适的氛围。

棉纺墙布的主要规格、技术性能见表 7-12。

表 7-12 棉纺装饰墙布主要规格、性能及生产厂

产品名称	规 格	技 术 性 能	生 产 厂
棉纺装饰墙布	厚度:0.35 mm	拉断强度(纵向):770 N/(5 cm × 20 cm) 断裂伸长率:纵向 3%,横向 8% 耐磨性:500 次 静电效应:静电值 184 V,半衰期 1 s 日晒牢度:7 级 刷洗牢度:3～4 级 湿摩擦:4 级	北京印染厂

六、高级墙面装饰织物

高级墙面装饰织物是指锦缎、丝绒、呢料等织物,这些织物由于纤维材料、织造方法及处理工艺的不同,所产生的质感和装饰效果也不相同,它们均能给人以美的感受。

锦缎也称织锦缎,是我国的一种传统丝织装饰品,其上织有绚丽多彩、古雅精致的各种图案,加上丝织品本身的质感与丝光效果,使其显得高雅华贵,具有很高的装饰作用。常被用于高档室内墙面的浮挂装饰,也可用于室内高级墙面的裱糊,但因其价格昂贵、柔软易变形、施工难度大、不能擦洗、不耐脏、不耐光、易留下水渍的痕迹、易发霉,故其应用受到了很大的限制。

丝绒色彩华丽,质感厚实温暖,格调高雅,主要用作高级建筑室内窗帘、软隔断或浮挂,可营造出富贵、豪华的氛围。

粗毛呢料或仿毛化纤织物和麻类织物,质感粗实厚重,具有温暖感,吸声性能好,还能从纹理上显示出厚实、古朴等特色,适用于高级宾馆等公共厅堂柱面的裱糊装饰。

七、窗 帘

随着现代建筑的发展,窗帘已成为室内装饰不可缺少的内容。窗帘除了装饰室内之外,还有遮挡外来光线,防止灰尘进入,保持室内清静,并起到隔音消声等作用。若窗帘采用厚质织物,尺寸宽大,折皱较多,其隔音效果最佳。同时还可以起调节室内温度的作用,给室内创造出舒适的环境。随着季节的变化,夏季选用淡色薄质的窗帘为宜,冬天选用深色和质地厚实的窗帘为最佳。另外合理选择窗帘的颜色及图案也是达到室内装饰目的较为重要的一个环节。

窗帘一般按材质分四大类:

(1)粗料 包括毛料、仿毛化纤织物和麻料编织物等。

(2)绒料　含平绒、条绒、丝绒、毛巾布等。

(3)薄料　含花布、府绸、丝绸、的确良、乔其纱和尼龙纱等。

(4)网扣及抽纱。

窗帘的悬挂方式很多,从层次上分单层和双层;从开闭方式上分为单幅平拉、双幅平拉、整幅竖拉和上下两段竖拉等;从配件上分设置窗帘盒,有暴露和不暴露窗帘杆;从拉开后的形状分自然下垂和半弧形等等。

现代装饰的快速发展,使得织物已成为一种十分重要的装饰材料。用织物作室内装饰,可以通过与窗帘、台布、挂毯、靠垫等室内织物的呼应,改善室内的气氛、格调、意境、使用功能,增加室内装饰效果。因此,各种织物在建筑装饰中将会得到广泛的应用。

第四节　矿物棉装饰吸声板

矿物棉装饰吸声板按原料的不同分为岩棉装饰吸声板和矿渣棉装饰吸声板。

一、矿渣棉装饰吸声板

矿渣棉是以矿渣为主要原料,经熔化、高速离心或喷吹等工序制成的一种棉状人造无机纤维,矿渣棉的直径为 $4\sim8$ μm,它具有优良的保温、隔热、吸声、抗震、不燃等性能。

矿渣棉装饰吸声板是以矿渣棉为主要原料,加入适量的胶粘剂(通常为酚醛树脂)、防尘剂、憎水剂等,经加压成型、烘干、固化、切割、贴面等工序而制成。

矿渣棉装饰板的规格尺寸主要有 500 mm×500 mm,600 mm×600 mm,610 mm×610 mm,625 mm×625 mm,600 mm×1 000 mm,600 mm×1 200 mm,625 mm×1 250 mm;厚度分为 12,15,20 mm。板材的物理力学性能见表7-13。

表 7-13　矿渣棉装饰吸声板的物理力学性质

体积密度 (kg/m³)	抗折强度(MPa)				含水率 (%)	吸声系数	导热系数 〔W/(m·K)〕	燃烧性
	板厚(mm)							
	9	12	15	19				
≤500	≥0.744	≥0.846	≥0.795	≥0.653	<3	0.4~0.6	<0.0875	A 级(不燃)

注:参照北京市矿棉装饰吸声板厂产品。

矿渣棉装饰吸声板表面具有多种花纹图案,如毛毛虫、十字花、大方花、小朵花、树皮纹、满天星、小浮雕等,色彩繁多,装饰性好。同时还具有质轻、吸声、降噪、保温、隔热、不燃、防火等性质。矿渣棉装饰吸声板作为吊顶材料(有时也作为墙面材料),广泛用于影剧院、音乐厅、播音室、录音室、旅馆、医院、办公室、会议室、商场及噪声较大的工厂车间等,以改善室内音质、消除回声,提高语言的清晰程度,或降低噪声,改善生活和劳动条件。

二、岩棉装饰吸声板

岩棉是采用玄武岩为主要原料生产的人造无机纤维,其生产工艺与矿渣棉相同。岩棉的性能略优于矿渣棉。

岩棉装饰吸声板的生产工艺与矿渣棉装饰吸声板相同,板材的规格、性能与应用也与矿渣棉装饰吸声板基本相同。

第五节　吸声用玻璃棉制品

玻璃棉是以玻璃为主要原料,熔融后以离心喷吹法、火焰喷吹法等制成的人造无机纤维。吸声用玻璃棉分1号玻璃棉(直径<5 μm)、2号玻璃棉(包括2a号、2b号,直径<8 μm)、3号玻璃棉(直径<13 μm)。吸声用玻璃棉制品分为吸声板和吸声毡,装饰工程中常用吸声板。

一、吸声玻璃棉板

玻璃棉装饰吸声板是以玻璃棉为原料,加入适量的胶粘剂、防潮剂等,经热压成型等工序而成。

使用玻璃棉装饰吸声板时,为了具有良好的装饰效果,常将表面进行处理,一是贴上塑料面纸,二是进行表面喷涂,做成浮雕形状,色彩以白色为多。

(一)技术要求

1. 种类与规格

吸声用玻璃棉板按所用玻璃棉分为2号吸声板、3号吸声板,各号吸声板又按体积密度(kg/m³)划分密度等级,各密度等级与厚度的规定见表7-14。吸声板的规格为1 200 mm×600 mm。

表 7-14　**吸声用玻璃棉板的厚度与密度等级**(JC 469—92)

密度等级与吸声板种类		板厚(mm)					
		15	20	25	40	50	75
密度等级(kg/m³)	2号板	40,48,64,80,96	32,42,48,64,80,96		32,40,48		32
	3号板	96,120	80,96,120		80	—	—

2. 技术要求

吸声用玻璃棉板的技术要求主要有降噪系数、含水率、吸湿率、不燃性、憎水率等,并应满足表7-15的规定。

(二)性质与应用

玻璃棉装饰吸声板具有较矿物棉装饰吸声板质轻,具有防火、吸声、隔热、抗震、不燃、美观、施工方便、装饰效果好等优点。广泛应用于剧院、礼堂、宾馆、商场、办公室、工业建筑等处的吊顶及用于内墙装饰保温、隔热,也可控制调整混响时间,改善室内音质、降低噪音、改善环境和劳动条件。

二、吸声用玻璃棉毡

装饰工程中有时也使用玻璃棉毡。玻璃棉毡按所用玻璃棉的种类分为1号吸声毡和2号吸声毡。

1号玻璃棉毡的密度等级为8 kg/m³;规格为2 800 mm×600 mm;厚度为50,75,100,150 mm。

2号玻璃棉毡的密度等级分为10,12,16,20,24 kg/m³;长度分为1 200,2 800,5 500,

11 000 mm;宽度分为 600,1 200 mm;厚度分为 25,40,50,75,100,150 mm。

玻璃棉毡的降噪系数略高于玻璃棉板,其它性能与玻璃棉板基本相同,但强度很低,并可卷曲。

表 7-15　吸声用玻璃棉板的主要技术要求(JC 469—92)

吸声板种类	密度等级 (kg/m³)	厚度 (mm)	降噪系数		含水率 (%)	吸湿率 (%)	不燃性	憎水率 (%)
			混响室法	驻波管法				
2 号吸声板	32	20	0.61～0.80	—	≥1	≥5	A	≮98
		25		0.61～0.80(后空腔 50 mm)				
		40						
		50	＞0.80	—				
		75						
	40 48	15	0.41～0.60	0.61～0.80(后空腔 50 mm)				
		20	0.61～0.80	—				
		25		0.61～0.80(后空腔 50 mm)				
		40	＞0.80	—				
		50						
	64 80 96	15	0.41～0.60	0.61～0.81(后空腔 50 mm)				
		20	0.61～0.80	—				
		25		0.61～0.81(后空腔 50 mm)				
3 号吸声板	80	20	0.41～0.60					
		25						
		40	0.61～0.80					
	96 120	15	0.41～0.60					
		20						
		25						
	120	50	—	0.61～0.80(刚性壁)				

注:憎水率仅对有防水要求的适用。

146

第八章 建筑装饰涂料

涂料是指涂敷于物体表面,能与物体表面粘接在一起,并能形成连续性涂膜,从而对物体起到装饰、保护,或使物体具有某种特殊功能的材料。

由于涂料最早是以天然植物油脂、天然树脂,如亚麻子油、桐油、松香、生漆等为主要原料,因而涂料在过去被称为油漆。随着石油化学工业的发展,合成树脂的产量不断增加,且其性能优良,已大量替代了天然植物油和天然树脂,并以人工合成有机溶剂为稀释剂,甚至以水为稀释剂,继续称为油漆已不确切,因而改称涂料。但有时习惯上还将溶剂型涂料称为油漆,而将乳液型涂料称为乳胶漆。

建筑涂料是指用于建筑物表面的涂料。建筑装饰涂料则是主要起装饰作用的,并起到一定的保护作用或使建筑物具有某些特殊功能的建筑涂料。

建筑装饰涂料具有色彩鲜艳、造型丰富、质感与装饰效果好,品种多样,可满足各种不同要求。此外,建筑装饰涂料还具有施工方便、易于维修、造价较低、自身重量小、施工效率高,可在各种复杂的墙面上施工等优点,因而是一种很有发展前途的装饰材料。

第一节 建筑装饰涂料的组成

一、基料

基料又称主要成膜物、胶粘剂或固着剂,是涂料中的主要成膜物质,在涂料中主要起到成膜及粘接填料和颜料的作用,使涂料在干燥或固化后能形成连续的涂层(又称涂膜)。

(一)建筑涂料对基料的基本要求

基料的性质直接决定着涂膜的硬度、柔性、耐水性、耐候性、耐腐蚀性等,并决定着涂料的施工性质及涂料的使用范围。因而基料应满足施工工艺与使用环境对涂料的要求。用于建筑涂料的基料应具备以下性质。

1. 较好的耐碱性

建筑涂料经常用于水泥砂浆或水泥混凝土的表面,而这些材料的表面一般为碱性(含有氢氧化钙等碱性物质),因而基料应具有较好的耐碱性。

2. 常温下良好的成膜性

基料应能在常温下成膜,即基料应能在常温下干燥硬化或交联固化,以保证建筑涂料能在常温(5~35 ℃)下正常施工并及时成膜。

3. 较好的耐水性

用于建筑物屋面、外墙面、地面以及厨房、卫生间内墙面等的涂料,经常遇到雨水或水蒸气的作用,因而基料在硬化或固化后应具有良好的耐水性。

4. 良好的耐候性

由于涂膜,特别是外墙面和屋面上的涂膜,直接受大气、阳光、雨水及一些有害物质的作用,因而基料应具有良好的耐候性,以保证涂膜具有一定的耐久性。

5.经济性

由于建筑涂料的用量很大,因而基料还应具有来源广泛、价格低廉或适中等特点。

（二）建筑涂料常用基料

建筑涂料中常用的基料分为无机和有机两大类。

1.无机胶结材料

(1)水玻璃　包括钠水玻璃、钾水玻璃及其两者的混合物。钾水玻璃的耐水性及耐候性优于钠水玻璃。加入磷酸盐等可获得良好的耐水性。可用于内外墙涂料。

(2)硅溶胶　为二氧化硅胶体溶液。硅溶胶的性能优于水玻璃,具有较高的渗透性,与基层的粘接力高,耐水性及耐候性高。主要用于外墙涂料。

2.合成树脂

(1)聚乙烯醇　属于水溶性树脂,性能较差,特别是其不耐水、不耐湿擦,适用于内墙涂料,也可作为其它乳液型涂料的胶体保护剂。

(2)聚乙烯醇缩甲醛　由聚乙烯醇和甲醛在酸性介质中缩聚而成,属于水溶性树脂,性能优于聚乙烯醇,但耐水性仍较差。适用于内墙涂料,也可用于外墙涂料。采用丁醛替代甲醛时(即聚乙烯醇缩丁醛),耐水性会有较大的提高。

(3)聚醋酸乙烯乳液　性能优于聚乙烯醇和聚乙烯醇缩甲醛,但较其它常用共聚物乳液差,主要用于内墙涂料。

(4)丙烯酸树脂与丙烯酸乳液　具有优良的耐候性、耐光性、耐热性、耐水性、耐洗刷性、保色性和粘附力,主要用于外墙涂料,也可用于内墙涂料。

(5)环氧树脂　具有优良的耐候性、耐热性、耐水性、耐磨性、耐腐蚀性和粘附力,但在阳光作用下易变黄,且价格高,主要用于地面涂料和仿瓷涂料等。

(6)醋酸乙烯-丙烯酸酯共聚乳液　简称乙-丙乳液。耐水性、耐洗刷性、粘附力较高,优于聚醋酸乙烯,主要用于内墙涂料。

(7)苯乙烯-丙烯酸酯共聚乳液　简称苯-丙乳液。性能稍差于丙烯酸乳液,但价格低于丙烯酸乳液,主要用于外墙涂料,有时也用于内墙涂料。

(8)聚氨酯树脂　具有优良的耐候性、耐热性、耐水性、耐磨性、耐腐蚀性和粘附力,可获得光亮、坚硬或柔韧的涂膜。主要用于外墙涂料、地面涂料和仿瓷涂料等。

此外还有过氯乙烯树脂、氯乙烯-偏氯乙烯共聚乳液(氯-偏共聚乳液)、氯乙烯-醋酸乙烯-丙烯酸丁酯共聚乳液(氯-醋-丙共聚乳液)、聚醋酸乙烯-顺丁烯二酸二丁酯共聚乳液(乙-顺共聚乳液)等。

二、颜料与填料

颜料和填料也是构成涂膜的组成部分,因而也称为次要成膜物质,但它不能脱离主要成膜物而单独成膜。

（一）颜料

颜料的主要作用是使涂料具有所需的各种颜色,并使涂膜具有一定的遮盖力和对比率(两者均指涂料对基层材料颜色的遮盖能力。遮盖力通常采用黑白格法,以基层材料颜色不再呈现时涂料的最小用量来表示，以 g/m² 计。对比率是采用光反射法，以黑板和白板上的规定厚度的涂膜对光的反射比之比来表示），同时也可提高涂膜的机械强度，减少涂膜的收缩。此外颜料还能防止紫外线的穿透作用，提高涂膜的耐候性。

建筑涂料中使应的颜料应具有良好的耐碱性、耐候性，并且资源丰富、价格较低。

建筑涂料中使用的颜料分为无机矿物颜料、有机颜料和金属颜料。由于有机颜料的耐久性较差，故较少使用。

1. 无机矿物颜料

常用无机矿物颜料的主要品种有：

红色颜料：氧化铁红（Fe_2O_3）；

黄色颜料：氧化铁黄〔$FeO(OH) \cdot nH_2O$〕；

绿色颜料：氧化铬绿（Cr_2O_3）；

棕色颜料：氧化铁棕（Fe_2O_3）；

白色颜料：钛白（TiO_2）、锌白（ZnO）、锌钡白（$ZnS \cdot BaSO_4$，又称立德粉）、硅灰石粉（$CaSiO_3$）；

蓝色颜料：群青蓝（$Na_6Al_4Si_6S_4O_{20}$）；

黑色颜料：碳黑（C）、石墨（C）、氧化铁黑（Fe_3O_4）。

2. 金属颜料

常用的金属颜料有：

银色颜料：铝粉（Al），又称银粉；

金色颜料：铜粉（Cu），又称金粉。

（二）填料

填料又称体质颜料，主要起到改善涂膜的机械性能，增加涂膜的厚度，减少涂膜收缩，降低涂料的成本等作用。填料大部分为白色或无色，一般不具有遮盖力和着色力。填料一般为天然材料或工业副产品，价格便宜。填料分为粉料和粒料两类。

1. 粉料

常用的粉料为重晶石粉、轻质碳酸钙、重质碳酸钙、高岭土及石英粉等。

2. 粒料

粒料为粒径小于 2 mm 的粒状填料，由天然岩石破碎加工或人工烧结而成。

三、溶剂

溶剂主要起到溶解或分散基料，改善涂料的施工性能，增加涂料的渗透能力，改善涂料与基层材料的粘接力，保证涂料的施工质量等作用。施工结束后，溶剂逐渐挥发或蒸发，最终形成连续均匀的涂膜，因而将溶剂也称为辅助成膜物质。水也是一种溶剂，用于水溶性涂料和乳液型涂料。

溶剂虽然不是构成涂膜的材料，但它与涂膜质量与涂料的成本有很大的关系，选用溶剂时一般需考虑以下几个问题。

（一）溶剂的溶解能力

某些基料只能被某些类型的溶剂所溶解。当基料为极性分子时，易被极性溶剂溶解；当基料为非极性分子时，易被非极性溶剂所溶解。此外，当溶剂带有与基料相同的官能团时，溶剂的溶解能力最大。

由溶解能力高的溶剂配制而成的涂料粘度低、浓度大、施工性好,并能获得机械强度高的厚涂膜。

涂料中常用的溶剂主要为松香水、酒精、苯、二甲苯、丙酮、醋酸乙酯、醋酸丁酯等。建筑涂料中常用的溶剂主要为二甲苯、醋酸丁酯等。

(二)溶剂的挥发率

溶剂的挥发速率对涂膜的干燥快慢、涂膜的外观及涂膜质量有很大的关系。溶剂挥发率太小,则涂膜干燥慢,影响施工进度,同时涂膜在未干燥硬化前易被雨水冲刷掉或被沾污。溶剂挥发率太快,则涂料干燥过快,影响涂膜的流平性、光泽等性能,且会因溶剂挥发太快在涂膜周围产生冷凝水,而使涂膜产生桔皮状泛白。

一般以使用中等挥发率的溶剂为好,常用的溶剂为酒清、二甲苯或几种不同挥发率的溶剂的混合物。

(三)溶剂的易燃性

有机溶剂几乎都是易燃液体,它们的燃点一般为 $25 \sim 55$ ℃,同时当它们的蒸汽在空气中达到一定浓度时遇到明火或火花即产生爆炸。因此,溶剂型涂料在使用时应特别注意防火、防爆,施工环境的通风应良好。

(四)溶剂的毒性

有些有机溶剂的蒸汽对人体有害,如苯类或含有苯环的溶剂均有较大的毒性。在生产和使用溶剂型涂料时,应尽量使用毒性小的溶剂。同时,在施工时工作人员也应采取必要的劳动保护。

水是水溶性涂料和乳液型涂料的溶剂或分散剂,生产涂料时应使用去离子水、蒸馏水或自来水,以避免水中杂质与涂料中的成分发生化学反应,影响涂料的质量和使用。

四、助剂

助剂是为进一步改善或增加涂料的某些性能,而加入的少量物质,掺量一般为百分之几至万分之几,但效果显著。助剂也属于辅助成膜物质。

通常使用的有增白剂、分散剂、乳化剂、润湿剂、稳定剂、增稠剂、消泡剂、硬化剂、催干剂、防污剂、防霉剂、紫外线吸收剂、抗氧化剂、阻燃剂等。

第二节 建筑装饰涂料的分类

一、涂料的分类

涂料的品种很多,其分类方法也很多。1992 年修订的《涂料产品的分类、命名和型号》(GB 2705—92)规定了涂料的分类,包括建筑涂料的分类。它是以涂料漆基中的主要成膜物质为基础来分类,若成膜物质为多种树脂则以在漆膜中起主要作用的一种树脂为基础来分类。成膜物质和涂料均被分为 17 类,见表 8-1。

表 8-1　成膜物质和涂料类别及其代号（GB 2705—92）

代号	涂料类别	成膜物质类别	主要成膜物质
Y	油脂漆类	油脂	天然植物油,动物油(脂)、合成油等
T	天然树脂漆类	天然树脂¹⁾	松香及其衍生物、虫胶、乳酪素、动物胶、大漆及其衍生物
F	酚醛漆类	酚醛树脂	酚醛树脂、改性酚醛树脂
L	沥青漆类	沥青	天然沥青、(煤)焦油沥青、石油沥青
C	醇酸漆类	醇酸树脂	甘油醇酸树脂、季戊四醇醇酸树脂、其它醇类的醇酸树脂、改性醇酸树脂类
A	氨基漆类	氨基树脂	三聚氰胺甲醛树脂、脲(甲)醛树脂等
Q	硝基漆类	硝酸纤维素(酯)	硝酸纤维素(酯)等
M	纤维素漆类	纤维素酯、纤维素醚	乙酸纤维素(酯)、乙酸丁酸纤维素(酯)、乙基纤维素、苄基纤维素等
G	过氯乙烯漆类	过氯乙烯树脂	过氯乙烯树脂等
X	烯树脂漆类	烯类树脂	聚二乙烯乙炔树脂、聚多烯树脂、氯乙烯共聚树脂、聚乙酸乙烯及其共聚物、聚乙烯醇缩醛树脂、聚苯乙烯树脂、含氟树脂、氯化聚丙烯树脂、石油树脂等
B	丙烯酸漆类	丙烯酸树脂	热塑性丙烯酸树脂、热固性丙烯酸树脂
Z	聚酯漆类	聚酯树脂	饱和聚酯树脂、不饱和聚酯树脂等
H	环氧漆类	环氧树脂	环氧树脂、环氧酯、改性环氧树脂等
S	聚氨酯漆类	聚氨酯树脂	聚氨(基甲酸)酯树脂等
W	元素有机漆类	元素有机聚合物	有机硅树脂、有机钛树脂、有机铝树脂等
J	橡胶漆类	橡胶	氯化橡胶、环化橡胶、氯丁橡胶、氯化氯丁橡胶、丁苯橡胶、氯磺化聚乙烯橡胶等
E	其它漆类	其它	以上16类包括不了的成膜物质,如无机高分子材料,聚酰亚胺树脂、二甲苯树脂等

注:1)包括直接来自天然资源的物质及其经过加工处理后的物质。

涂料的全名一般是由颜色或颜料名称加上成膜物质名称,再加上基本名称而组成。对不含颜料的清漆,其全名一般是由成膜物质的名称加上基本名称而组成。基本名称表示涂料的基本品种、特性和专业用途,例如清漆、磁漆、底漆、内墙涂料等,如表 8-2 所示。成膜物质名称和基本名称之间,必要时可插入适当词语来表明专业用途和特性等,如红过氯乙烯静电磁漆。凡双(多)包装的涂料,在名称后应增加"(分装)"字样,如聚酯木器漆(分装)。

涂料的型号顺序由涂料类型代号、涂料基本名称代号、涂料序号(一位或两位数字,用来区别同类、同名称漆的不同品种)组成,并在涂料基本名称和涂料序号间加"-"(读成"之")。例如 Q01-17 硝基清漆,S07-1 浅灰聚氨酯腻子(分装)等。

二、建筑涂料的分类

GB 2705—92 对涂料的分类做了严格规定,但在 1992 年以前的涂料分类中并不包括建筑涂料,因而建筑涂料在 20 年来也形成了自己的分类方法,现作简要介绍,相信建筑涂料的这种分类方法在不久将会完全过渡到按 GB 2705—92 来分类。

表 8-2 涂料基本名称及代号(GB 2705—92)

代号	基本名称	代号	基本名称	代号	基本名称
00	清油	32	(抗弧)磁漆、互感器漆	65	卷材涂料
01	清漆	33	(粘合)绝缘漆	66	光固化涂料
02	厚漆	34	漆包线漆	67	隔热涂料
03	调合漆	35	硅钢片漆	70	机床漆
04	磁漆	36	电容器漆	71	工程机械漆
05	粉末涂料	37	电阻漆、电位器漆	72	农机用漆
06	底漆	38	半导体漆	73	发电、输配电设备用漆
07	腻子	39	电缆漆、其它电工漆	77	内墙涂料
09	大漆	40	防污漆	78	外墙涂料
11	电泳漆	41	水线漆	79	屋面防水涂料
12	乳胶漆	42	甲板漆、甲板防滑漆	80	地板漆、地坪漆
13	水溶(性)漆	43	船壳漆	82	锅炉漆
14	透明漆	44	船底漆	83	烟囱漆
15	斑纹漆、裂纹漆、桔纹漆	45	饮水舱漆	84	黑板漆
16	锤纹漆	46	油舱漆	86	标志漆、路标漆、马路划线漆
17	皱纹漆	47	车间(预涂)底漆	87	汽车漆(车身)
18	金属(效应)漆、闪光漆	50	耐酸漆、耐碱漆	88	汽车漆(底盘)
20	铅笔漆	52	防腐漆	89	其它汽车漆
22	木器漆	53	防锈漆	90	汽车修补漆
23	罐头漆	54	耐油漆	93	集装箱漆
24	家电用漆	55	耐水漆	94	铁路车辆用漆
26	自行车漆	60	防火漆	95	桥梁漆、输电塔漆及其它(大型露天)钢结构漆
27	玩具漆	61	耐热漆		
28	塑料用漆	62	示温漆	96	航空、航天用漆
30	(浸渍)绝缘漆	63	涂布漆	98	胶液
31	(覆盖)绝缘漆	64	可剥漆	99	其它

(一)按基料的类别分类

1. 有机涂料

有机涂料分为溶剂型涂料、水溶性涂料、乳液型涂料。

(1)溶剂型涂料　溶剂型涂料又称溶液型涂料,是以合成树脂为基料,有机溶剂为稀释剂,加入适量的颜料、填料、助剂等经研磨、分散等而成的涂料。

溶剂型涂料形成的涂膜细腻、光洁、坚韧,有较高的硬度、光泽、耐水性、耐洗刷性、耐候性、耐酸碱性和气密性,对建筑物有较高的装饰性和保护性,且施工方便。溶剂型涂料的使用范围广,适用于建筑物的内外墙及地面等。但涂膜的透气性差,可燃或具有一定的燃烧性。此外,溶剂型涂料本身易燃,挥发出的溶剂对人体有害,施工时要求基层材料干燥,而且价格较高。

(2)水溶性涂料　水溶性涂料是以水溶性合成树脂为基料,加入水、颜料、填料、助剂等,经研磨、分散等而成的涂料。

水溶性涂料的价格低,无毒无味,施工方便,但涂膜的耐水性、耐候性、耐洗刷性差,一般用于建筑内墙面。

(3)乳液型涂料　乳液型涂料又称乳胶涂料、乳胶漆,是以合成树脂乳液为基料,加入颜料、填料、助剂等经研磨、分散等而成的涂料。合成树脂乳液是粒径为 $0.1\sim0.5\ \mu m$ 的合成树脂分散在含有乳化剂的水中所形成的乳状液。

乳液型涂料无毒、不燃,对人体无害,价格较低,具有一定的透气性,其它性能接近于或略低于溶剂型涂料,特别是光泽度较低。乳液型涂料施工时不需要基层材料很干燥,但施工时温度宜在 10 ℃以上,用于潮湿部位的乳液型涂料需加入防霉剂。乳液型涂料是目前大力发展的涂料。

水溶性涂料和乳液型涂料统称水性涂料。

2. 无机涂料

无机涂料是以水玻璃、硅溶胶、水泥等为基料,加入颜料、填料、助剂等经研磨、分散等而成的涂料。

无机涂料的价格低、无毒、不燃,具有良好的遮盖力,对基层材料的处理要求不高,可在较低温度下施工,涂膜具有良好的耐热性、保色性、耐久性,且涂膜不燃。无机涂料可用于建筑内外墙面等。

3. 无机-有机复合涂料

无机-有机复合涂料是既使用无机基料又使用有机基料的涂料。按复合方式的不同分为无机基料与有机基料通过物理方式混合而成,无机基料与有机基料通过化学反应进行接枝或镶嵌的方式而成。

无机-有机复合涂料既具有无机涂料的优点,又具有有机涂料的优点,且涂料的成本较低,适用于建筑物内外墙面等。

(二)按在建筑物上的使用部位分类

按在建筑物上的使用部位的不同建筑涂料分为外墙涂料、内墙涂料、顶棚涂料、地面料、屋面防水涂料等。

(三)按涂膜厚度、形状与质感分类

按涂膜的厚度可分为薄质涂料和厚质涂料,前者的厚度一般为 $50\sim100\ \mu m$,后者的厚度一般为 $1\sim6\ mm$。按涂膜的形状和质感可分为平壁状涂层涂料、砂壁状涂层涂料、凹凸立体花纹涂料。

1. 平壁状涂层涂料

涂膜表面平整、光滑的平面涂料,厚度一般为 $50\sim100\ \mu m$,涂膜结构如图 8-1。

2. 砂壁状涂层涂料

涂膜表面呈砂粒状装饰效果的砂壁状涂料,厚度一般约为 1 mm,涂膜结构如图 8-1 所示。

3. 凹凸立体花纹涂料

凹凸立体花纹涂料,简称立体花纹涂料,即复层涂料。涂膜表面分为呈环山状花纹、环点状花纹、桔皮状花纹、拉毛状花纹、轧花状花纹等,涂膜结构如图 8-1。

（四）按装饰涂料的特殊功能分类

按建筑装饰涂料的特殊功能可分为防火涂料、防水涂料、防腐涂料、保温涂料、防霉涂料、弹性涂料等。

建筑涂料分类时,常将两种分类结合在一起,如合成树脂乳液内(外)墙涂料、溶剂型外墙涂料、水溶性内墙涂料、合成树脂乳液砂壁状涂料等。

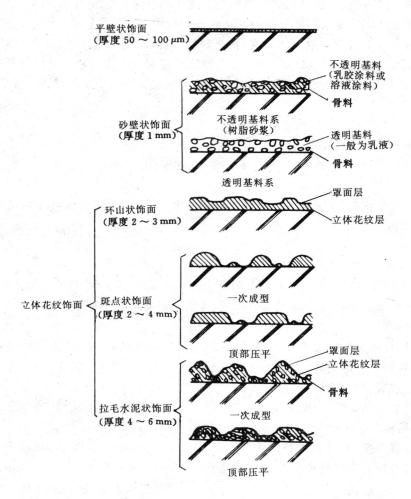

图 8-1　各种涂料装饰面的断面图

第三节　内墙装饰涂料

一、聚乙烯醇系内墙涂料

（一）聚乙烯醇水玻璃内墙涂料

聚乙烯醇水玻璃内墙涂料又称 106 涂料,是以聚乙烯醇和水玻璃为基料,加入一定量的颜料、填料和适量助剂,经溶解、搅拌、研磨而成的水溶性内墙涂料。其技术性质应满足《水溶性内墙涂料》(JC/T 423—91)中Ⅱ类涂料的规定(表 8-3)。

表 8-3　水溶性内墙涂料的技术要求(JC/T 423—91)

项　目	技术要求	
	Ⅰ 类[1]	Ⅱ 类[1]
容器中状态	无结块、沉淀和絮凝	
粘度(s)	30~70	
细度(μm)	≤100·	
遮盖力(g/m²)	≤300	
白度[2](%)	≥80	
涂膜外观	平整、色泽均匀	
附着力(%)	100	
耐水性	无脱落、起泡和皱皮	
耐干擦性(级)	—	≤1
耐洗刷性(次)	≥300	—

注:1)Ⅰ类涂料适用于浴室、厨房等的内墙;Ⅱ类涂料适用于一般内墙;
　　2)白度规定只适用于白色涂料。

聚乙烯醇水玻璃内墙涂料具有原料丰富、价格低廉、工艺简单、无毒、无味、耐燃、色彩多样、装饰性较好,并与基层材料间有一定的粘接力,但涂层的耐水性及耐水洗刷性差,不能用湿布擦洗,且涂膜表面易产生脱粉现象。聚乙烯醇水玻璃内墙涂料是国内内墙涂料中用量最大的一种,广泛用于住宅、普通公用建筑等的内墙面、顶棚等,但不适合用于潮湿环境。

(二)聚乙烯醇缩甲醛内墙涂料

聚乙烯醇缩甲醛内墙涂料又称 803 内墙涂料,是以聚乙烯醇与甲醛进行不完全缩合醛化反应生成的聚乙烯醇缩甲醛水溶液为基料,加入颜料、填料及助剂经搅拌研磨等而成的水溶性内墙涂料。聚乙烯醇缩甲醛内墙涂料的技术指标应满足表 8-3 中Ⅱ类涂料的规定。

聚乙烯醇缩甲醛内墙涂料的成本与聚乙烯醇水玻璃内墙涂料相仿,耐洗刷性略优于聚乙烯醇水玻璃内墙涂料,可达 100 次,其它性能与聚乙烯醇水玻璃内墙涂料基本相同。聚乙烯醇缩甲醛内墙涂料可广泛用于住宅、一般公用建筑的内墙与顶棚等。

(三)改性聚乙烯醇系内墙涂料

改性聚乙烯醇系内墙涂料又称耐湿擦洗聚乙烯醇系内墙涂料。提高聚乙烯醇系内墙涂料耐水性和耐洗刷性的措施有:提高缩醛度、采用乙二醛和丁醛来代替部分甲醛或全部甲醛、加入活性填料等。改性聚乙烯醇系内墙涂料的技术性质应满足表 8-3 中Ⅰ类涂料的要求。

改性聚乙烯醇系内墙涂料具有较高的耐水性和耐洗刷性,耐洗刷性可达 300~1 000次。改性聚乙烯醇系内墙涂料的其它性质与聚乙烯醇水玻璃内墙涂料基本相同,适用于住宅、一般公用建筑的内墙和顶棚,也适用于卫生间、厨房等的内墙、顶棚。

二、聚醋酸乙烯乳液涂料

聚醋酸乙烯乳液涂料又称聚醋酸乙烯乳胶漆,是以聚醋酸乙烯乳液为基料,加入适量的填料、少量颜料及其它助剂的乳液型内墙涂料,其技术性质应满足《合成树脂乳液内墙涂料》(GB/T 9756—1995)的规定(表 8-4)。

表 8-4　合成树脂乳液内墙涂料的技术要求(GB/T 9756—1995)

项　目	一等品	合格品
在容器中的状态	搅拌混合后无硬块,呈均匀状态	
施工性	刷涂二道无障碍	
涂膜外观	涂膜外观正常	
干燥时间(h),≥	2	
对比率(白色和浅色),≮	0.93	0.90
耐碱性(24 h)	无异常	
耐洗刷性(次),≮	300	100
涂料耐冻融性	不变质	

　　聚醋酸乙烯乳液涂料具有无毒、不易燃烧、涂膜细腻、平滑、色彩鲜艳、装饰效果良好、价格适中、施工方便,涂膜透气性良好、不易产生气泡,耐水性、耐碱性及耐候性优于聚乙烯醇系内墙涂料,但较其它共聚乳液涂料差。聚醋酸乙烯乳液涂料适用于住宅、一般公用建筑等的内墙面、顶棚等。

三、醋酸乙烯-丙烯酸酯有光乳液涂料

　　醋酸乙烯-丙烯酸酯有光乳液涂料,简称乙-丙有光乳液涂料,是以乙-丙乳液为基料,加入颜料、填料、助剂等配制而成的水性内墙涂料,其技术性质应满足 GB/T 9756—1995 的规定(表 8-4)。

　　乙-丙有光乳液涂料的耐水性、耐候性、耐碱性优于聚醋酸乙烯乳液涂料,并具有光泽,是一种中高档的内墙装饰涂料。乙-丙有光乳液涂料主要用于住宅、办公室、会议室等的内墙面、顶棚等。

四、多彩内墙涂料

　　多彩内墙涂料简称多彩涂料,是目前国内外流行的高档内墙涂料,它是经一次喷涂即可获得具有多种色彩的立体涂膜的涂料。目前生产的多彩涂料主要是水包油型(即水为分散介质,合成树脂为分散相,以油/水或 O/W 来表示)。分散相为各种基料、颜料及助剂等的混合物,分散介质为含有乳化剂、稳定剂等的水。不同基料间、基料与水间互相掺混而不互溶,即水中分散着肉眼可见的不同颜色的基料微粒。为获得理想的涂膜性能,常采用三种以上的树脂混合使用。

　　多彩涂料的技术性质应满足《多彩内墙涂料》(JG/T 3003—93)的规定(表 8-5)。

　　多彩涂料的涂层由底层、中层、面层复合而成。底层涂料主要起封闭潮气的作用,防止涂料由于墙面受潮而剥落,同时也保护涂料免受碱性的侵蚀,一般须使用具有较强耐碱性的溶剂型封闭漆。中层起到增加面层和底层的粘接作用,并起到消除墙面的色差,突出多彩面层的光泽和立体感的作用,通常应选用性能良好的合成树脂乳液内墙涂料。面层即为多彩涂料。

表 8-5　多彩内墙涂料的技术要求（JG/T 3003—93）

类别	项 目	指 标
涂料性质	在容器中的状态	搅拌后呈均匀状态，无结块
	粘度（25 ℃）（KU B法）	80～100
	不挥发物含量（%），≥	19
	施工性	喷涂无困难
	贮存稳定性（0～30 ℃）（月）	6
涂层性质	实干时间（h），≥	24
	涂膜外观	与样本相比无明显差别
	耐水性〔去离子水，（23±2）℃〕	96 h不起泡、不掉粉，允许轻微失光和变色
	耐碱性〔饱和氢氧化钙溶液，（23±3）℃〕	48 h不起泡、不掉粉，允许轻微失光和变色
	耐洗刷性（次）	300

多彩涂料的色彩丰富、图案变化多样、立体感强、生动活泼，具有良好的耐水性、耐油性、耐碱性、耐化学药品性、耐洗刷性，并具有较好的透气性。多彩涂料对基层的适应性强，可在各种建筑材料上使用，要求基层材料干燥、清洁、平整、坚硬。多彩涂料主要用于住宅、办公室、商店等的内墙面、顶棚等。

多彩涂料宜在 5～30 ℃下贮存，且不宜超过半年。多彩涂料在施工前应使用木棒轻轻搅拌（不可用电动搅拌机搅拌，以防破坏多彩涂料的悬浮状态），使涂料均匀。使用时不可随意加入稀释剂。当气温较低涂料粘度大而不便喷涂时，可将涂料连同容器在温水（50～60 ℃）中浸泡，以降低粘度。多彩涂料不宜在雨天或湿度高的环境下施工，否则易使涂膜泛白，且附着力也会降低。

五、幻彩涂料

幻彩涂料，又称梦幻涂料、云彩涂料，是用特种树脂乳液和专门的有机、无机颜料制成的高档水性内墙涂料。幻彩涂料的种类较多，按组成的不同主要有用特殊树脂与专门的有机、无机颜料复合而成的；用特殊树脂与专门制得的多彩金属化树脂颗粒复合而成的；用特殊树脂与专门制得的多彩纤维复合而成的等。其中使用较多、应用较为广泛的为第一种，该类又按是否使用珠光颜料分为两种。特殊的珠光颜料赋予涂膜以梦幻般的感觉，使涂膜呈现珍珠、贝壳、飞鸟、游鱼等所具有的优美珍珠光泽。

所用的树脂乳液是经特殊聚合工艺加工而成的合成树脂乳液，具有良好的触变性及适当的光泽，涂膜具有优异的抗回粘性。一般建筑涂料用树脂乳液满足不了上述要求。常用的苯-丙乳液、丙烯酸乳液虽也可配制出幻彩涂料，但其涂膜抗回粘性差，在高温季节和高温场所涂料发粘且易沾污，影响装饰效果。珠光颜料是一种包覆二氧化钛的云母片，具有很高的折光率和独特的珠光光泽，柔和而明亮。珠光颜料是通过光的干涉作用产生颜色，因而从不同角度观看时呈现不同的颜色，即多角多彩性。珠光颜料的另一独特光学效果是，当珠光颜料涂膜在曲面上时，能够产生明暗错落、层次分明的效果。

幻彩涂料还没有统一的标准，但它至少应符合《合成树脂乳液内墙涂料》（GB/T 9756—1995）的规定（表 8-4）。

幻彩涂料以其变幻奇特的质感及艳丽多变的色彩为人们展现出一种全新感觉的装饰效果。幻彩涂料涂膜光彩夺目、色泽高雅、意境朦胧，并具有优良的耐水性、耐碱性和耐洗刷性。幻彩涂料的造型丰富多彩，加入多彩金属化树脂颗粒或多彩纤维可使幻彩涂料获得丝状、点状、棒状等不同的形状，丝状造型如灿烂的晚霞，彩点如满天繁星闪烁，棒状如礼花四射。幻彩涂料的图案变幻多姿，可按使用者的要求进行随意创作，艺术性和创造性的施工可使幻彩涂料的图案似行云流水、朝霞满天，或象一幅抽象的画卷，具有梦幻般、写意般的装饰效果。幻彩涂料主要用于办公室、住宅、宾馆、商店、会议室等的内墙、顶棚等。

幻彩涂料适用于混凝土、砂浆、石膏、木材、玻璃、金属等多种基层材料，要求基层材料清洁、干燥、平整、坚硬。幻彩涂料可采用喷、涂、刷、辊、刮等多种方式施工。

幻彩涂料的封闭底涂主要是保护涂料免受墙体碱性的侵蚀，对一般基层材料可使用水性封闭底漆。中间涂层一是增加面层与基层材料的粘接，二是可作为底色，突出幻彩面层的光泽和装饰效果，可使用合成树脂乳液涂料，如使用半光或有光乳液涂料更能突出面层的色彩，也有利于施工。幻彩涂料的面层可单色使用，也可套色使用。

六、纤维状涂料

纤维状涂料是以天然纤维、合成纤维、金属丝为主，加入水溶性树脂而成的水溶性纤维涂料。

纤维状涂料无毒、无味、色彩艳丽、色调柔和，涂层柔软且富有弹性、无接口、不变形、不开裂、立体感强、质感独特，并具有良好的吸声、耐潮、透气、不结露、抗老化等功能。纤维状涂料通过涂抹时的色彩搭配可获得不同的装饰效果，纤维状涂料还可用来绘制各种壁画，创造出不同的室内气氛，广泛用于各种商业建筑、宾馆、饭店、歌舞厅、酒吧、办公室、住宅等的装饰。

纤维状涂料适合任何基层材料的室内墙面。纤维状涂料施工时对墙壁的光滑度要求不高，但要求基层干燥，表面不得有脏物、浮灰等，对局部的疏松部分应进行修补平整。当基层材料上有铁钉、铁件等时应涂防锈漆作为底漆，以防产生锈蚀，污染涂层。当基层材料为三合板、纤维板、石膏板等时应涂一道封闭底漆，以免泛色。施工时应首先配制胶水，之后将纤维加入，搅拌均匀，静置 20 min 后即可施工。施工时用塑料抹刀或钢抹刀抹涂或喷涂，但一般采用抹涂。除需要具有吸声效果的特殊情况以外，抹涂时应尽量薄抹，盖住墙面即可。厚度一般不超过 1.5 mm，施涂量一般为 3 kg/m²。为保持涂层的装饰效果自然流畅，用抹刀抹涂时应纵、横交替，抹压平整，但不可过分抹压，以免留下抹刀痕迹。纤维状涂料的干燥时间较长，一般需 48 h，在此期间要注意不要触摸或擦碰，以免破坏涂层的整体装饰效果。室温低于 5 ℃时不宜施工。

七、仿瓷涂料

仿瓷涂料又称瓷釉涂料，是一种质感与装饰效果酷似陶瓷釉层饰面的装饰涂料。仿瓷涂料分为溶剂型和乳液型。

（一）溶剂型仿瓷涂料

溶剂型仿瓷涂料是以常温下产生交联固化的树脂为基料，目前主要使用的为聚氨酯树脂、丙烯酸-聚氨酯树脂、环氧-丙烯酸树脂、丙烯酸-氨基树脂、有机硅改性丙烯酸树脂等，并加入颜料、填料、溶剂、助剂等配制而成的具有瓷釉亮光的涂料。溶剂型仿瓷涂料的颜色多样、涂膜光亮、坚硬、丰满、酷似瓷釉，具有优异的耐水性、耐碱性、耐磨性、耐老化性，并且附着力极强。

常用的溶剂型仿瓷涂料为双组分聚氨酯型，分为底涂涂料和面涂涂料，使用时在现场将两组分按比例搅拌均匀。

溶剂型仿瓷涂料可用于各种基层材料的表面，适用于建筑内外墙，如卫生间、厨房、制药车间、手术室、化验室、消毒室、食品车间等的墙面。仿瓷涂料在施工时，要求基层平整、干净、表面干燥，此外还应注意通风、防火、防水、防潮。

（二）乳液型仿瓷涂料

乳液型仿瓷涂料是以合成树脂乳液为基料，目前主要使用丙烯酸树脂乳液，并加入颜料、填料、助剂等配制而成的具有瓷釉亮光的涂料。乳液型仿瓷涂料的价格较低、低毒、不燃、硬度高、涂膜丰满，耐老化性、耐碱性、耐酸性、耐水性、耐沾污性及与基层材料的附着力等均较高，并能较长时间保持原有的光泽和色泽。

乳液型丙烯酸仿瓷涂料分为双组分和单组分两种。双组分的乳液型丙烯酸仿瓷涂料具有优异的光泽和良好的硬度。单组分的乳液型丙烯酸仿瓷涂料的涂膜强度、耐沾污性、耐水性、耐候性高，干燥速度快，既可用于室内又可用于室外。

乳液型仿瓷涂料适用于各种基层材料的表面，施工时要求基层材料干净、平整。

八、绒面涂料

绒面涂料是一种质感与装饰效果酷似织物、绒皮的高档内墙装饰涂料，它主要由着色树脂微球（俗称绒毛粉）、基料树脂、助剂等组成。绒面涂料分为溶剂型、乳液型和紫外线固化型等，建筑中常用的为乳液型。

着色树脂微球为内部包有着色颜料的中空微小球粒，其粒径为 $10\sim90~\mu m$，以 $10\sim30~\mu m$ 为好。着色树脂微球应具有弹性、复原性、柔软性和坚韧性，并应具有绒面、平光、多彩等效果。常用的微球有聚氨酯微球、丙烯酸微球、氟树脂微球、聚氯乙烯微球、聚烯烃微球等。基料树脂一般为软质树脂，即利用树脂本身的柔软性赋予涂层柔软感。软质树脂与弹性着色树脂微球配合可制得完全消光的绒面涂料。

绒面涂料具有柔软、温暖、优雅、仿鹿皮的绒面效果，且色彩丰富、舒适自然、无毒、无味，并具有优良的耐久性、耐水性、吸声性等。绒面涂料可创造出温馨、优雅、自然朴实的不同环境，适用于高级宾馆、商店、歌舞厅、音乐厅、住宅等的内墙、顶棚等。

绒面涂料适用于多种基层材料，施工时可采用辊涂、静电喷涂、刷涂等。

九、静电植绒涂料

静电植绒涂料是利用高压静电感应原理，将纤维绒毛植于涂胶表面而成的高档内墙装饰涂料，它主要由纤维绒毛和专用胶粘剂等组成。

纤维绒毛可采用胶粘丝、尼龙、涤纶、丙纶等纤维，植绒层的手感与纤维绒毛的品种、长短及纤维切割方法有关。国内主要使用尼龙、胶粘纤维长丝或丝束，经过精度很高的专用绒毛切割机切成长短不同规格的短绒，再经染色和化学精加工，赋予绒毛柔软性、抗静电性、导电性及绒毛在输送过程中的"流动性"。纤维绒毛的长短应根据需要精心选择，纤维绒毛短而细时，植绒涂层柔软，并具有鹿皮绒和天鹅绒的风格。植绒用胶粘剂的品种很多，分为乳液型、溶剂型。乳液型主要用于水泥及混凝土、木材、陶瓷、石膏等基层材料，溶剂型主要用于金属、塑料、橡胶等基层材料。胶粘剂应具有导电性、良好的吸湿性以及低的表面张力。国内最常用的为丙烯酸乳液，它可形成无色透明的膜层，膜的硬度可调，具有良好的粘接性、抗老化性、耐水性，且价格适中。

静电植绒涂料的手感柔软、光泽柔和、色彩丰富、有一定的立体感，具有良好的吸声性、抗老化性、阻燃性，高湿条件下绒毛不会自然脱落，并可用吸尘器清理或湿毛巾加肥皂水擦拭。静电植绒涂料既能平面植绒，也能立体植绒。静电植绒涂料可创造出宁静、温馨、优雅、自然朴实的不同环境，适用于高级宾馆、商店、歌舞厅、音乐厅、住宅等。

静电植绒涂料适用于多种基层材料，要求基层材料的表面干净、平整。对吸湿性较大的基层材料（如石膏等）或碱性较强的基层材料，应采用溶剂型涂料作为底层涂料进行封闭处理。

施工时首先在被涂物表面上涂胶，要求胶要涂刷均匀平整，无漏刷或流淌，遇有吸水性较强的基层材料，可在胶中适量加入稀释剂，以延长胶的固化时间，便于植绒施工。被涂物作为正极，喷头的口上接为负极，并根据所植物体的大小，电压在 $30\sim60$ kV 之间选择，植绒距离在 $30\sim60$ mm 之间。距离太近电场强度过大或枪头有可能碰触绒面，破坏涂层，并可能引起放电。距离太远，电场力太小，绒毛飞散，植层过薄，饱和性差。绒毛在静电力的作用下沿电力线的方向飞向被涂物，并直立于被涂物表面。绒毛应干燥，否则会严重影响植绒效果。植绒后，在胶粘剂未固化前，不能用手触摸，以免绒毛粘接不牢或绒毛被碰倒而产生不匀痕迹。植绒干燥后，将多余的绒毛用吸尘器或刷子清理下来，动作要轻，不可用力过度。

第四节　外墙装饰涂料

一、苯乙烯-丙烯酸酯乳液涂料

苯乙烯-丙烯酸酯乳液涂料，简称苯-丙乳液涂料，是以苯-丙乳液为基料，加入颜料、填料、助剂等配制而成的水性涂料，是目前质量较好的外墙乳液涂料之一，也是我国外墙涂料的主要品种。苯-丙乳液涂料分为无光、半光、有光三类，其技术性质应满足《合成树脂乳液外墙涂料》(GB/T 9755—1995)的规定（表 8-6）。

苯-丙乳液涂料具有优良的耐水性、耐碱性和抗污染性，外观细腻、色彩艳丽、质感好，耐洗刷次数可达 2 000 次以上，与水泥混凝土等大多数建筑材料的粘附力强，并具有丙烯酸类涂料的高耐光性、耐候性和不泛黄性。苯-丙乳液涂料适用于办公室、宾馆、商业建筑以及其它公用建筑的外墙、内墙等，但主要用于外墙。

二、丙烯酸系外墙涂料

丙烯酸系外墙涂料分为溶剂型和乳液型。溶剂型是以热塑性丙烯酸酯树脂为基料，加入填料、颜料、助剂和溶剂等，经研磨而成；乳液型是以丙烯酸乳液为基料，加入填料、颜料、助剂等经研磨而成；它们的技术性质应分别满足《溶剂型外墙涂料》(GB 9757—88)的规定（表8-6）和《合成树脂乳液外墙涂料》(GB/T 9755—1995)的规定（表 8-7）。丙烯酸系外墙涂料还分为有光、半光、无光三类。

表 8-6　溶剂型外墙涂料的技术要求（GB 9757－88）

项　目		指　标
在容器中的状态		无硬块，搅拌后呈均匀状态
固体含量〔(120±2) ℃〕(%)		不小于 45
细度(μm)		不大于 45
遮盖力(白色或浅色)(g/m²)		不大于 140
颜色及外观		符合标准样板，在其色差范围内，表面平整
干燥时间(h)	表干	不大于 2
	实干	不大于 24
耐水性(144 h)		不起泡、不掉粉，允许轻微失光和变色
耐碱性(24 h)		不起泡、不掉粉，允许轻失光和变色
耐洗刷性(次)		不小于 2 000
耐冻融循环性(10 次)		无粉化、不起鼓、不裂纹、不剥落
耐人工老化性(250 h)	粉化(级)	不起泡、不剥落、无裂纹 不大于 2
	变色(级)	不大于 2
耐沾污性(5 次循环)，反射系数下降率(白色或浅色)(%)		30

表 8-7　合成树脂乳液外墙涂料的技术要求（GB/T 9755－1995）

项　目		一等品	合格品
在容器中的状态		搅拌混合后无硬块，呈均匀状态	
施工性		刷涂二道无障碍	
涂膜外观		涂膜外观正常	
干燥时间(h)，≯		2	
对比率(白色和浅色)，≮		0.90	0.87
耐水性(96 h)		无异常	
耐碱性(48 h)		无异常	
耐洗刷性(次)，≮		1 000	500
耐人工老化性	时间(h)	250	200
	粉化(级)，≯	1	
	变色(级)，≯	2	
涂料耐冻融性		不变质	
涂层耐温变性(10 次循环)		无异常	

　　丙烯酸外墙涂料具有优良的耐水性、耐高低温性、耐候性，良好的粘接性、抗污染性、耐碱性及耐洗刷性，耐洗刷次数可达 2 000 次以上，此外丙烯酸外墙涂料的装饰性好，寿命可达 10 年以上，属于高档涂料，是目前国内外主要使用的外墙涂料之一。丙烯酸外墙涂料主要用于商店、办公楼等公用建筑的外墙，作为复合涂层的罩面涂料，也可作为内墙复合涂层

的罩面涂料。丙烯酸外墙涂料可采用刷涂、喷涂、滚涂等施工工艺。溶剂型涂料在施工时需注意防火、防爆。

三、聚氨酯系外墙涂料

聚氨酯系外墙涂料是以聚氨酯树脂或聚氨酯树脂与其它树脂的混合物为基料,加入颜料、填料、助剂等配制而成的双组分溶剂型外墙涂料,其技术性质应满足 GB 9757—88 的规定(表 8-6)。

聚氨酯外墙涂料包括主涂层涂料和面涂层涂料。主涂层涂料是双组分聚氨酯厚质涂料,通常采用喷涂施工,形成的涂层具有良好的弹性和防水性。面涂涂料为双组分的非黄变性丙烯酸改性聚氨酯涂料。

聚氨酯系外墙涂料具有一定的弹性和抗伸缩疲劳性,能适应基层材料在一定范围内的变形而不开裂,抗伸缩疲劳次数可达 5 000 次以上。并具有优良的粘接性、耐候性、耐水性、防水性、耐酸碱性、耐高温性和耐洗刷性,耐洗刷次数可达 2 000 次以上。聚氨酯外墙涂料的颜色多样,涂膜光洁度高,呈瓷质感,耐沾污性好,使用寿命可达 15 年以上,属于高档外墙涂料。聚氨酯系外墙涂料主要用于办公楼、商店等公用建筑。聚氨酯系外墙涂料在施工时需在现场按比例混合后使用。施工时需防火、防爆。

四、合成树脂乳液砂壁状建筑涂料

合成树脂乳液砂壁状建筑涂料原称彩砂涂料,是以合成树脂乳液(一般为苯-丙乳液或丙烯酸乳液)为基料,加入彩色骨料(粒径小于 2 mm 的彩色砂粒、彩色陶瓷粒等)或石粉及其它助剂,配制而成的粗面厚质涂料,简称砂壁状涂料。合成树脂乳液砂壁状涂料按所用彩色砂和彩色粉的来源分为三种类型,A 型采用人工烧结彩色砂粒和彩色粉;B 型采用天然彩色砂粒和彩色粉;C 型采用天然砂粒和石粉,加颜料着色。目前常用的为 A 型和 B 型。合成树脂乳液砂壁状建筑涂料的技术性质应满足《合成树脂乳液砂壁状建筑涂料》(GB 9153—88)的规定(表 8-8)。

合成树脂乳液砂壁状建筑涂料可用不同的施工工艺做成仿大理石、仿花岗石质感与色彩的涂料,因而又称之为仿石涂料、石艺漆、真石漆。一般采用喷涂法施工,涂层具有丰富的色彩和质感,保色性、耐水性、耐候性良好,涂膜坚实,骨料不易脱落,使用寿命可达 10 年以上。合成树脂乳液砂壁状涂料主要用于办公楼、商店等公用建筑的外墙面,也可用于内墙面。合成树脂乳液砂壁状涂料也可采用抹涂施工,涂层平滑,称之为薄抹涂料。

合成树脂乳液砂壁状涂料适用于多种基层材料,要求基层较为平整,一般需对基层进行封闭处理。

五、复层建筑涂料

复层建筑涂料又称凹凸花纹涂料、立体花纹涂料、浮雕涂料、喷塑涂料,它是由两种以上涂层组成的复合涂料。复层建筑涂料一般由基层封闭涂料(底涂涂料)、主层涂料、罩面涂料组成。复层建筑涂料按主涂层涂料基料的不同,分为聚合物水泥系复层涂料(CE)、硅酸盐系复层涂料(Si)、合成树脂乳液系复层涂料(E)、反应固化型合成树脂乳液系复层涂料(RE)四大类。我国目前主要使用的为前三类。

表 8-8　合成树脂乳液砂壁状建筑涂料的技术要求（GB 9153—88）

类别	项目		指标
涂料试验	在容器中的状态		经搅拌后呈均匀状态，无结块
	骨料沉降（%）		<10
	贮存稳定性	低温贮存稳定性	3 次试验后，无硬块、凝聚及组成物的变化
		热贮存稳定性	1 个月试验后，无硬块、发霉、凝聚及组成物的变化
涂层试验	干燥时间（表干）(h)		≤2
	颜色及外观		颜色及外观与样本相比，无明显差别
	耐水性		240 h 试验后，涂层无裂纹、起泡、剥落、软物的析出，与未浸泡部分相比，颜色、光泽允许有轻微变化
	耐碱性		240 h 试验后，涂层无裂纹、起泡、剥落、软物的析出，与未浸泡部分相比，颜色、光泽允许有轻微变化
	耐洗刷性		1 000 次洗刷试验后涂层无变化
	耐沾污率（%）		5 次沾污试验后，沾污率在 45 以下
	耐冻融循环性		10 次冻融循环试验后，涂层无裂纹、起泡、剥落、与试验试板相比，颜色、光泽允许有轻微变化
	粘接强度（MPa）		≥0.69
	人工加速耐候性		5 000 h 试验后，涂层无裂纹、起泡、剥落、粉化，变色<2 级

　　基层封闭涂料的作用是封闭基层，防止和减少盐类、碱类等的析出，堵塞基层材料的孔隙，提高基层本身的强度和密实性。同时也使基层减少吸收主层涂料中的水分、助剂、乳液等，以保证主层涂料的强度以及与基层的粘接力，同时有利于涂料的施工，保证凹凸花纹的形成和涂层的装饰效果。但聚合物水泥系、反应固化型环氧树脂系复层涂料无底层。常用乙-丙乳液或苯-丙乳液，与水按 1∶1 比例配制，以利于向基层材料渗透，堵塞基层的微细孔隙，真正起到封闭作用。按是否加入颜料，基层封闭涂料又分为透明型和着色型基层封闭涂料，通常使用透明型。

　　主层涂料的作用主要是通过喷涂、滚涂等，使饰面层形成变化多样、质感丰富的凹凸花纹、桔皮花纹、浮雕花纹、环状花纹等多种立体花纹图案。主层涂料一般均为白色，按主要成分分为：

　　(1)聚合物系水泥涂料　由白色硅酸盐水泥、水溶性树脂等组成。聚合物水泥系涂料的价格较低，施工方便，耐久性和耐龟裂性能好，涂层可做得较厚。适用于南方气候环境潮湿的地区，而不宜用于北方气候干燥地区，因涂层中的水泥得不到充足的水分，水化程度较差，影响涂层的强度。

　　(2)硅酸盐系涂料　由硅溶胶或水玻璃、固化剂以及合成树脂乳液等组成。硅酸系涂料的渗透力和附着力强，不起皮、不易粉化和泛白。

　　(3)合成树脂乳液系涂料　由合成树脂乳液、填料、助剂等组成。内墙一般用聚醋乙烯乳液，外墙一般用乙-丙乳液、苯-丙乳液、纯丙烯酸乳液。涂层的耐候性良好，不易产生龟裂，不泛白，适用于气候环境较为干燥的地区。

　　(4)反应固化型合成树脂乳液涂料　由反应固化型环氧树脂乳液或丙烯酸乳液、填料、助剂等组成的双组分乳液型涂料。涂层性能优异，特别是韧性好、硬度大，适用于厚涂饰面工程。

　　罩面涂料的作用是使涂层具有所要求的颜色和光泽，提高涂膜的耐水性、耐候性与耐沾污性。罩面涂料按涂膜光泽的不同分为有光、半光、无光；按颜色的不同分为单色、双色、珠光色、金属色等。常用的乳液型罩面涂料有乙-丙乳液涂料、苯-丙乳液涂料、纯丙烯酸乳液涂料、硅-丙乳液涂料（即有机硅-丙烯酸酯共聚乳液涂料），做白色或浅色罩面涂料时不宜用苯-丙乳液涂料；常用的溶剂型罩面涂料有溶剂型丙烯酸涂料、溶剂型硅-丙涂料、溶剂型单组分聚氨酯涂料、溶剂型双组分聚氨酯涂料等。

　　复层建筑涂料的技术性质应满足《复层建筑涂料》（GB 97790－88）的规定（表 8-9）。

表 8-9　复层建筑涂料的要求（GB 9779－88）

项目		分类代号			
		CE	Si	E	RE
低温稳定性		无结块、无组成物分离、凝聚			
初期干燥抗裂性		不出现裂纹			
粘接强度（MPa）	标准状态	>0.49		>0.68	>0.98
	浸水后	>0.49		>0.49	>0.68
耐冷热循环性		不剥落、不起泡、无裂纹、无明显变化			
透水性（mL）		溶剂型<0.5；水乳型<2.0			
耐碱性		不剥落、不起泡、不粉化、无裂纹			
耐冲击性		不剥落、不起泡、无明显变形			
耐候性		不起泡、无裂纹；粉化≤1 级；变色≤2 级			
耐沾污性（%）		≤30			

　　复层涂料广泛用于商业、宾馆、办公室、饭店等的外墙、内墙、顶棚等。

　　复层涂料适用于多种基层材料，要求基层平整、清洁。施工时首先刷涂 1～2 道基层封闭涂料（CE 系和 RE 系不需基层封闭涂料）。主层涂料在喷涂后，可利用橡胶辊（或塑料辊）、橡胶刻花辊进行辊压以获得所要求的立体花纹与质感。主层涂料施涂 24 h 后，即可喷涂或刷涂罩面涂料，罩面涂料需施涂 2 道。

六、外墙无机建筑涂料

　　无机建筑涂料是以碱金属硅酸盐或硅溶胶为基料，加入填料、颜料、助剂等配制而成的水性建筑涂料。按基料的不同分为两类：

　　A 类——以碱金属硅酸盐，包括硅酸钠、硅酸钾、硅酸锂及其混合物为主要基料，并加入相应的固化剂或有机合成树脂乳液配制而成的涂料。A 类无机建筑涂料为双组分涂料，使用时在现场将固化剂加入，搅拌均匀后使用。

　　B 类——以硅溶胶为主要基料，并加入有机合成树脂乳液及次要基料配制而成的涂料。

　　外墙无机建筑涂料的技术性质应满足《外墙无机建筑涂料》（GB 10222－88）的规定（表8-10）。

表 8-10　外墙无机建筑涂料的技术要求(GB 10222—88)

项　目		指　标
涂料贮存稳定性	常温稳定性〔(23±2)℃〕	6 个月可搅拌,无凝聚,生霉现象
	热稳定性〔(50±2)℃〕	30 d 无结块、凝聚、生霉现象
	低温稳定性〔(-5±1)℃〕	3 次无结块、凝聚、生霉现象
涂料粘度(s)		ISO 杯 40~70
涂料遮盖力(g/m²)	A	≤350
	B	≤320
涂料干燥时间(h)	A	≤2
	B	≤1
涂层耐洗刷性		1 000 次不露底
涂层耐水性		500 h 无起泡、软化、剥落现象,无明显变色
涂层耐碱性		300 h 无起泡、软化、剥落现象,无明显变色
涂层耐冻融循环性		10 次无起泡、剥落、裂纹、粉化现象
涂层粘接强度(MPa)		≥0.49
涂层耐沾污性(%)	A	≤35
	B	≤25
涂层耐老化性	A	800 h 无起泡、剥落,裂纹 0 级;粉化、变色 1 级
	B	500 h 无起泡、剥落,裂纹 0 级;粉化、变色 1 级

　　外墙无机建筑涂料的颜色多样、渗透能力强、与基层材料的粘接力高、成膜温度低、无毒、无味、价格较低。涂层具有优良的耐水性、耐碱性、耐酸性、耐冻融性、耐老化性,并具有良好的耐洗刷性、耐沾污性,涂层不产生静电。A 类涂料的耐高温性优异,可在 600 ℃下不燃、不破坏。B 类涂料除耐老化性和耐高温性外,其它性能均优于 A 类涂料。外墙无机建筑涂料适用于多种基层材料,要求基层平整、清洁、无粉化,并具有足够的强度。外墙无机建筑涂料广泛用于办公楼、商店、宾馆、学校、住宅等的外墙装饰,也可用于内墙和顶棚等的装饰。外墙无机建筑涂料施工时可采用喷涂、刷涂、滚涂等。

第五节　地面装饰涂料

一、聚氨酯地面涂料

　　聚氨酯地面涂料分为以下两种。

(一)聚氨酯厚质弹性地面涂料

　　聚氨酯厚质弹性地面涂料是以聚氨酯为基料的双组分溶剂型涂料。具有整体性好、色彩多样、装饰性好,并具有良好的耐油性、耐水性、耐酸碱性和优良的耐磨性,此外还具有一定的弹性,脚感舒适。聚氨酯厚质弹性地面涂料的缺点是价格高且原材料有毒。聚氨酯厚质弹性地面涂料主要适用于水泥砂浆或水泥混凝土的表面,如用于高级住宅、会议室、手术室、放映厅等的地面装饰,也可用于地下室、卫生间等的防水装饰或工业厂房车间的耐磨、耐油、耐腐蚀等地面。

(二)聚氨酯地面涂料

与聚氨酯厚质弹性地面涂料相比,涂膜较薄,涂膜的硬度较大、脚感硬,其它性能与聚氨酯厚质弹性地面涂料基本相同。

聚氨酯地面涂料(薄质)的技术性质应满足《水泥地板用漆》(HG/T 2004—91)的要求表,见 8-11。

表 8-11　水泥地板用漆的技术要求(HG/T 2004—91)

项　目		技术要求	
		Ⅰ 型	Ⅱ 型
容器中状态		搅拌后无硬块	
刷涂性		刷涂后无痕迹,对底材无影响	
漆膜颜色及外观		漆膜平整、光滑	
粘度(s)		30~70	
细度(μm)		≯30	≯40
干燥时间(h)	表干	≯1	≯6
	实干	≯4	≯24
硬度		≯B	≯2B
附着力(级)		≯0	
遮盖力(g/m²)		≯70	
耐水性		48 h 不起泡、不脱落	24 h 不起泡、不脱落
耐磨性(g)		≯0.030	≯0.040
耐洗刷性(次)		≮10 000	

注:Ⅰ型为聚氨酯漆类;Ⅱ型为酚醛漆、环氧漆类。

聚氨酯地面涂料(薄质)主要用于水泥砂浆、水泥混凝土地面,也可用于木质地板。

二、环氧树脂地面涂料

环氧树脂地面涂料主要有以下两种。

(一)环氧树脂厚质地面涂料

环氧树脂厚质地面涂料是以环氧树脂为基料的双组分溶剂型涂料。环氧树脂厚质地面涂料具有良好的耐化学腐蚀性、耐油性、耐水性和耐久性,涂膜与水泥混凝土等基层材料的粘接力强、坚硬、耐磨,且具有一定的韧性,色彩多样,装饰性好。环氧树脂厚质地面涂料的缺点是价格高、原材料有毒。环氧树脂厚质地面涂料主要用于高级住宅、手术室、实验室、公用建筑、工业厂房车间等的地面装饰、防腐、防水等。

(二)环氧树脂地面涂料

环氧树脂地面涂料与环氧树脂厚质地面涂料相比,涂膜较薄、韧性较差,其它性能则基本相同。环氧树脂地面涂料的技术性能应满足表 8-11 的规定。环氧树脂地面涂料主要用于水泥砂浆、水泥混凝土地面,也可用于木质地板。

第六节 油漆涂料

油漆类涂料在建筑工程中也有着广泛的应用,下面就油漆类涂料做一简单介绍。

一、油漆

(一)清油

清油又称熟油,是用干性油经过精漂、提炼或吹气氧化到一定的粘度,并加入催干剂而成的。清油可以单独作为涂料使用,也可用来调稀厚漆、红丹粉等。

(二)清漆

清漆俗称凡立水。它与清油的区别是其组成中含有各种树脂,因而具有干性快、漆膜硬、光泽好、抗水性及耐化学药品性好等特点。主要用于木质表面或色漆外层罩面。

(三)厚漆

厚漆俗称铅油,是由着色颜料、大量体质颜料和 $10\%\sim20\%$ 的精制干性油或炼豆油,并加入润湿剂等研磨而成的稠厚浆状物。厚漆中没有加入足够的油料、稀料和催干剂等,因而具有运输方便的特点。使用时需加入清油或清漆调制成面漆、无光漆或打底漆等,并可自由配色。调成漆后,其性能及使用方法与调合漆相同,但价格较调合漆便宜。

(四)调合漆

调合漆也称调和漆,它是以干性油为基料,加入着色颜料、溶剂、催干剂等配制而成的可直接使用的涂料。基料中没有树脂的称为油性调合漆,其漆膜柔韧,容易涂刷,耐候性好,但光泽和硬度较差。含有树脂的称为磁性调合漆,其光泽好,但耐久性较差。磁性调合漆中醇酸调合漆属于较高级产品,适用于室外;酚醛、酯胶调合漆可用于室内外。调合漆按漆面还分为有光、半光和无光三种,常用的为有光调合漆,可洗刷;半光和无光调合漆的光线柔和,可轻度洗刷,建筑上主要用于木门窗或室内墙面。

(五)磁漆

磁漆与调合漆的区别是漆料中含有较多的树脂,并使用了鲜艳的着色颜料,漆膜坚硬、耐磨、光亮、美观,好象磁器(即瓷器),故称为磁漆。磁漆按使用场所分为内用和外用两种;按漆膜光泽分为有光、半光和无光三种。半光和无光磁漆适用于室内墙面等的装饰。

(六)底漆

用于物体表面打底的涂料。底漆与面漆相比具有填充性好,能填平物体表面所具有的细孔、凹凸等缺陷,并且价格便宜,但美观性差、耐候性差。底漆应与基层材料具有良好的粘附力,并能与面漆牢固结合。

二、特种油漆涂料

(一)防锈漆

防锈漆是由基料、红丹、锌黄、偏硼酸钡、磷酸锌等配制而成的具有防锈作用的底漆。常用的有醇酸红丹防锈漆、酚醛硼酸钡防锈漆等。主要用于钢铁材料的底涂涂料。

(二)防腐漆

防腐漆是具有优良耐腐蚀性的涂料,它主要通过屏蔽作用(即隔离开)、缓蚀和钝化作用、电化学作用等来实现防腐,其中后两种作用只对金属材料起作用。通常防腐涂料的基料具有高度的耐腐蚀性和密闭性,对用于金属材料的防腐漆还应具有很高的电绝缘性。常用的防腐涂料有酚醛防腐漆、环氧防腐漆、聚氨酯防腐漆、过氯乙烯防腐漆、沥青防腐漆、氯丁橡胶防腐漆、氯磺化聚乙烯防腐漆等。主要用于金属材料的表面防腐。

(三)木器漆

木器漆属于高级专用漆,它具有漆膜坚韧、耐磨、可洗刷等特性。常用的有硝基木器漆、过氯乙烯木器漆、聚酯木器漆等。主要用于高级家具、木装饰件等。

第七节　特种建筑装饰涂料

一、防火涂料

将涂刷在基层材料表面上能形成防火阻燃涂层或隔热涂层,并能在一定时间内保证基层材料不燃烧或不破坏、不失去使用功能,为人员撤离和灭火提供充足时间的涂料称为防火涂料。防火涂料既具有普通涂料所拥有的良好的装饰性及其它性能,又具有出色的防火性。

防火涂料按用途分为钢结构用防火涂料、混凝土结构用防火涂料、木结构用防火涂料等。防火涂料按其组成材料和防火原理的不同,一般分为膨胀型和非膨胀型两大类。

(一)防火涂料的防火机理

1. 非膨胀型防火涂料的防火机理

非膨胀型防火涂料是由难燃性或不燃性树脂及阻燃剂、防火填料等组成。其涂膜具有较好的难燃性,能阻止火焰的蔓延。厚质非膨胀防火涂料常掺入大量的轻质填料,因而涂层的导热系数小,具有良好的隔热作用,从而起到防火作用和保护基层材料的作用。

常用的难燃性树脂为含有卤素、磷、氮类的合成树脂,如卤化的醇酸树脂、聚酯、环氧、酚醛、氯丁橡胶、丙烯酸乳液等。水玻璃、硅溶胶、磷酸盐等无机材料也可作为防火涂料的基料。常用的阻燃剂为含磷、卤素的有机化合物(如氯化石蜡、十溴联苯醚等)以及铝系(氢氧化铝等)、硼系(硼酸、硼酸锌、硼酸铝等)等无机化合物。常用的无机填料和颜料均具有耐燃性,如云母粉、滑石粉、高岭土、氧化锌、钛白、碳酸钙等,常用的轻质填料为膨胀珍珠岩、膨胀蛭石等。

2. 膨胀型防火涂料的防火机理

膨胀型防火涂料是由难燃性树脂、阻燃剂及成炭剂、脱水成炭催化剂、发泡剂等组成。涂层在火焰的作用下会发生膨胀,形成比原来涂层厚度大几十倍的泡沫炭质层,能有效地阻挡外部热源对基层材料的作用,从而能阻止燃烧的发生或减少火焰对基层材料的破坏作用。其阻燃效果大于非膨胀型防火涂料。

膨胀型防火涂料使用的树脂既要具有良好的常温使用性能,又要具有良好的高温发泡性。常用的有丙烯酸乳液、聚醋酸乙烯乳液、环氧树脂、聚氨酯、醇酸树脂等。常用的成炭剂为含高碳的多羟基化合物,如淀粉、季戊四醇及含羟基的树脂,它能在高温及火焰作用下迅速炭化形成炭化层。常用的发泡剂为三聚氰胺、磷酸二氢铵和有机磷酸酯,它能在高温下分解出大量灭火性气体,并使涂层膨胀成为泡沫,炭化后成为泡沫炭化层。颜料及填料基本上与非膨胀型防火涂料所用的相同。

(二)常用防火涂料

1. 饰面型防火涂料

饰面型防火涂料是指涂于可燃基材(如木材、塑料、纤维板等)表面,能形成具有防火阻燃保护和装饰作用涂膜的一类防火涂料的总称。

饰面型防火涂料按其防火性分为一、二两级。饰面型防火涂料的防火性能、级别与指标应满足《饰面型防火涂料防火性能分级及试验方法》(GB 15442.1—1995)的规定(表8-12),其它技术性质应满足《饰面型防火涂料通用技术条件》(GB 12441—90)的规定(表8-13)。饰面型非膨胀防火涂料可参照执行。

表8-12　饰面型防火涂料的防火性能级别与指标要求(GB 15442.1—1995)

项　目		指　标	
		一级	二级
耐燃时间(min)		≥20	≥10
火焰传播比值		≤25	≤75
阻火性	质量损失(g)	≤5	≤15
	炭化体积(cm³)	≤25	≤75

表8-13　饰面型防火涂料的技术要求(GB 12441—90)

项　目		指　标
在容器中的状态		无结块。搅拌后呈均匀状态
细度(μm)		≤100
干燥时间(h)	表干	≤4
	实干	≤24
附着力(级)		≥3
柔韧性(mm)		≤3
耐冲击性〔N·m(kg·cm)〕		≥1.96(20)
耐水性(24 h)		不起泡、不掉粉,允许轻微失光和变色
耐湿热性(48 h)		不龟裂、不掉粉,允许轻微失光和变色

防火涂料的耐燃时间是指在规定的基材和特定的燃烧条件下,试板背面温度达到220 ℃或试板出现穿透所需的时间(min)。防火涂料的火焰传播比值是指当石棉板的火焰传播比值为"0",橡树木板的火焰传播比值为"100"时,受试材料具有的表面火焰传播特性数据。防火涂料的阻火性能以质量损失和炭化体积表示。炭化体积是指试件在规定涂覆比值和规定的燃烧条件下,基材被炭化的最大长度、最大宽度和最大深度的乘积。

饰面型防火涂料的色彩多样、耐水性好、耐冲击性高、耐燃时间较长,可使可燃基材的耐燃时间延长 10～30 min。

饰面型防火涂料可喷涂、刷涂和滚涂,涂膜厚度一般为 1 mm 以下,通常为 0.2～0.4 mm。

2. 钢结构防火涂料

钢结构防火涂料是施涂于建筑物及构筑物的钢结构表面,能形成耐火隔热保护层以提高钢结构的耐火极限的涂料。

钢结构防火涂料按其涂层的厚度及性能特点分为:

B 类,即薄涂型钢结构防火涂料,又称钢结构膨胀防火涂料,其涂层厚度一般为 2～7 mm,有一定的装饰效果,高温时膨胀增厚,耐火隔热,耐火极限可达 0.5～1.5 h。该类防火涂料的基料主要为难燃树脂。

H 类,即厚涂型钢结构防火涂料,又称钢结防火隔热涂料,其涂层厚度一般为 8～50 mm,粒状表面,体积密度较小,导热系数低,耐火极限可达 0.5～3.0 h。该防火涂料以难燃树脂和无机胶结材料为主,并大量使用了轻质砂,如膨胀珍珠岩等。

钢结构防火涂料的技术性质应满足《钢结构防火涂料通用技术条件》(GB 14907—94)的规定,见表 8-14。此外,钢结构防火涂料应呈碱性或偏碱性。

表 8-14　钢结构防火涂料的技术性质要求(GB 14907—94)

项　目		指　标							
		B 类			H 类				
在容器中的状态		经搅拌后呈均匀液态或稠厚流体,无结块			经搅拌后呈均匀稠厚流体,无结块				
干燥时间(表干)(h),≤		12			24				
初期干燥抗裂性		一般不应出现裂纹。如有 1～3 条裂纹,其宽度应不大于 0.5 mm			一般不应出现裂纹。如有 1～3 条裂纹,其宽度应不大于 1.0 mm				
外观颜色		外观与颜色同样品相比,应无明显差异			—				
粘接强度(MPa),≥		0.15			0.04				
抗压强度(MPa),≥		—			0.3				
干体积密度(kg/m³),≤		—			500				
导热系数[W/(m·K)],≤		—			0.116				
抗振性		挠曲 $L/200$,涂层不起层、脱落			—				
抗弯性		挠曲 $L/100$,涂层不起层、脱落			—				
耐水性(h),≥		24			24				
耐冻融循环(次),≥		15			15				
耐火性能	涂层厚度(mm)	3.0	5.5	7.0	8	15	20	30	40	50
	耐火极限(h)	0.5	1.0	1.5	0.5	1.0	1.5	2.0	2.5	3.0

钢结构防火涂料涂层厚度大,耐火极限长,达 0.5～3.0 h 以上,可大大提高钢结构抵御火灾的能力。并且具有一定的粘接力、较高的耐候性、耐水性和抗冻性,膨胀型(B 型)防火涂料还具有一定的装饰效果,并且可喷涂、辊涂、抹涂、刮涂或刷涂,能在自然条件干燥固化。适用于钢结构的防火处理。

此外,还有用于混凝土结构的防火涂料,其涂膜厚度为 5 mm 时,可使混凝土的耐火极限由 30 min,提高至 1.8～2.4 h。

二、防水涂料

防水涂料的品种很多,但装饰型防水涂料目前主要有以下三种。

(一)聚氨酯防水涂料

聚氨酯防水涂料为双组分涂料,A 组分为预聚体,B 组分为交联剂及填料等。使用时在现场按比例混合均匀后涂刷于基层材料的表面,经交联成为整体弹性涂膜。国内已开始生产和使用多种浅色聚氨酯防水涂料。聚氨酯防水涂料的质量应满足 JC 500—92 的规定。

聚氨酯防水涂料的弹性高、延伸率大(可达 350%～500%)、耐高低温性好、耐油及耐腐蚀性高,能适应任何复杂形状的基层,使用寿命 15 年。主要用于外墙和屋面等工程。

(二)丙烯酸防水涂料

丙烯酸防水涂料是以丙烯酸乳液为主,加入填料、助剂等配制而成的乳液型防水涂料。

丙烯酸防水涂料具有耐高低温性好、不透水性高、无毒、可在各种复杂的表面上施工,并具有白色和多种浅色及黑色。丙烯酸防水涂料的缺点是延伸率较小。使用寿命 10 年以上。丙烯酸防水涂料主要用于外墙防水装饰及各种彩色防水层。

(三)有机硅憎水剂

有机硅憎水剂是以甲基硅醇钠或乙基硅醇钠等为主要原料配制而成的憎水剂。

有机硅憎水剂在固化后形成一层肉眼觉察不到的透明薄膜,该薄膜具有优良的憎水性、透气性,可起到防水、防风化、抗沾污的作用。有机硅憎水剂主要用于外墙防水处理、外墙装饰材料的罩面处理。使用寿命 3～7 年。

三、防霉涂料

防霉涂料是一种对各类霉菌、细菌和母菌具有杀灭或抑制生长作用,而对人体无害的涂料。防霉涂料由基料、防霉剂、颜料、填料、助剂等组成。防霉涂料所用基料应是不含或少含可供霉菌生活的营养基,并具有良好的耐水性和耐洗刷性,通常使用钾水玻璃、硅溶胶、氯乙烯-偏氯乙烯共聚乳液等。防霉剂是防霉涂料的最重要的成分,为提高防霉效果,一般采用两种以上的防霉剂。所用颜料、填料、助剂等也应选择不含易霉变或可作为霉菌营养基的成分。

防霉涂料用于一般建筑的内外墙,特别是地下室及食品加工厂的厂房、仓库等的内墙。

四、防雾涂料

玻璃和透明塑料在高湿度情况下或当室内外温差较大时,因玻璃内侧的温度低于露点而会在玻璃的表面上结露,致使玻璃表面雾化影响玻璃的透视性。

防雾涂料是涂于玻璃、透明塑料等的表面能起到防止结露作用的涂料。防雾涂料主要由亲水性高分子、交联剂和表面活性剂等组成,其防雾机理是利用树脂涂层的吸水性将表面的水分吸收,因表面没有水珠,故不影响玻璃的光透射比和光反射比。

防雾涂料可用于高档装饰工程中的玻璃,或挡风板、实验室、通风橱窗等的玻璃及透明塑料板等。

一、建筑装饰涂料涂装方法的选用

建筑涂料的涂装方法是指将建筑涂料涂覆到被涂物体上所采用的方法或工艺。涂料的组成、粘度不同，所要求的涂层图案和质感不同，以及被涂物体表面性质不同，则其应采用的涂装方式也不同。只有全面考虑上述三者，正确选择相互适应的涂装方法，才能获得良好的装饰效果和使用寿命。

涂装方法和涂料及被涂物体相互适应关系见表 8-15。

表 8-15　涂装方法和涂料及被涂物相互适应关系

涂装方法	油性调和漆	醇酸树脂涂料	硝基漆	氨基醇酸树脂涂料	热固性丙烯酸树脂涂料	过氯乙烯树脂涂料	环氧树脂涂料	苯乙烯改性醇酸涂料	有机硅树脂涂料	不饱和聚酯涂料	水性涂料(含电泳涂料)	粉末涂料	家庭用具	铁道车辆	机械	家用电器	金属制品	船舶	铁制大型构筑物	木工制品	建筑物	道路车辆(汽车类)
	涂料												被涂物									
刷涂	★	○		⊗		⊗	⊗			○	⊗		○					○	○	○	★	○
滚刷涂	★												○									
空气喷涂	○	★	★	★	★	★	★	★	★	★	⊗											
无空气喷涂	○	★	★	★	★	★	⊗				⊗											
静电喷涂		○	⊗	★	★	⊗			★					★		★	★					
淋涂		○															○					
辊涂				★																○		
浸涂		○							★								○					
电泳涂装											★											★
粉末涂装												★					○					○

注：★最适宜；○可使用；⊗需调整后才能使用；无符号者不能使用或效果不佳。

二、建筑装饰涂料的选用

建筑装饰涂料选用时应主要考虑它的使用部位、被涂物（即基层材料）以及装饰施涂周期（即寿命）。

（一）按不同使用部位选用建筑装饰涂料

建筑装饰涂料的使用部位不同，其所经受的外界环境因素的作用也不同。如外墙长年受风吹、日晒、雨淋、冻融、灰尘等的作用；地面则经常受到摩擦、刻划、水、擦洗等作用；内墙及顶棚也会受到一些相应的作用。因此，选用的建筑装饰涂料应具备相应的性能，以保证涂膜的装饰性和耐久性，即应按不同使用部位正确地选用建筑装饰涂料，参见表 8-16。

建筑物部位	对表面涂层的使用要求	选用涂料类型	水溶性涂料	无机涂料			水泥系	乳液型涂料							溶剂型涂料					
			聚乙烯醇系涂料	石灰浆涂料	碱金属硅酸盐系涂料	硅溶胶无机涂料	聚合物水泥系涂料	聚醋酸乙烯涂料	乙-丙涂料	乙-顺涂料	氯-偏涂料	氯醋-丙涂料	苯-丙涂料	水乳型环氧树脂涂料	过氯乙烯涂料	苯乙烯涂料	聚乙烯醇缩丁醛涂料	氯化橡胶涂料	聚氨酯系涂料	环氧树脂系涂料
建筑物外部 · 屋面	耐水性优良，耐候性优良	屋面防水涂料											○	○					○	★
建筑物外部 · 墙面	耐水性优良，耐候性优良，耐沾污性好	外墙涂料	△	△	○	★	○	△	○	○	○	★	★	★	★	○	○	○	★	★
建筑物外部 · 地面	耐水性优良，耐磨性优良，耐候性好	室外地面涂料					○												★	○
建筑物内部 · 居民住宅内墙顶棚	颜色品种多样，透气性良好，不易结露	内墙涂料	★	○	△	○		○	○	○	○	○	○	○	○	△	○	○	○	○
建筑物内部 · 工厂车间内墙顶棚	防霉性好，耐水性好，表面光洁	内墙涂料	○	△	△	○		○	○	○	○	○	○	○	○	△			★	★
建筑物内部 · 居民住宅地面	耐水性好，耐磨性好，颜色多样	室内地面涂料					★				★				○	○			○	○
建筑物内部 · 工厂车间地面	耐水性优良，耐磨性优良，耐油性好，耐腐蚀好	室内地面涂料					○				○				○	○			★	★

注：★优先选用；○可以选用；△不能选用。

（二）按基层材料选用建筑装饰涂料

基层材质有许多种，如混凝土、水泥砂浆、石灰砂浆、钢材、木材等，它们的组成和性质不同，对建筑装饰涂料的作用及要求也不同。首先应考虑涂膜与基层材料的粘附力大小，粘附力的大小与涂料组成和基层材料组成的关系极为密切，同种涂料对不同基层材料的粘附力可能相差很大，只有两者的粘附力较大，才能保证涂膜的耐久、不脱落。石灰、水泥及混凝土类材料常具有较高的碱性，因而所用建筑装饰涂料必须具有较强的耐碱性，并能有效地防止

它们中的 $Ca(OH)_2$ 在涂膜表面析出,从而避免对装饰性的不利影响。钢铁构件易生锈,因而应选用防锈漆。此外,在强度很低的基层材料上也不宜使用强度高且涂膜收缩较大的建筑装饰涂料,以免造成基层材料剥落。因此,按基层材料正确选用建筑装饰涂料是获得良好装饰效果和耐久性的前提,选用时可参考表 8-17。

表 8-17　按基层材料选用建筑装饰涂料

涂料种类	基层材料	混凝土基层	轻质混凝土基层	预制混凝土基层	加气混凝土基层	砂浆基层	石棉水泥板基层	石灰浆基层	木基层	金属基层
溶剂型	油性漆	×	×	×	×	×	○	○	△	△
	过氯乙烯涂料	○	○	○	○	○	○	○	△	△
	苯乙烯涂料	○	○	○	○	○	○	○	△	△
	聚乙烯醇缩丁醛涂料	○	○	○	○	○	○	○	△	△
	氯化橡胶涂料	○	○	○	○	○	○	○	△	△
	丙烯酸涂料	○	○	○	○	○	○	○	△	△
	聚氨酯系涂料	○	○	○	○	○	○	○	△	△
	环氧树脂涂料	○	○	○	○	○	○	○	△	△
乳液型	聚醋酸乙烯涂料	○	○	○	○	○	○	○	○	×
	乙-丙涂料	○	○	○	○	○	○	○	○	×
	乙-顺涂料	○	○	○	○	○	○	○	○	×
	氯-偏涂料	○	○	○	○	○	○	○	○	×
	氯-醋-丙涂料	○	○	○	○	○	○	○	○	×
	苯-丙涂料	○	○	○	○	○	○	○	○	○
	丙烯酸涂料	○	○	○	○	○	○	○	○	○
	水乳型环氧树脂涂料	○	○	○	○	○	○	○	○	×
	多彩涂料	○	○	○	○	○	○	○	○	○
	幻彩涂料	○	○	○	○	○	○	○	○	○
	砂壁状涂料	○	○	○	○	○	○	○	×	×
	乳液型仿瓷涂料	○	○	○	○	○	○	○	×	×
纤维系	纤维状涂料	○	○	○	○	○	○	○	×	×
水泥系	聚合物水泥涂料	△	△	△	△	△	△	△	×	×
无机系	石灰浆涂料	○	○	○	○	○	○	○	×	×
	碱金属硅酸盐系涂料	○	○	○	○	○	○	○	×	×
	硅溶胶无机涂料	○	○	○	○	○	○	○	×	×
水溶性	聚乙烯醇系涂料	○	○	○	○	○	○	△	×	×

注:△优先用;○可以选用;×不能使用。

(三)按装饰施涂周期选用建筑装饰涂料

每一种涂料在不同的使用环境均相应有一定的寿命,超过这一寿命便需要进行维修或进行再次涂装。因此在选用涂料时也应按所确定的装饰施涂周期来选用建筑装饰涂料,参见

表 8-18。

表 8-18　按装饰施涂周期选用建筑装饰涂料

涂料种类	装修周期（年）	外墙			内墙			地面		
		1～2	5	10	1～2	5	10	1～2	5	10
溶剂型	油性漆					○		○		
	过氯乙烯涂料		○			○				
	苯乙烯涂料		○					○		
	聚乙烯醇缩丁醛涂料		○			○				
	氯化橡胶涂料			○			○			
	丙烯酸涂料			○			○			
	聚氨酯系涂料			○			○	○		○
	环氧树脂涂料									○
乳液型	聚醋酸乙烯涂料					○				
	乙-丙涂料		○			○				
	乙-顺涂料		○			○				
	氯-偏涂料	○				○		○		
	氯-醋-丙涂料		○			○				
	苯-丙涂料		○			○				
	丙烯酸涂料		○			○				
	水乳型环氧树脂涂料			○			○			
	多彩涂料					○				
	幻彩涂料					○				
	砂壁状涂料			○						
	乳液型仿瓷涂料						○			
	绒面涂料					○				
纤维系	纤维状涂料					○				
	静电植绒涂料					○				
水泥系	聚合物水泥系涂料	○							○	
无机系	石灰浆涂料				○					
	碱金属硅酸盐系涂料	○								
	硅溶胶无机涂料		○							
水溶性	聚乙烯醇系涂料				○					

注：○表示可以选用。

175

第九章 木材装饰制品

木材是人类最先使用的建筑材料之一,举世称颂的古建筑之木构架等巧夺天工,为世界建筑独树一帜。北京故宫、祈年殿都是典型的木建筑殿堂。山西应县的木塔,堪称木结构的杰作,在建筑史上创造了奇观。岁月流逝,木质建筑历经千百年而不朽,依然显现当年的雄姿。时至今日,木材在建筑结构、装饰上的应用仍不失其高贵、显赫的地位,并以它特有的性能在室内装饰方面大放异彩,创造了千姿百态的装饰新领域。

由于高科技的参与,木材在建筑装饰中又添异彩。目前,由于优质木材受限,为了使木材自然纹理之美表现得淋漓尽致,人们将优质、名贵木材旋切薄片,与普通材质复合,变劣为优,满足了消费者对天然木材喜爱心理的需求。木材作为既古老又永恒的建筑材料,以其独具的装饰特性和效果,加之人工创意,在现代建筑的新潮中,为我们创造了一个个自然美的生活空间。

第一节 木材的构造及性质

一、木材的构造

木材按树种分为针叶树(软木)和阔叶树(硬木)两大类。针叶树种常作为建筑工程中承重构件和门窗等用材,如松、杉、柏等。阔叶树种常作为建筑装饰工程中装饰用材,如水曲柳、椴木、柚木等。木材也可按供应形式分为原条、原木、普通锯材等。

木材属于天然建筑材料,其树种及生长条件的不同,构造特征有显著差别,从而决定着木材的使用性和装饰性。

树木由树皮、木质部、髓心组成。靠近髓心的木质部颜色较深,称为心材;靠近树皮的木质部颜色较浅,称为边材。通常心材的利用价值较边材要大一些。髓心质量差,易腐朽。木材横切面内的同心圆环称为年轮。同一年轮内,春季生长的木质颜色较浅,称为春材或早材;夏季或秋季生长的颜色较深,称为夏材或晚材。年轮愈密,木材的强度愈高。由髓心向外的射线称为髓线,它与周围的联接差,木材干燥时易沿此开裂。

针叶树材的显微结构较简单而规则,它由管胞、髓线、树脂道组成。阔叶树材的显微结构较为复杂,主要由导管、木纤维及髓线组成。春材中有粗大导管,沿年轮呈环状排列的称为环孔材;春材、夏材中管孔大小无显著差异,均匀或比较均匀分布的称为散孔材。阔叶树材的髓线发达,它粗大而明显。导管和髓线是鉴别针叶树和阔叶树的主要标志。年轮与髓线赋予木材优良的装饰性。

树种不同,其纹理、花纹、色泽、气味也各不相同,体现了宏观构造的特征。木材的纹理是指木材体内纵向组织的排列情况,分直纹理、斜纹理、扭纹理和乱纹理等。木材的花纹是指纵切面上组织松紧、色泽深浅不同的条纹,它是由年轮、纹理、材色及不同锯切方向等因素决定,可呈现出银光花纹、色素花纹等等,充分显示了木材自身具有的天然的装饰性,尤其是髓线发达的硬木,经刨削磨光后,花纹美丽,是一种珍贵的装饰材料。

常用针叶树材和阔叶树环孔材的宏观构造特征见表 9-1、表 9-2。

表 9-1　常用针叶树材的宏观构造特征

树　　种	树脂道	心边材区分	材　色		年轮界线	早晚材过渡情况	纹理	结构	质量及硬度	气味	备注
			心材	边材							
银　杏	无	略明显	褐　黄　色	淡黄褐色	略明显	渐变	直	细	轻,软		
杉　木	无	明　显	淡　褐　色	淡黄白色	明　显	渐变	直	中	轻,软	杉木味	
柳　杉	无	明　显	淡红微褐色	淡黄褐色	明　显	渐变	直	中	轻,软		
柏　木	无	明　显	桔　黄　色	黄　白　色	明　显	渐变	直或斜	细	重,硬	芳香味	
冷　杉	无	不明显	黄　白　色	黄　白　色	明　显	急变	直	中	轻,软		无光泽
云　杉	有	不明显	黄白微红色	黄白微红色	明　显	急变	直	中	轻,软		具有明亮光泽,树脂道少而小
马尾松	有	略明显	窄,黄褐色	宽,黄白色	明　显	急变	直	粗	较轻,软	松脂味	树脂道多而大
红　松	有	明　显	宽,黄红色	窄,黄白色	明　显	渐变	直	中	轻,软	松脂味	树脂道多而大
樟子松	有	略明显	淡红黄褐色	淡黄褐白色窄,黄白	明　显	急变	直	中	轻,软	松脂味	树脂道多而大
落叶松	有	甚明显	宽,红褐色	微　褐　色	甚明显	急变	直或斜	粗	重,硬	松脂味	具有明亮光泽,树脂道少而小

表 9-2　常用阔叶树环孔材的宏观构造特征

树　　种	心边材区分	材　色		年轮特征	管孔大小		纹理	结构	质量及硬度	备注
		心材	边材		早材	晚材				
麻　栎		红褐色	淡黄褐色	波浪形	中	小	直	粗	重,硬	髓心呈芒星形
柞　木		暗褐色微黄	黄白色带褐	波浪形	大	小	直斜	粗	重,硬	
板　栗	显	甚宽,栗褐色	窄,灰褐色	波浪形	中	小	直	粗	重,硬	
檫　木		红褐色	窄,淡黄褐色	较均匀	大	小	直	粗	中	髓心大,常呈空洞
香　椿	心	宽,红褐色	淡红色	不均匀	大	小	直	粗	中	髓心大
柚　木		黄褐色	窄,淡黄色	均　匀	中	甚小	直	中	中	髓心灰白光,近似方形
黄连木	材	黄褐色带灰	宽,淡黄灰色	不均匀	中	小	直斜	中	重,硬	
桑　木		宽,桔黄褐色	黄白色	不均匀	中	甚小	直	中	重,硬	有光泽
水曲柳		灰褐色	窄,灰白色	均　匀	中	小	直	中	中	
榆　木		黄褐色	窄,淡黄色	不均匀	中	小	直	中	中	
榔　榆		甚宽,淡红色	淡黄褐色	不均匀	中	甚小	直	较细	重,硬	
臭　椿		淡黄褐色	黄白色	宽　大	中	小	直	粗	中	髓心大,灰白色
苦　楝		宽,淡红褐色	灰白带黄色	宽　大	中	甚小	直	中	中	髓心大而柔软
泡　桐	隐心材	淡　灰　褐　色		特　宽	中	小	直	粗	轻,软	髓心特别大,易中空
构　木		淡　黄　褐　色		不均匀	中	甚小	斜	中	轻,软	

二、木材的基本性质

(一)物理性质

1. 密度和体积密度

密度反映材料的分子结构,由于木材的分子结构基本相同,因此木材的密度几乎相等,平均约为 1.55 g/cm³。

木材的体积密度因树种不同而不同,在常用木材中体积密度较大者为麻栎 980 kg/m³,较小者为泡桐 280 kg/m³。我国最轻的木材为台湾的二色轻木,体积密度只有 186 kg/m³,最重的木材是广西的蚬木,体积密度高达 1 128 kg/m³。一般体积密度低于 400 kg/m³ 者为轻,高于 600 kg/m³ 为重。

2. 含水量

木材中的水分依存在的状态分为自由水(游离水)和吸附水。存在于细胞腔和细胞间隙中,呈游离状态的水称为自由水;存在于细胞壁中,呈吸附状态的水称为吸附水。

木材干燥时首先是自由水蒸发;木材吸潮时,先是细胞壁吸水,当吸水饱和后,自由水才开始吸入。

木材中的吸附水达饱和,而无自由水时的含水率称为木材纤维饱和点。由于树种不同,构造不同,木材纤维饱和点在 23%～31% 之间波动,常以 30% 作为木材纤维饱和点。木材纤维饱和点是木材诸多性质变化的转折点。

3. 吸湿性

木材具有较强的吸湿性。环境温度、湿度发生变化时,木材的含水率会发生变化。当木材的含水率相对稳定时,即木材的含水率达到了平衡含水率。

木材的吸湿性对木材的性能,特别是木材的干缩湿胀影响很大。因此,木材在使用时其含水率应接近于平衡含水率或稍低于平衡含水率。表 9-3 列出了各省、自治区、直辖市木材平衡含水率。

4. 干缩与湿胀变形

当木材中的吸附水量减少时,木材产生收缩,而当吸附水量增加时木材产生膨胀。当木材中的自由水量变化时,木材既不产生收缩,也不产生膨胀。由于木材的不均质性,木材在不同方向的干缩湿胀变形明显不同,以弦向最大,径向次之,纵向(树干方向)最小。在木材的锯解、干燥及应用中应注意防止产生严重的开裂或翘曲。

5. 导热性

木材具有较小的体积密度、较多的孔隙,是一种良好的绝热材料。表现为导热系数较小。但木材的纹理不同,即各向异性,使得方向不同时,导热系数也有较大差异。如松木顺纹纤维测得 λ 为 0.3 W/(m·K),而垂直纤维 λ 为 0.17 W/(m·K)。

(二)力学性质

木材的强度较高。但由于木材各向异性,每一种强度在不同的纹理方向上均不相同。当以顺纹抗压强度为 1 时,理论上木材的各种强度、不同纹理间的关系如表 9-4 所示。

常用阔叶树的顺纹抗压强度为 49～56 MPa,常用针叶树的顺纹抗压强度为 33～40 MPa。

表 9-3　各省区、直辖市木材平衡含水率值

省市名称	平衡含水率(%)			省市名称	平衡含水率(%)		
	最大	最小	平均		最大	最小	平均
黑龙江	14.9	12.5	13.6	内蒙古	14.7	7.7	11.1
吉林	14.5	11.3	13.1	山西	13.5	9.9	11.4
辽宁	14.5	10.1	12.2	河北	13.0	10.1	11.5
新疆	13.0	7.5	10.0	山东	14.8	10.1	12.9
青海	13.5	7.2	10.2	江苏	17.0	13.5	15.3
甘肃	13.9	8.2	11.1	安徽	16.5	13.3	14.9
宁夏	12.2	9.7	10.6	浙江	17.0	14.4	16.0
陕西	15.9	10.6	12.8	江西	17.0	14.2	15.6
福建	17.4	13.7	15.7	云南	18.3	9.4	14.3
河南	15.2	11.3	13.2	西藏	13.4	8.6	10.6
湖北	16.8	12.9	15.0	台湾	暂缺	暂缺	暂缺
湖南	17.0	15.0	16.0	北京	11.4	10.8	11.1
广东	17.8	14.6	15.5	天津	13.0	12.1	12.6
广西	16.8	14.0	15.5	上海			15.6
四川	17.3	9.2	14.3	重庆			14.3
贵州	18.4	14.4	16.3	全国			13.4

表 9-4　木材各项强度的关系

抗　拉		抗　压		抗　剪		弯曲
顺纹	横纹	顺纹	横纹	顺纹	横纹	
2～3	1/3～1/20	1	1/3～1/10	1/7～1/3	1/2～1	1.5～2.0

注:表中以顺纹抗压强度极限为1,其它各项强度皆为其倍数。

第二节　木材的装饰特性与装饰效果

一、木材的装饰特性

(一)纹理美观

木材天然生长具有的自然纹理使木装饰制品更加典雅、亲切、温和。如直细条纹的栓木、樱桃木;不均匀直细条纹的柚木;疏密不均的细纹胡桃木;断续细直纹的红木;山形花纹的花梨木;影方花纹的梧桐木;勾线花纹的鹅掌楸木等。真可谓千姿百态,它促进了人与空间的融合,创造出一个良好的室内气氛。

(二)色泽柔和、富有弹性

木材因树种不同,生长条件有别,除具有多种多样天然细腻的纹理之外,还具有丰富的自然色彩与表面光泽。淡色调的枫木、橡木、白桦木,如乳白色的白蜡木、白杨木,白色至淡灰

棕色的椴木，淡粉红棕色的赤柏木。深色调的檀木、柚木、榉木、核桃木等，如红棕色的山毛榉木，红棕色到深棕色的榆木，巧克力棕色胡桃木，枣红色的红木。艳丽的色泽、自然的纹理、独特的质感赋予木材优良的装饰性。极富有特征的弹性正是来自于木质产生的视觉、脚感、手感，因而成为理想的天然铺地材料。

（三）防潮、隔热、不变形

木材的装饰特性是极佳的，其使用功能也是优良的，这是由木材的物理性质（孔隙、硬度、加工性）所决定的。如木材的孔隙率可达50%左右，导热系数为0.3 W/(m·K)左右，具备了良好的保温隔热性，同时又能起到防潮、吸收噪音的作用。在优选材质，配以先进的生产设备后，可使木材达到品质卓越，线条流畅，永不变形的效果。

（四）耐磨、阻燃、涂饰性好

优质、名贵木材其表面硬度使木材具有使用要求的耐磨性，因而木地板可创造出一份古朴、自然的气氛。这种气氛的长久依赖于木材是否具有优异的涂饰性和阻燃性。木材表面可通过贴、喷、涂、印达到尽善尽美的意境，充分显示木材人工与自然的互变性。木材经阻燃性化学物质处理后即可消除易燃的特性，从而增加了它的使用可靠性。

二、木材的装饰效果

木材的装饰特性表明木材在质感、光泽、色彩、纹理等方面占有绝对优势。通过这些装饰特性表现其装饰效果时，应注意同类木质材料的组合协调与否，色彩的组合协调与否，凡能最大限度地发挥其特性在整体效果中的效应，就可以取得较好的装饰效果。例如，木材属于强质材料（质感、光泽、质地较好的材料），当装饰设计确定为室内装饰以木质材料为主格调，即木地板、木墙壁、木天棚时，强质材料的通性易于达到协调，此时单一的色彩也不会冲淡鲜明主题，同时，能给人以回归自然与华贵安乐之双重感觉。要突出木材的装饰效果，也可进行异类组合，如木地板与仿木纹塑料壁纸组合，完成了一种空间效果的创造；木材与金属的组合，柔和了坚硬与耀眼的表面；木材与玻璃的组合，表现了古朴与现代的交流，更富有浪漫气息。

总之，装饰效果的成败与材料的装饰特性运用恰当与否有直接关系。

第三节　木材装饰制品

木材装饰的最大特点表现为可以营造出一种特殊的环境气氛。按木材在室内装饰部位，分为地面装饰、内墙装饰和天棚装饰。目前，广泛应用的木装饰制品种类繁多。下面分类介绍。

一、木地板

木地板分条板面层和拼花面层两种，条板面层使用较普遍。

（一）条木地板

条木地板具有木质感强、弹性好、脚感舒适、美观大方等特点。其板材选用的材质可以是松、杉等软木材，也可选用柞、榆等硬木材。条板的宽度一般不大于120 mm，板厚20～30 mm。按照条木地板铺设要求，条木地板拼缝处可做成平头、企口或错口，如图9-1所示。

按条木地板构造,分实铺与空铺两种。实铺时(图 9-2),要求铺贴密实,防止脱落,因此,应特别注意控制好条木地板的含水率,基层要清洁,木板应做防腐处理。实铺木地板高度小,经济,实惠。空铺木地板是由木基层(地垄墙、垫木、木搁栅、剪刀撑、毛地板)和面层构成(图 9-3)。

条木地板适用于体育馆、练功房、舞台、高级住宅的地面装饰。尤其经过表面涂饰处理,既显露木材纹理又保留木材本色,给人以清雅华贵之感。

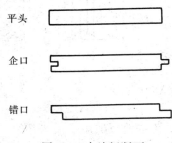

图 9-1　木地板断面

(二)拼花木地板

拼花木地板是用阔叶树种中水曲柳、柞木、核桃木、榆木、柚木等质地优良,不易腐朽开裂的硬木材,经干燥处理并加工成条状小板条,用于室内地面装饰的一种较高级的拼装地面材料。

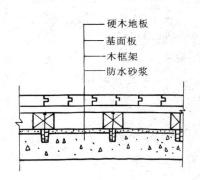

图 9-2　实铺木地板构造

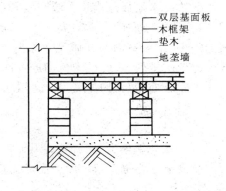

图 9-3　高架木地板构造

条状小木板的尺寸规格见表 9-5。

表 9-5　拼花木地板条规格、质量

品　种	规格(mm)	质量要求
平头接缝地板	24×120×8 30×150×10 37.5×250×15 50×150×10 50×300×12	耐磨、耐腐、质地坚硬、具有装饰花纹、含水率要适宜
企口拼接地板条	50×300×20 50×300×23	

铺设时,通过条板不同方向的组合,可拼装出多种美观大方的图案花纹,在确定和选择图案时,可依据用户的喜好和室内面积的大小综合考虑,常用的几种图案如图 9-4 所示。

拼花木地板坚硬而富有弹性,耐磨而又耐朽,不易变形且光泽好,纹理美观质感好,具有温暖清雅的装饰效果。

　　　　(a)　　　　　　　　(b)　　　　　　　　(c)　　　　　　　　(d)

图 9-4　拼花木地板图案

(a)正芦席纹；　　(b)人字纹；　　(c)清水砖墙纹；　　(d)斜芦席纹

　　拼花木地板适用于高级楼宇、宾馆、别墅、会议室、展览室、体育馆等地面的装饰。也可根据加工条板所用的材质好坏,将该地板分为高、中、低三个档次。高档产品适用于三星级以上中、高级宾馆、大型会堂等地面装饰。中档产品适用于办公室、疗养院、托儿所、体育馆等地面装饰。低档适用于各类民用住宅的地面装饰。

　　双层拼花木地板是指将面层小板条用暗钉钉在毛板上。单层拼花木地板是采用适宜粘结材料,直接粘在混凝土基层上。无论双层或单层,铺设时宜从室内中心开始,按照设计图案及板的规格,结合室内的具体尺寸画出或弹出垂直交叉的棋格线,铺第一块位置要正确,其余按设计依次排列,纹理及木色相近者铺在室内显眼或经常出入的部位,稍差的铺在边框或门背后等隐蔽处,做到物尽其用。之后均需刨平、磨光、刷漆,以突出装饰效果。

二、胶合板

　　胶合板是一组单板(由旋切、半圆旋切、刨切或锯制等方法生产的薄片状木材),按相邻单板木纹方向互相垂直组坯胶合而成的板材。单板的层数应为奇数,主要有3,5,7,9,11,13层,分别称为三合板、五合板,依次类推。

　　胶合板的分类方式很多。按胶粘性能分为室外用胶合板(具有耐气候、耐水和耐高湿度的胶合板)、室内用胶合板(不具有长期经受水浸或过高湿度的胶合板)。室外用胶合板属于Ⅰ类胶合板(即耐气候胶合板,具有耐久、耐沸煮或蒸汽处理等性能,能在室外使用)。室内用胶合板又分为Ⅱ类胶合板(即耐水胶合板,能在冷水中浸渍或受短时间热水浸渍,但不耐沸煮)、Ⅲ类胶合板(即耐潮的胶合板,能耐短期冷水浸渍,适用于室内)、Ⅳ类胶合板(即不耐潮胶合板,在室内常态下使用)。按表面加工分为砂光胶合板(板面经砂光机砂光)、刮光胶合板(板面经刮光机刮光)、预饰面胶合板(板面已经处理,使用时无需再修饰)、贴面胶合板(表面复贴装饰单板,如木纹纸、浸渍纸、塑料、树脂胶膜或金属薄片材料)。预饰面胶合板与贴面胶合板属于装饰胶合板。按用途分为普通胶合板、特种胶合板。此外,还有阻燃胶合板、浮雕胶合板、直接印刷胶合板等。

　　胶合板最大特点是改变了木材的各向异性,材质均匀、吸湿变形小、幅面大、不翘曲,尤其是板面具有美丽的木纹,是较好的装饰板材之一。适用于建筑室内的墙面装饰,设计和施工时采取一定手法可获得线条明朗,凹凸有致的效果。

(一)普通胶合板

　　普通胶合板分为Ⅰ类、Ⅱ类、Ⅲ类、Ⅳ类。按材质分为阔叶树材胶合板、针叶树材胶合板。

　　普通胶合板的幅面尺寸见表9-6。胶合板的厚度为2.7,3,3.5,4,5,5.5,6,……mm,自

6 mm起按1 mm递增。厚度小于等于4 mm为薄胶合板。3,3.5,4 mm厚的胶合板为常用规格。胶合板的出厂含水率与胶合强度应满足表9-7的规定。普通胶合板按其外观质量分为特等、一等、二等、三等,其中一、二、三等为主要等级,各等级的外观质量应满足《胶合板 普通胶合板外观分等技术条件》(GB 9846.5—88)的规定。各等级的面板均需砂(刮)光。

表9-6 普通胶合板的幅面尺寸(GB 9846.3—88)

宽度(mm)	长　度(mm)				
	915	1 220	1 830	2 135	2 440
915	915	1 220	1 830	2 135	—
1 220	—	1 220	1 830	2 135	2 440

表9-7 普通胶合板的含水率与胶合强度(GB 9846.4—88)

胶合板树种	单个试件的胶合强度(MPa)		含水率(%)	
	Ⅰ,Ⅱ类	Ⅲ,Ⅳ类	Ⅰ,Ⅱ类	Ⅲ,Ⅳ类
椴木、杨木、拟赤杨	≥0.70	≥0.70	6~14	8~16
水曲柳、荷木、枫香、槭木、榆木、柞木	≥0.80			
桦木	≥1.00			
马尾松、云南松、落叶松、云杉	≥0.80			

胶合板具有自然、真实、立体的美感,广泛用于室内装饰,如墙面、墙裙、护壁板、隔墙板、顶棚板、门面板等。特等品主要用于高级建筑装饰、高级家具及其它特殊需要的制品。一等品适用于较高级建筑装饰、高中级家具、各种电器外壳等制品。二等品适用于作家具、普通建筑、车船等的装饰。三等品适用于低级建筑装饰等。

(二)装饰胶合板

装饰胶合板是指两张面层单板或其中一张为装饰单板的胶合板。装饰胶合板的种类很多,主要有预饰面胶合板、贴面胶合板、浮雕胶合板等。目前主要使用的为不饱和聚酯树脂装饰胶合板,俗称保丽板。

1. 不饱和聚酯树脂装饰胶合板

不饱和聚酯树脂装饰胶合板是以Ⅱ类胶合板为基材,复贴一层装饰纸,再在纸面涂饰不饱和聚酯树脂经加压固化而成。不饱和聚酯树脂装饰胶合板板面光亮、耐热、耐磨、耐擦洗、色泽稳定性好、耐污染性高、耐水性较高,并具有多种花纹图案和颜色,但一般多使用素色。广泛用于室内墙面、墙裙等装饰以及隔断、家具等。

不饱和聚酯树脂装饰胶合板的幅面尺寸与普通胶合板相同(见表9-6),厚度为2.8,3.1,3.6,4.1,5.1,6.1,……mm。自6.1 mm起,按1 mm递增。不饱和聚酯树脂装饰胶合板按面板外观质量分一、二两个等级,各等级的外观质量应符合表9-8的规定,其物理力学性能应满足表9-9的规定。

2. 浮雕胶合板

浮雕胶合板是在胶合板表面上压印花色图案而得,立体感强、花色多样,具有良好的装饰性,适合宾馆、商店、别墅、住宅等的墙面、墙裙等的装饰。

表 9-8　不饱和聚酯树脂装饰胶合板面板外观质量(LY/T 1070—92)

缺陷种类	测量项目	一等	二等
色泽不均	不超过板面积(%)	不允许	5
光泽不均	不超过板面积(%)	5	15
装饰纸破损	单个最大长度(mm)	不允许	50
	单个最大宽度(mm)		5
	每张板面上个数		1
装饰面折叠	单个最大长度(mm)	50	100
	单个最大宽度(mm)	2	5
	每张板面上个数	1	
板边装饰层缺损	单个最大长度(mm)	200	400
	单个最大宽度(mm)	5	10
皱纹	不超过板面积(%)	不允许	1
表面粗糙	不超过板面积(%)	不允许	1
鼓泡	手摸没有感觉的每平方米板面上个数	5	10
	手摸有感觉的每平方米板面上个数(直径超过 10 mm 不允许)	不允许	2
树脂流缺	每张板面上处数(平均直径超过 5 mm 不允许)	不允许	2
针孔	每平方米上个数	不允许	15
透底	不超过板面面积(%)	不允许	5
污染	每张板面上处数(明显的或超过 100 mm² 不允许)	1	4
压痕	单条最大长度(mm)	不允许	100
	单条最大宽度(mm)		2
	每张板面上条数		1
板边缺损	自公称幅面内不得超过(mm)	不允许	5
变色	不超过板面积(%)	不允许	5
白化	每张板面上	不允许	轻微

表 9-9　不饱和聚酯树脂装饰胶合板物理力学性能(LY/T 1070—92)

项　目	指标要求
含水率(%)	6.0～14.0
耐水性能	每边剥离长度≤25 mm
耐冷热循环性能	板面无裂纹、鼓泡、变色及发皱
耐污染性能	所画线条及试剂能全部抹掉。表面不起泡、脱胶、龟裂、变软,色泽和光泽无明显变化
色泽稳定性能	板面色泽及光泽无明显变化
表面耐磨性能(g/100r)	(1)表面留有花纹;(2)磨耗值≤0.80
平面抗拉强度(MPa),≥	0.30

3.直接印刷胶合板

直接印刷胶合板是在胶合板的表面上直接印刷各种仿真木纹或其它花纹而得。常用的花色有仿木纹、仿花岗岩、素色、图案和花色等。直接印刷胶合板具有花纹美观仿真性好、色泽鲜艳、层次协调,并具一定的耐水、耐磨等性能,且价格较低,主要适用于隔墙、顶棚等。

三、旋切微薄木

旋切微薄木是采用柚木、水曲柳、柳桉等树材,精密旋切,制得厚度为 0.2~0.5 mm 的微薄木。其纹理细腻、真实,色泽美观大方,是板材表面精美装饰用材之一。

若用先进的胶粘工艺和胶粘剂,将此粘贴在胶合板基材上,可制成微薄木贴面板,用于高级建筑室内墙面的装饰,也常用于门、家具等的装饰。

由于内墙面距人的视觉较近,选用微薄木贴面板作饰面层时,应特别注意灯光照明对面层效果的表现,其目的是使天然花纹和立体感得到充分体现,以求得最佳质感并能更好地互相辉映。

四、纤维板

纤维板是以植物纤维为主要原料,经破碎、浸泡、热压成型、干燥等工序制成的一种人造板材。

纤维板的原料非常丰富。如木材采伐加工剩余物(树皮、刨花、树枝等)、稻草、麦秸、玉米杆、竹材等。

按纤维板的体积密度分为硬质纤维板(体积密度＞800 kg/m³)、软质纤维板(＜500 kg/m³)和中密度纤维板(500~800 kg/m³);按表面分为一面光板和两面光板;按原料分为木材纤维板和非木材纤维板。

(一)硬质纤维板

硬质纤维板的强度高、耐磨、不易变形,可用于墙壁、地面、家具等。硬质纤维板的幅面尺寸有 610 mm×1 220 mm,915 mm×1 830 mm,1 000 mm×2 000 mm,915 mm×2 135 mm,1 220 mm×1 830 mm,1 200 mm×2 440 mm。厚度为 2.50,3.00,3.20,4.00,5.00 mm。硬质纤维板按其物理力学性能和外观质量分为特级、一级、二级、三级四个等级,各等级应符合表 9-10 的规定。

(二)中密度纤维板

中密度纤维板按体积密度分为 80 型(体积密度为 0.80 g/cm³)、70 型(体积密度为 0.70 g/cm³)、60 型(体积密度为 0.60 g/cm³);按胶粘剂类型分为室内用和室外用两种。中密度纤维板的长度为 1 830,2 135,2 440 mm;宽度为 1 220 mm;厚度为 12,15,(16),18,(19),21,24,(25)……mm 等。中密度纤维板按外观质量分为特级品、一级品、二级品三个等级,各等级的外观质量和物理性能应满足表 9-11 的规定,各等级的力学性能应满足表 9-12 的规定。

中密度纤维板表面光滑、材质细密、性能稳定、边缘牢固,且板材表面的再装饰性能好。中密度纤维板主要用于隔断、隔墙、地面、高档家具等。

(三)软质纤维板

软质纤维板的结构松软,故强度低,但吸音性和保温性好,主要用于吊顶等。

表 9-10　硬质纤维板的物理力学性能与外观质量要求（GB 12626.2—90）

项　目		特级	一级	二级	三级
物理力学性能	体积密度(g/m³)	>0.80			
	静曲强度(MPa)	≥49.0	≥39.0	≥29.0	≥20.0
	吸水率(%)	≤15.0	≤20.0	≤30.0	≤35.0
	含水率(%)	3.0～10.0			
外观质量	水渍(占板面积百分比,%)	不许有	≤2	≤20	≤40
	污点　直径(mm)	不许有		≤15	≤30,小于15不计
	污点　每平方米个数(个/m²)			≤2	≤2
	斑纹(占板面积百分比,%)	不许有			≤5
	粘痕(占板面积百分比,%)	不许有			≤1
	压痕　深度或高度(mm)	不许有		≤0.4	≤0.6
	压痕　每个压痕面积(mm²)			≤20	≤400
	压痕　任意每平方米个数(个/m²)			≤2	≤2
	分层、鼓泡、裂痕、水湿、炭化、边角松软	不许有			

表 9-11　中密度纤维板的外观质量和物理性能要求（GB 11718.2—89）

项　目		特级品	一级品	二级品
外观质量	局部松软(直径≤80 mm)	不允许	1个	3个
	边角缺损(宽度≤10 mm)	不允许		允许
	分层、鼓泡、炭化	不允许		
物理性能	出厂含水率(%)	4～13		
	吸水厚度膨胀率(%)	≯12		
	甲醛释放量	每100 g板重的总可抽出甲醛量≯70 mg		
	体积密度偏差(%)	≯±10		

表 9-12　中密度纤维板的力学性能要求（GB 11718.2—89）

板材类型	静曲强度(MPa)			弹性模量(MPa)			平面抗拉强度(MPa)			正面握螺钉力(N)			侧面握螺钉力(N)		
	特级	一级	二级	特级	一级	二级	特级	一级	二级	特级	一级	二级	特级	一级	二级
80 型	29.4	24.5	19.6	2 070	1 960	1 850	0.62	0.55	0.49	1 450	1 350	1 250	900	820	740
70 型	19.6	17.2	14.7	1 850	1 740	1 630	0.49	0.44	0.39	1 250	1 150	1 050	740	660	—
60 型	14.7			1 630			0.39	0.34	0.29	1 050	950	850	—	—	—

五、刨花板

刨花板是利用施加胶料和辅料或未施加胶料和辅料的木材或非木材植物制成的刨花材料(如木材刨花、亚麻屑、甘蔗渣等)压制成的板材。按原料分为木材刨花板、甘蔗渣刨花板、亚麻屑刨花板、棉杆刨花板、竹材刨花板、水泥刨花板、石膏刨花板；按表面分为未饰面刨花板(如砂光刨花板、未砂光刨花板)和饰面刨花板(如浸渍纸饰面刨花板、装饰层压板饰面刨花板、PVC 饰面刨花板、单板饰面刨花板);按用途分为家具、室内装饰等一般用途刨花板(即 A 类刨花板)和非结构建筑用刨花板(即 B 类刨花板)。

装饰工程中使用的 A 类刨花板的幅面尺寸为 1 830 mm×915 mm,2 000 mm×1 000 mm,2 440 mm×1 220 mm,1 220 mm×1 220 mm;厚度为 4,8,10,12,14,16,19,22,25,30 mm 等。A 类刨花板按外观质量和物理力学性能等分为优等品、一等品、二等品,各等级的外观质量及物理力学性能应分别满足表 9-13 和表 9-14 的要求。

表 9-13　A 类刨花板的外观质量要求(GB/T 4897—92)

缺陷名称		优等品	一等品	二等品
断痕、透裂		不许有		
金属夹杂物		不许有		
压痕		不许有	轻微	不显著
胶斑、石蜡斑、油污等污染点数	单个面积大于 40 mm²	不许有		
	单个面积 10～40 mm² 之间	不许有		2
	单个面积小于 10 mm²	不计		
漏砂		不许有		不计
边角残损		公称尺寸内不许有		
在任意 400 cm² 板面上各种刨花尺寸的允许个数	≥10 mm²	不许有	3	不计
	≥5～10 mm²	3	不计	
	＜5 mm²	不计		

表 9-14　A 类刨花板的物理力学要求(GB/T 4897—92)

项　目		优等品		一等品	二等品	
		公称厚度(mm)				
静曲强度(MPa),≥		≤13	＞13～20	＞20～25	＞25～32	＞32
		16.0/15.0	15.0/14.0	14.0/13.0	12.0/11.0	10.0/9.0
内结合强度(MPa),≥		0.40/0.35	0.35/0.30	0.30/0.25	0.25/0.20	0.20/0.20
表面结合强度(MPa),≥		0.90		—		—
吸水厚度膨胀率(%),≤		8.0		8.0	12.0	
含水率(%)		5.0～11.0		5.0～11.0	5.0～11.0	
游离甲醛释放量(mg/100g),≤		30		30	50	
体积密度(g/cm³)		0.50～0.85		0.50～0.85	0.50～0.85	
体积密度偏差(%)		±5.0		±5.0	±5.0	
握螺钉力(N)	垂直板面	1100		1100	1100	
	平行板面	800		800	700	

注:表中静曲强度、内结合强度两项,斜线左侧为优等品和一等品要求指标,斜线右侧为二等品要求指标。

刨花板属于中低档次装饰材料,且强度较低,一般主要用作绝热、吸声材料,用于吊顶、隔墙、家具等。

六、浸渍胶膜纸饰面人造板

浸渍胶膜纸饰面人造板是采用专用纸浸渍氨基树脂，并干燥到一定固化程度，铺装在刨花板、中密度纤维板、硬质纤维板等人造板基材的表面，经热压而成。浸渍胶膜纸饰面人造板分为单饰面人造板、双饰面人造板、浮雕饰面人造板。

浸渍胶膜纸饰面人造板按外观质量分为优等品、一等品、合格品，各等级的外观质量及物理力学性能应分别满足表 9-15 和 9-16 的要求。

表 9-15　浸渍胶膜纸饰面人造板的外观质量要求（GB/T 15102—94）

缺陷名称		优等品		一等品		合格品
		正面	背面	正面	背面	任意面
干湿花	明显	不许有		不许有	不许有（总面积不超过板面积的 5%）	
	不明显			不许有（总面积不超过板面积的 5%）	总面积不超过板面积的 5%（10%）	
污斑	明显	不许有		≥3 mm² 不许有	20～50 mm²，允许 3 处/m²	
	不明显			20～50 mm²，允许 3 处/m²	总面积不超过板面的 3%	
表面划痕	明显	不许有		不许有	长度≤100 mm，允许 2 处/m²，影响到装饰层的不许有（长度≤200 mm，允许 2 处/m²，影响到装饰层的不许有）	
	不明显			不许有（长度≤200 mm，允许 3 处/m²，影响到装饰层的不许有）	长度≤200 mm，允许 4 处/m²，影响到装饰层的不许有（长度≤300 mm，允许 3 处/m²，影响到装饰层的不许有）	
表面压痕	明显	不许有		不许有	不许有（20～50 mm²，允许 3 处/m²）	
	不明显				20～50 mm²，允许 1 处/m²（20～50 mm²，允许 5 处/m²）	
透底	明显	不许有		不许有	不许有	
	不明显			允许	允许	
纸板错位	长边	不许有		不许有	只允许一边，宽度≤10 mm	
	短边				只允许一边，宽度≤20 mm	
表面孔隙		不许有		不许有	≤10 个/m²（20 个/m²）	
颜色不匹配		不许有		不许有	明显的总面积不超过板面的 5%（10%）	
光泽不均		不许有		不许有（明显的总面积不超过板面的 5%）	明显的总面积不超过板面的 5%（10%）	
鼓泡		不许有		不许有	≤20 mm²，允许 1 个/m²	
鼓包		不许有		不许有	≤20 mm²，允许 3 个/m²	
纸张撕裂		不许有		不许有	≤100 mm，允许 1 个/张	
局部缺纸		不许有		不许有	≤20 mm²，允许 1 处/m²	
崩边		≤3 mm		≤5 mm	≤5 mm	

注：①单饰面板的正面应符合表中正面的要求，背面的外观质量不应有影响使用的缺陷。

②表中未列入的影响使用效果的严重缺陷，如表面龟裂、分层、边角缺损（在公称尺寸内），各等级产品均不许有。

③表中括号外的数值等为对浸渍胶膜纸饰面刨花板和浸渍胶膜纸饰面中密度纤维板的指标要求，括号内的数值等为对浸渍胶膜纸饰面硬质纤维板的指标要求。无括号的数值等为对三种板材的共同要求。

浸渍胶膜纸饰面人造板的幅面尺寸为 1 830 mm×915 mm，2 000 mm×1 000 mm，

2 135 mm×915 mm，2 440 mm×1 220 mm。浸渍胶膜纸饰面刨花板的厚度为 10.0，12.0，14.0，16.0，19.0，22.0，25.0，30.0 mm 等；浸渍胶膜纸饰面中密度纤维板的厚度为 12.0，15.0，16.0，18.0，19.0，21.0，24.0，25.0 mm 等；浸渍胶膜纸饰面硬质纤维板的厚度为 3.0，4.0，5.0 mm 等。

表 9-16　浸渍胶膜纸饰面人造板的物理力学性能要求（GB/T 15102—94）

项　目	浸渍胶膜纸饰面刨花板或浸渍胶膜纸饰面中密度纤维板					浸渍胶膜纸饰面硬质纤维板
	公称厚度（mm）					≥30.0
静曲强度（MPa）	≤13.0	>13.0～20.0	>20.0～25.0	>25.0～32.0	>32.0	
	≥16.0	≥15.0	≥14.0	≥12.0	≥10	
内结合强度（MPa）	≥0.40	≥0.35	≥0.30	≥0.25	≥0.20	—
含水率（%）	5.0～11.0					3.0～10.0
体积密度（g/cm³）	0.60～0.90					≥0.80
吸水厚度膨胀率（%）	≤8.0					—
平行板面握螺钉力（N）	≥700					—
表面胶合强度（MPa）	≥0.40					—
表面耐冷热循环	无龟裂、无鼓泡					
表面耐划痕	≥1.5 N 表面无整圈连续划痕					
尺寸变化（%）	≤0.60					—
表面耐磨 磨耗值（mg/100r）	≤80					
图案纹	磨 100 r 后应保留 50%以上的花纹					
素色	磨 350 r 后应无露底现象					
表面耐香烟灼烧	不许有黑斑、裂纹、鼓泡等变化					
表面耐干热	无龟裂、无鼓泡					
表面耐污染腐蚀	无污染、无腐蚀					
表面耐龟裂（级）	0～1					
表面耐水蒸气	不允许有突起、变色和龟裂					

　　注：双饰面人造板的表面性能，两面均应符合指标要求。

　　浸渍胶膜纸饰面人造板具有多种花纹图案、颜色，浮雕板还具有多种凸凹花纹，立体感强，并具有较高的耐磨性、耐污染性、耐水性、耐热性等。主要用于室内墙面、墙裙、顶棚、台面等的装饰以及家具等。

七、美铝曲面装饰板

　　美铝曲面装饰板是以特种牛皮纸为底面纸，纤维板或蔗板为中间基材，着色铝合金箔为装饰面层，经粘接、刻沟等工艺加工而得。按沟间距分为窄沟距（沟间距 13 mm）、中沟距（沟间距 21 mm）、宽沟距（沟间距 33 mm）三类。

　　美铝曲面装饰板按外观质量和物理力学性能等分为优等品、一等品和合格品，各等级的外观质量和物理力学性能应满足表 9-17 的要求。板材的幅面尺寸为 2 440 mm×

1 220 mm,厚度为 3.5 mm。

表 9-17　美铝曲面装饰板的外观与物理力学性能要求(JC/T 489—92)

项　目		优等品	一等品	合格品
外观质量	色差	不允许	不允许	不允许
	污迹			不明显
	划痕		轻微	
	色斑		不允许	轻微
	开胶	极轻微	轻微	不明显
	凹痕			
	凸点			
	波纹	不允许	不允许	
	沟面裂纹			不允许
	沟边铝箔损伤			极轻微
	沟距不均			
	底面纸刻透、皱、断			不允许
	整板翘曲			
物理力学性能	湿粘结	不得剥离		
	热翘曲量(mm),≤	1.50	1.80	2.50
	剥离力(N/cm),≥	20.0	16.0	12.0
	退色性(级)	>4	4	3

美铝曲面装饰板表面光亮,有银、橙黄、金红、古铜等多种颜色,华丽高贵,并具有不变形、不翘曲、耐擦洗、耐热、耐压、防水、可锯、可钻、可钉等特点,属于高档装饰材料。主要用于宾馆、商店、橱窗、家庭等的内部装饰。

八、涂饰人造板

在人造板表面用涂料涂饰制成的装饰板材。常用的基材为胶合板、刨花板、纤维板等。通常采用喷涂、淋涂、辊涂等方式涂布涂料。主要产品有直接印刷人造板、透明涂饰人造板和不透明涂饰人造板。涂饰人造板的生产工艺简单,板面美观、平滑、触感好、立体感较强,但质量及装饰效果较浸渍胶膜纸饰面人造板差。主要用于中、低档家具及墙面、墙裙、顶棚等的装饰。

九、塑料薄膜贴面装饰板

将热塑性树脂制成的薄膜贴在人造板表面制成的装饰板材。塑料薄膜经印刷图案、花纹并经模压处理后,有很好的装饰效果,但耐热性较差、表面硬度较低。目前使用的塑料薄膜有聚氯乙烯薄膜、聚酯薄膜、聚碳酸酯薄膜,但以聚氯乙烯薄膜最为常用。按所用基材的不同分为塑料薄膜贴面胶合板、塑料薄膜贴面纤维板、塑料薄膜贴面刨花板。塑料薄膜贴面装饰板属于中、低档装饰材料,主要用于墙壁、吊顶等的装饰及家具等。

十、仿人造革饰面板

仿人造革饰面板是在人造板材表面涂覆耐磨的合成树脂,经热压复合而成。该板平整挺直、表面亚光、色调丰富,具有人造革的质感,手感好。主要用于墙壁、墙裙等的装饰。

十一、木花格

木花格是用木板和枋木制作成具有若干个分格的木架,这些分格的尺寸或形状一般各不相同,由于木花格加工制作较简便,饰件轻巧纤细,加之选用材质木节少,木色好,无虫蛀无腐朽的硬木或杉木制作,表面纹理清晰,整体造型别致,用于建筑物室内的花窗、隔断、博古架等,能起到调整室内设计的格调,改进空间效能和提高室内艺术质量等作用。

十二、木装饰线条

线条类材料是装饰工程中各平面相接处、相交面、分界面、层次面、对接面的衔接口、交接条等的收边封口材料。线条材料对装饰质量、装饰效果有着举足轻重的影响。同时,线条材料在室内装饰艺术上起着平面构成和线形构成的重要角色。线条材料在装饰结构上起着固定、连接、加强装饰饰面的作用。

木线条的品种规格繁多,从材质上分,有硬质杂木线、水曲柳木线、核桃木线等;从功能上分,有压边线、压角线、墙腰线、天花角线、弯线、柱角线等;从款式上分,有外凸式、内凹式,凸凹结合式、嵌槽式等。各类木线条立体造型各异,断面形状丰富。常用木线条的造型如图9-5、图9-6所示,其品种及规格见表9-18。

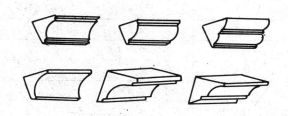

图9-5 木装饰角线

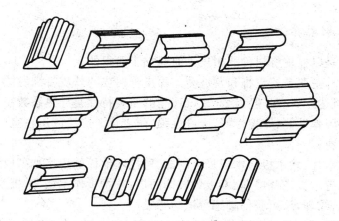

图9-6 木装饰边线

木线条在各种材质中具有其独特的优点,这是因为它是选用质硬、木质细、耐磨、耐腐蚀、不劈裂、切面光滑、加工性质好、油漆色性好、粘结性好、钉着力强的木材,经干燥处理后,用机械加工或手工加工而成的。同时,木线条可油漆成各种色彩和木纹本色,又可进行对接、拼接,还可弯曲成各种弧线。

木线条主要用作建筑物室内墙面的墙腰饰线,墙面洞口装饰线,护壁板和勒脚的压条装饰线,高级建筑门窗的镶边。采用木线条装饰,可增添室内古朴、高雅、亲切的美感。

表 9-18　常用木线条品种及规格

名称	规　　格(cm)				
墙腰线	7.5×2.3	6×3.2	4.5×1.9	4×1.4	4×1.7
	8×1.8	4.5×2.5	5×1.7	4×1.3	3.5×1.8
	8.5×2.5	3.5×2	5.5×1.8	4.5×1.8	4×2
	5×1.9	8×1.2	4×1.5	5×2.1	3×1.5
	6.5×2	7.5×1.7	5×1.7	6×2.4	3.5×1.5
	6.5×1.5	5×1.8	4.5×1.5	4×1.9	3×1.5
压边线	3.5×1.5	4×1.6	2.5×1	3×1.3	2.5×1.4
	3.5×1.4	4×1.2	2.5×1.1	3.5×1	2×0.8
	4.5×1.8	4×0.9	3.5×1.3	3×1.2	
圆　线	3×1.5	4×2	5×2.5	6×3	
	3.5×1.7	4.5×2.2	5.5×2.7		
门框线	4.5×1	5.2×1.2			
踢脚线	10×1.2				
挂镜线	4×2				
扶　手	6.5×7.5				
外角线	4×4	3×3	3.5×3.5	2.5×2.5	
弯　线	面弯大头向内线	企弯向外线	内弯角线	山形弯线	面弯大头向外线
	企弯向内线	外弯角线			

十三、软木制品

软木(即栓皮)是以栓皮栎树种的树皮为原料加工而得的。

我国的栓皮树种主要是栓皮栎和黄波萝。栓皮栎树皮的外皮特别发达、质地轻软、富有弹性,厚的头道皮可达 6 cm,一般为 2～3 cm。它的主要特性是导热系数小、弹性好,在一定压力下可长期保持回弹性能,摩擦性好,吸音性强,耐老化。广泛应用在室内装饰领域,成为一种新型的装饰材料。

软木地板是软木片、软木板与木板复合制成。可按木地板的规格加工成块状、条状、卷材状。按复合方式分有木板作基层、软木板为装饰面层;软木板作基层、木板为装饰面层;后者既显示了木材颜色、纹理,又可获得脚感舒适的感觉。

软木壁纸分有纸基和无纸基两种,与PVC壁纸相比,采用软木纸作面层,其柔软性、弹性均优于PVC壁纸。

此外,还有软木天花板,具有较好的吸声性。

十四、竹材装饰材料

竹材作为天然生长具有与木材性质及外观类似的材料,近几年,在装饰领域崭露头角。尤其是毛竹杆粗大端直、竹壁厚、材质坚硬强韧。常制成条木地板,板面光洁平滑、纹理细腻、清雅,条板带有企口,安装方便。用于居室地面铺设材料。木质感强,弹性韧性好。冬暖夏凉,美观大方,高雅华贵,是目前理想的以竹代木地板。

第四节　木材的防火

木材属易燃材料。在温度超过 105 ℃时,即会逐渐分解,放出可燃性气体并伴随产生热量,温度继续升高,分解速度、可燃气体和放热量都会增加,达到某一温度时,木材会着火而燃烧。木材的闪火点 225～250 ℃,发火点 330～470 ℃。

木材作为一种理想的装饰材料被广泛用于建筑物表面。因此,木材的防火问题就显得尤为重要。

所谓木材的防火,是用某些阻燃剂或防火涂料对木材进行处理,使之成为难燃材料。以达到遇小火能自熄,遇大火能延缓或阻滞燃烧而赢得扑救的时间。

常用的阻燃剂有:

(1)磷-氮系阻燃剂　主要有磷酸铵[$(NH_4)_3PO_4$]、磷酸二氢铵[$NH_4H_2PO_4$]、磷酸氢二铵[$(NH_4)_2HPO_4$]、聚磷酸铵等。

(2)硼系阻燃剂　主要有硼酸(H_3BO_3)、硼酸锌[$Zn_3(BO_3)_2$]、硼砂($Na_2B_4O_7 \cdot 10H_2O$)。

(3)卤系阻燃剂　主要有氯化铵(NH_4Cl)、溴化铵(NH_4Br)、氯化石蜡等。

(4)含铝、镁等金属氧化物或氢氧化物阻燃剂　主要有含水氧化铝($Al_2O_3 \cdot 10H_2O$)、氢氧化镁[$Mg(OH)_2$]。

阻燃剂的机理在于:设法抑止木材在高温下的热分解,如磷化合物可以降低木材的稳定性,使其在较低温度下即发生分解,从而减少可燃气体的生成。阻滞热传递,如含水的硼化物、含水的氧化铝,遇热则吸收热量放出水蒸气,从而减少了热传递。

采用阻燃剂进行木材防火是通过浸注法而实现的,即将阻燃剂溶液浸注到木材内部达到阻燃效果。浸注分为常压和加压,加压浸注使阻燃剂浸入量及深度大于常压浸注。因此,对木材的防火要求较高情况下,应采用加压浸注。浸注前,应尽量使木材达到充分干燥,并初步加工成型。否则防火处理后再进行锯、刨等加工,会使木料中浸有的阻燃剂部分失去。

通过防火涂料对木材进行表面涂覆后进行防火也是一个重要的措施。其最大特点是防火、防腐兼有装饰作用。参见第八章。

第十章　金属装饰材料

以各种金属作为建筑装饰材料,有着源远流长的历史。北京颐和园中的铜亭,山东泰山顶上的铜殿,云南昆明的金殿,西藏布达拉宫金碧辉煌的装饰等极大地赋予了古建筑独特的艺术魅力。在现代建筑中,金属材料更是以它独特的性能——耐腐、轻盈、高雅、光辉、质地、力度,赢得了建筑师的青睐。从高层建筑的金属铝门窗到围墙、栅栏、阳台、入口、柱面等,金属材料无所不在。金属材料从点缀并延伸到赋予建筑奇特的效果。如果说,世界著名的建筑埃菲尔铁塔是以它的结构特征,创造了举世无双的奇迹,那么法国蓬皮杜文化中心则是金属的技术与艺术有机结合的典范,创造了现代建筑史上独具一格的艺术佳作。难怪,日本黑川红章把金属材料用于现代建筑装饰上,看作是一种技术美学的新潮。金属作为一种广泛应用的装饰材料具有永久的生命力。

本章主要介绍装饰工程中广为使用的钢、铝和铜及其合金材料。

第一节　建筑装饰用钢材及其制品

优美的装饰艺术效果,离不开材料的色彩、光泽、质感等的和谐运用,而体现材料诸多装饰性的途径,除在装饰技术上下功夫外,可在材料材性上加以研究。

在普通钢材基体中添加多种元素或在基体表面上进行艺术处理,可使普通钢材仍不失为一种金属感强、美观大方的装饰材料。在现代建筑装饰中,愈来愈受到关注。

常用的装饰钢材有不锈钢及制品、彩色涂层钢板、涂色镀锌钢板、建筑压型钢板、轻钢龙骨等。

一、建筑装饰用不锈钢及制品

(一)不锈钢

何谓不锈钢?与一般钢有何不同?首先需对钢材的锈蚀有一了解。钢材的锈蚀可分为化学锈蚀和电化学锈蚀两类。前者由于大气中的氧和工业废气中的硫酸气体、碳酸气体与钢材表面作用形成锈蚀物(如疏松的氧化铁)而锈蚀;后者因钢材处于潮湿空气中,其表面发生"原电池"作用形成锈蚀物(如氢氧化铁)而锈蚀。电化学锈蚀是钢材最主要的锈蚀形式。其锈蚀的速度及程度与诸多因素有关,其中与钢材的合金组织之间的电极电位差别较大密切相关,铁素体的电极电位低于渗碳体的电极电位,因此易失去电子而发生"原电池"作用,导致锈蚀。若在钢材中加入提高合金组织的电极电位的合金元素,则可以大大改善钢材的防锈能力。实践证明:向钢材中加入铬,由于铬的性质比铁活泼,铬首先与环境中的氧化合,生成一层与钢材基体牢固结合的致密的氧化膜层,称为钝化膜,它使钢材得到保护,不致锈蚀,这就是所谓的不锈钢。

不锈钢可按所加元素的不同分为铬不锈钢、铬镍不锈钢、高锰低铬不锈钢等;还可根据不锈钢在 900～1 100 ℃高温淬火处理后的反应和微观组织分为铁素体不锈钢(淬火后不硬化)、马氏体不锈钢(淬火后硬化)、奥氏体不锈钢(高铬镍型)。

不锈钢牌号用一位数字表示平均含碳量,以千分之几计,小于千分之一的用"0"表示,后面是主要合金元素符号及其平均含量,如 $2Cr_{13}Mn_9Ni_4$ 表示含碳量为 0.2%,平均含铬、锰、镍依次为 13%,9%,4%。

不锈钢的分类、化学成分、机械性能见表10-1。

表 10-1　不锈钢的分类(GB 4360—84)

名称	化学成分(%)			淬硬性	耐蚀性	加工性	可焊性	磁性
	Cr	Ni	C					
马氏体系	11～15	—	<1.20	有	可	可	不可	有
铁素体系	16～27	—	<0.35	无	佳	尚佳	尚可	有
奥氏体系	>16	>7	<0.25	无	优	优	优	无

不锈钢膨胀系数大,约为碳钢的1.3～1.5倍,但导热系数只有碳钢的1/3,不锈钢韧性及延展性均较好,常温下亦可加工。值得强调的是,不锈钢的耐蚀性强是诸多性质中最显著的特性之一。但由于所加元素的不同,耐蚀性也表现不同,例如,只加入单一的合金元素铬的不锈钢在氧化性介质(水蒸气、大气、海水、氧化性酸)中有较好的耐蚀性,而在非氧化性介质(盐酸、硫酸、碱溶液)中耐蚀性很低。镍铬不锈钢由于加入了镍元素,而镍对非氧化性介质有很强的抗蚀力,因此镍铬不锈钢的耐蚀性更佳。不锈钢另一显著特性是表面光泽性,不锈钢经表面精饰加工后,可以获得镜面般光亮平滑的效果,光反射比达90%以上,具有良好的装饰性,为极富现代气息的装饰材料。

(二)不锈钢装饰制品

不锈钢装饰,是近几年来较流行的一种建筑装饰方法。短短几年中,已超出旅游宾馆和大型百货商店的范畴,出现在许多中小型商店,并且已从小型不锈钢五金装饰件和不锈钢建筑雕塑的范畴,扩展到用于普通建筑装饰工程之中,如不锈钢用于柱面、栏杆、扶手装饰等。

常用的不锈钢牌号为 $0Cr_{18}N_{18}$,$0Cr_{17}Ti$,$1Cr_{17}Mo_2Ti$,$1Cr_{18}Ni_{17}Ti$,$1Cr_{17}Ni_8$,$1Cr_{17}Ni_9$,$0Cr_{18}Ni_{12}Mo_2Ti$等。不锈钢制品中应用最多的为板材,一般均为薄材,厚度多小于 2.0 mm。常用的不锈钢板机械性能、规格分别见表10-2、表10-3。

表 10-2　不锈钢板的机械性能(GB 4239—91)

常用牌号	机械性能			硬度	
	$\sigma_{0.2}$(MPa)	σ_b(MPa)	δ(%)	HB	HV
$1Cr_{17}Ni_8$	≥210	≥580	≥45	≤187	≤200
$1Cr_{17}Ni_9$	≥250	≥530	≥40	≤187	≤200

注:常用牌号机械性能引至不锈钢板标准。

不锈钢包柱就是将不锈钢板进行技术和艺术处理后广泛用于建筑柱面的一种装饰。

不锈钢包柱的主要工艺过程:混凝土柱的成型,柱面的修整,不锈钢板的安装、定位、焊接、打磨修光。由于不锈钢的高反射性及金属质地的强烈时代感,与周围环境中的各种色彩、景物交相辉映,对空间效应起到了强化、点缀和烘托的作用,成为现代高档建筑柱面装饰的流行材料之一,广泛用于大型商店、旅游宾馆、餐馆的入口、门厅、中庭等处,在豪华的通高大厅及四季厅之中也非常普遍。

表 10-3　常用不锈钢薄板参考规格

钢板厚度 (mm)	钢板宽度 (mm)									备注
	500	600	700	750	800	850	900	950	1 000	
	钢板长度 (mm)									
0.35,0.4,0.45,0.5, 0.55,0.6, 0.7,0.75		1 200		1 000						热 轧 钢 板
	1 000	1 500	1 000	1 500	1 500		1 500	1 500		
	1 500	1 800	1 420	1 800	1 600	1 700	1 800	1 900	1 500	
	2 000	2 000	2 000	2 000	2 000	2 000	2 000	2 000	2 000	
0.8 0.9				1 500	1 500	1 500	1 500	1 500		
	1 000	1 200	1 400	1 800	1 600	1 700	1 800	1 900	1 500	
	1 500	1 420	2 000	2 000	2 000	2 000	2 000		2 000	
1.0,1.1, 1.2,1.25,1.4,1.5, 1.6,1.8				1 000			1 000			
	1 000	1 200	1 500	1 500	1 500	1 500	1 500			
	1 500	1 420	1 420	1 800	1 600	1 700	1 800	1 900	1 500	
	2 000	2 000	2 000	2 000	2 000	2 000	2 000	2 000	2 000	
0.2,0.25, 0.3,0.4		1 200	1 420	1 500	1 500					冷 轧 钢 板
	1 000	1 800	1 800	1 800	1 800	1 500			1 500	
		2 000	2 000	2 000	2 000	2 000			2 000	
0.5,0.55, 0.6		1 200	1 420	1 500	1 500					
	1 000	1 800	1 800	1 800	1 800	1 500			1 500	
	1 500	2 000	2 000	2 000	2 000	1 800			2 000	
0.7 0.75		1 200	1 420	1 500	1 500					
	1 000	1 800	1 800	1 800	1 800	1 800			2 000	
	1 500	2 000	2 000	2 000	2 000	2 000				
0.8 0.9		1 200	1 420	1 500	1 500	1 500				
	1 000	1 800	1 800	1 800	1 800	1 800		1 500		
	1 500	2 000	2 000	2 000	2 000	2 000		2 000		
1.0,1.1,1.2,1.4, 1.5,1.6, 1.8,2.0	1 000	1 200	1 420	1 800	1 800	1 500				
	1 500	1 800	1 800	1 800	1 800	1 800				
	2 000	2 000	2 000	2 000	2 000	2 000			2 000	

不锈钢装饰制品除板材外,还有管材、型材,如各种弯头规格的不锈钢楼梯扶手,以它轻巧、精制、线条流畅展示了优美的空间造型,使周围环境得到了升华。不锈钢自动门、转门、拉手、五金与晶莹剔透的玻璃,使建筑达到了尽善尽美的境地。不锈钢龙骨是近几年才开始应用的,其刚度高于铝合金龙骨,因而具有更强的抗风压性和安全性,并且光洁、明亮,因而主要用于高层建筑的玻璃幕墙中。

（三）彩色不锈钢装饰制品

彩色不锈钢板系在不锈钢板上进行着色处理,使其成为蓝、灰、紫、红、绿、金黄、橙等各种绚丽多彩的不锈钢板。色泽随光照角度改变而产生变幻的色调。彩色面层能在 200 ℃下或弯曲 180°无变化,色层不剥离,色彩经久不退。耐盐雾腐蚀性能超过一般不锈钢,耐磨和耐刻划性能相当于箔层镀金的性能。

彩色不锈钢板的规格及厂家见表 10-4。

表 10-4　彩色不锈钢板规格及厂家

规　　格(mm)		生产单位
厚度	长×宽	
0.2,0.3,0.4,0.5,0.6,0.7,0.8	2 000×1 000,1 000×500 可按需要尺寸加工	广东顺德龙溪装饰材料厂、北京博达技术研究所、湖南衡阳铝制品总厂

除板材外还有方管、圆管、槽型、角型等彩色不锈钢型材。

彩色不锈钢板适用于高级建筑物的电梯厢板、车厢板、厅堂墙板、天花板、建筑装璜、招牌等。

（四）不锈钢包覆钢板（管）

不锈钢包覆钢板(管)是在普通钢板的表面包覆不锈钢而成。其优点可节省价格昂贵的不锈钢,且加工性能优于纯不锈钢,使用效果同不锈钢。

建筑装饰用不锈钢板,应注意掌握以下几方面原则:

(1)表面处理决定装饰效果,由此可根据使用部位的特点去追求镜面效果或亚光风格,还可设计加工成深浅浮雕花纹等。

(2)根据所处环境,确定受污染与腐蚀程度,选择不同品种的不锈钢。

(3)不同类型、厚度及表面处理都会影响工程造价。为此,在保证使用前提下,应十分注意选择不锈钢板的厚度、类型及表面处理形式。

二、彩色涂层钢板及钢带

随着科学技术的发展,钢铁材料也逐渐从单一化走向复合化。与其它有机材料复合加工,可使钢材自身的物性及美学性能发挥的淋漓尽致。

彩色涂层钢板(旧称涂层镀锌钢板,简称彩板)和钢带是以金属带材为基材,在其表面涂以各类有机涂料的产品。它一方面起到了保护金属的作用,同时又起到了装饰作用,是近年来发展较快的一种装饰板材。

《彩色涂层钢板及钢带》(GB/T 12754—91)对其进行分类,见表 10-5。

彩色涂层钢板及钢带的性能应符合表 10-6 规定。

彩色涂层钢板及钢带的表面不允许有气泡、划伤、漏涂、颜色不均等有害于使用的缺陷。

彩色涂层钢板的长度为 500～4 000 mm,宽度为 700～1 550 mm,厚度为 0.3～2.0 mm。

彩色涂层钢板及钢带的最大特点是发挥了金属材料与有机材料的各自特性,板材具有良好的加工性,可切、弯、钻、铆、卷等。彩色涂层附着力强,色彩、花纹多样,经加热、低温、沸水、污染等作用后涂层仍能保持色泽新颖如一。主要有红色、绿色、乳白色、棕色、蓝色等。

表 10-5 彩色涂层钢板及钢带的分类和代号(GB/T 12754—91)

分类方法	类别	代号
按用途分	建筑外用	JW
	建筑内用	JN
	家用电器	JD
按表面状态分	涂层板	TC
	印花板	YH
	压花板	YaH
按涂料种类别分	外用聚酯	WZ
	内用聚酯	NZ
	硅改性聚酯	GZ
	外用丙烯酸	WB
	内用丙烯酸	NB
	塑料溶胶	SJ
	有机溶胶	YJ
按基材类分	低碳钢冷轧钢带	DL
	小锌花平整钢带	XP
	大锌花平整钢带	DP
	锌铁合金钢带	XT
	电镀锌钢带	DX

注:①钢制家具、交通工具等其它用途的产品,可视使用要求选择表中类别或由供需双方协商。
　　②需方如未指定涂料种类时,由供方推荐;经供需双方协商,可以选择其它涂料。

表 10-6 彩色涂层钢板及钢带的性能(GB/T 12754—91)

板材类别		涂层厚度(μm)	60°光泽度(%)			铅笔硬度	弯曲		反向冲击(J)		耐盐雾(h)
用途	涂料种类		高	中	低		厚度≤0.8 mm 180°,T	厚度>0.8 mm	厚度≤0.8 mm	厚度>0.8 mm	
建筑外用	外用聚酯	≥20		>70		≥HB	≤8		≥6	≥9	≥500
	硅改性聚酯						≤10			≥4	≥750
	外用丙烯酸										≥500
	塑料溶胶	≥100		—		—	0			≥9	≥1 000
建筑内用	内用聚酯	≥20	40~70	>70	<40	≥HB	≤8	90°	≥6	≥9	≥250
	内用丙烯酸									≥4	
	有机溶胶	≥30		—		—	≤2		≥9		≥500
	塑料溶胶	≥100		—		—	0				≥1 000
家用电器	内用聚酯	≥20		>70		≥HB	≤4	—	≥6	—	≥200

彩色涂层钢板可用作各类建筑物内外墙板、吊顶、工业厂房的屋面板和壁板。还可作为排气管道、通风管道及其它类似的具有耐腐蚀要求的物件及设备罩等。

三、建筑用压型钢板

使用冷轧板、镀锌板、彩色涂层板等不同类别的薄钢板,经辊压、冷弯而成,其截面呈 V形、U 形、梯形或类似这几种形状的波形,称之为建筑用压型钢板(简称压型板)。

《建筑用压型钢板》(GB/T 12755-91)规定压型板表面不允许有用 10 倍放大镜所观察到的裂纹存在。对用镀锌钢板及彩色涂层钢板制成的压型钢板规定不得有镀层、涂层脱落以及影响使用性能的擦伤。

压型板共有 27 种不同的型号。压型板波距的模数为 50,100,150,200,250,300 mm(但也有例外的);波高为 21,28,35,38,51,70,75,130,173 mm;压型板的有效覆盖宽度的尺寸系列为 300,450,600,750,900,1 000 mm(但也有例外)。压型板(YX)的型号顺序以波高、波距、有效覆盖宽度来表示,如 YX38-175-700 表示波高 38 mm,波距 175 mm,有效覆盖宽度为 700 mm 的压型板。图 10-1 是几种压型钢板的板型。

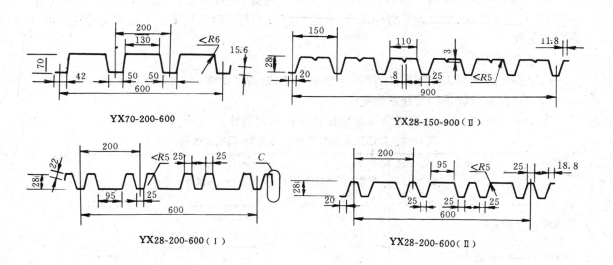

图 10-1　建筑用压型钢板的板型

压型钢板具有质量轻(板厚 0.5~1.2 mm)、波纹平直坚挺、色彩鲜艳丰富、造型美观大方、耐久性强(涂敷耐腐涂层)、抗震性高、加工简单、施工方便等特点,广泛用于工业与民用建筑及公共建筑的内外墙面、屋面、吊顶等的装饰以及轻质夹芯板材的面板等。

四、塑料复合板

塑料复合板是在钢板上覆以 0.2~0.4 mm 半硬质聚氯乙烯塑料薄膜而成。它具有绝缘性好、耐磨损、耐冲击、耐潮湿,良好的延展性及加工性,弯曲 180°塑料层不脱离钢板,既改变了普通钢板的乌黑面貌,又可在其上绘制图案和艺术条纹,如布纹、木纹、皮革纹、大理石纹等。

该复合板可用作地板、门板、天花板等。

复合隔热夹芯板是采用镀锌钢板作面层,表面涂以硅酮和聚酯,中间填充聚苯乙烯泡沫或聚氨酯泡沫制成的。质轻、绝热性强、抗冲击、装饰性好。适用于厂房、冷库、大型体育设施的屋面及墙体。

五、彩色涂层钢板门窗

彩色涂层钢板门窗,也称涂色镀锌钢板门窗。它是一种新型金属门窗,具有质量轻、强度高、采光面积大、防尘、隔声、保温密封性能好、造型美观、色彩绚丽、耐腐蚀等特点。因此,可以代替铝合金门窗用于高级建筑物的装修工程,已正式列入我国《建筑装饰工程施工及验收规范》(JGJ 73—91)。

(一)彩色涂层钢板门窗生产过程

1. 型材轧制

以彩色涂层钢板为原材料,采用多辊慢轧成型,机械咬合成型,可以轧制断面形状复杂、加工精度高的彩色涂层钢板型材。

2. 成窗工艺

将型材用插接件进行插接(由于省去了传统的刻磨、剔角等落后工艺,淘汰了高能耗焊接工艺,节约了能源,也改善了劳动条件。故也称组角工艺),组角和零件装配采用螺钉连接,密封胶封闭。

3. 零附件工艺

门窗零附件采用工程塑料件、锌铝合金压铸件、胶质挤出件,可实现优质高强。

(二)彩色涂层钢板门窗技术性能

表 10-7 为彩色涂层钢板组角窗与钢窗物理性能的对比。

表 10-7　彩色涂层钢板组角窗与京 66 型钢窗性能

项　目 ＼ 窗类别	彩色涂层钢板组角窗	京 66 型钢窗	备注
抗风压能力(N/m²)	1 100 $\Delta l < l/200$	700 $\Delta l < l/160$	
气密性〔m³/(h·m²)〕	1.5	26.85	压差 100 Pa
水密性(Pa)	450	50	发生严重渗水时压差值
盐雾试验(h)	500	100	发现锈蚀现象时间

注:有关项目测试方法参照铝合金门窗。

涂色镀锌钢板门窗也分有平开式、推拉式、固定式、立悬式、中悬式、单扇及双扇弹簧门等。可配用各种平板玻璃、中空玻璃。颜色有红、乳白、棕、蓝等。

六、建筑用轻钢龙骨及配件

(一)轻钢龙骨

所谓龙骨指罩面板装饰中的骨架材料。罩面板装饰包括室内隔墙、隔断、吊顶。与抹灰类和贴面类装饰相比,罩面板大大减少了装饰工程中的湿作业工程量。

图 10-2 为某吊顶龙骨安装示意图。承载龙骨是指吊顶龙骨的主要受力构件。覆面龙骨是指吊顶龙骨中固定面层的构件。

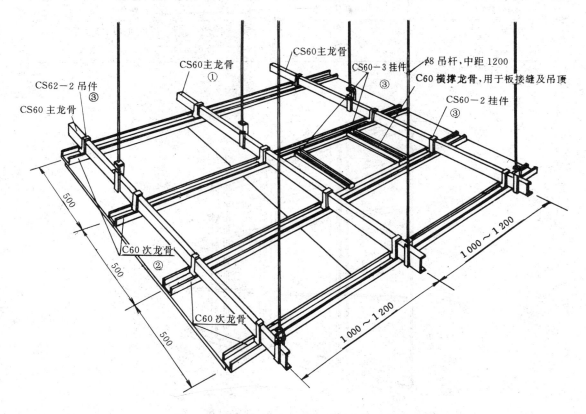

图 10-2　U 型上人吊顶龙骨安装示意图
①—承载龙骨(主龙骨)；②—覆面龙骨(次龙骨)；③—龙骨配件(挂件、吊件等)

图 10-3 为某墙体龙骨安装示意图。横龙骨是指墙体和建筑结构的联接构件。竖龙骨是指墙体的主要受力构件。通贯龙骨是指竖龙骨的中间联接构件。

由图 10-2、图 10-3 可见骨架材料起着支撑、承重、固定面层的作用。

以冷轧钢板(带)、镀锌钢板(带)或彩色喷塑钢板(带)作原料,采用冷弯工艺生产的薄壁型钢称为轻钢龙骨。按断面分:有 U 型龙骨、C 型龙骨、T 型龙骨及 L 型龙骨(也称角铝条)。按用途分:有墙体(隔断)龙骨(代号 Q)、吊顶龙骨(代号 D);按结构分:吊顶龙骨有承载龙骨、覆面龙骨。墙体龙骨有竖龙骨、横龙骨和通贯龙骨。

国家标准《建筑用轻钢龙骨》(GB 11981—89)对该产品的技术要求、试验方法和检验规则均作了具体规定。

1.产品规格系列

轻钢龙骨按断面的宽度划分规格。墙体龙骨主要规格分为 Q50,Q75,Q100;吊顶龙骨按承载龙骨的规格分为 D38,D45,D50,D60。

2.技术要求

(1)外观质量　外形平整,棱角清晰,切口不允许有影响使用的毛刺和变形。

(2)表面防锈　表面应镀锌防锈,镀锌层不许有起皮、起瘤、脱落等缺陷。

对于腐蚀、损伤、黑斑、麻点等缺陷，按规定方法检测，应符合表10-8规定。

表10-8　轻钢龙骨的外观质量(GB 11981-89)

缺陷种类	优等品	一等品、合格品
腐蚀、损伤 黑斑、麻点	不允许	无较严重的腐蚀、损伤、麻点。面积不大于 1 cm² 的黑斑每米长度内不多于 5 处

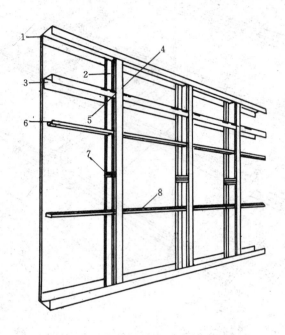

图10-3　墙体龙骨安装示意图

1—横龙骨；2—竖龙骨；3—通撑龙骨；4—角托；5—卡托；

6—通贯龙骨；7—支撑卡；8—通贯龙骨连接件

(3)形状和尺寸要求　龙骨的断面形状见图10-4。其尺寸偏差应符合 GB 11981-89 中有关规定。

(4)力学性能　墙体及吊顶龙骨组件的力学性能应符合表10-9的要求。

表10-9　轻钢龙骨组件的力学性能(GB 11981-89)

类别	项目		要　　求
吊顶	静载试验	覆面龙骨	最大挠度不大于 10.0 mm 残余变形量不大于 2.0 mm
		承载龙骨	最大挠度不大于 5.0 mm 残余变形量不大于 2.0 mm
隔断		抗冲击试验	最大残余变形量不大于 10.0 mm，龙骨不得有明显变形
		静载试验	最大残余变形量不大于 2.0 mm

3.轻钢龙骨的性质与应用

轻钢龙骨防火性能好,刚度大,通用性强,可装配化施工,适应多种板材的安装。多用于防火要求高的室内装饰和隔断面积大的室内墙。

(二)建筑用轻钢龙骨配件

以冷轧薄钢板(带)为原料,经冲压成型后,用于组合轻钢龙骨墙体、吊顶骨架的配件称为建筑用轻钢龙骨配件。

建筑用轻钢龙骨配件按配件的组合部位与功能分为墙体龙骨配件和吊顶龙骨配件。龙骨配件的作用参见图10-2。

建筑用轻钢龙骨配件的规格、外观质量、力学性能等应符合《建筑用轻钢龙骨配件》(JC/T 558—94)的要求。

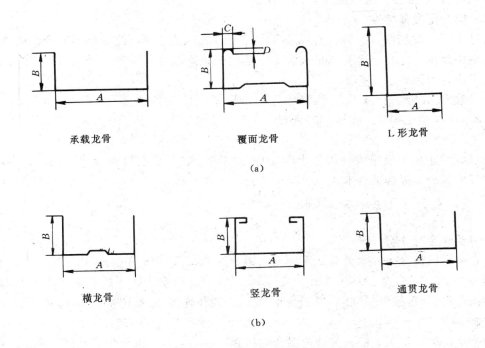

图10-4 龙骨断面形状示意图
(a)吊顶龙骨;(b)墙体龙骨

第二节 建筑用铝和铝合金

铝在现代装饰中可以算是大显身手的主角,一方面是因为它的独特性能,另一方面由于它的产量较高。但是金属铝真正涉足建筑界是在第二次世界大战后,由于铝材过剩,因而转向建筑领域。如今,铝在建筑装饰方面的重要作用是其它装饰材料所无法取代的。

一、铝及铝合金的特点

(一)铝的特性

铝属于有色金属中的轻金属,外观呈银白色。铝的密度为 2.7 g/cm³,熔点为 660 ℃,铝的导电性和导热性均很好。

铝的化学性质很活泼,它和氧的亲和力很强,在空气中易生成一层氧化铝薄膜,从而起到了保护作用,具有一定的耐蚀性。但氧化铝薄膜的厚度仅 0.1 μm 左右,因而与卤素元素(氯、溴、碘)、碱、强酸接触时,会发生化学反应而受到腐蚀。另外,铝的电极电位较低,如与电极电位高的金属接触并且有电解质存在时(如水汽等)会形成微电池,产生电化学腐蚀,所以使用铝制品时要避免与电极电位高的金属接触。

铝具有良好的可塑性(伸长率可达 50%),可加工成管材、板材、薄壁空腹型材,还可压延成极薄的铝箔($6 \times 10^{-3} \sim 25 \times 10^{-3}$ mm),并具有极高的光、热反射比(87%～97%),但铝的强度和硬度较低($\sigma_b = 80 \sim 100$ MPa,$HB = 200$)。为提高铝的实用价值,常加入合金元素。因此,结构及装修工程常使用的是铝合金。

(二)铝合金及其特性

通过在铝中添加镁、锰、铜、硅、锌等合金元素形成铝基合金以改变铝的某些性质,如同在碳素钢中添加一定量合金元素形成合金钢而改变碳素钢某些性质一样,往铝中加入适量合金元素则称为铝合金。

铝合金既保持了铝质量轻的特性,同时,机械性能明显提高(屈服强度可达 210～500 MPa,抗拉强度可达 380～550 MPa),因而大大提高了使用价值,不仅可用于建筑装修,还可用于结构方面。

铝合金的主要缺点是弹性模量小(约为钢的 1/3)、热膨胀系数大、耐热性低、焊接需采用惰性气体保护等焊接新技术。

二、铝合金的分类及牌号

(一)铝合金的分类

铝合金可以按合金元素分为二元和三元铝合金。如 Al-Mn 合金、Al-Mg 合金、Al-Mg-Si 合金、Al-Cu-Mg 合金、Al-Zn-Mg 合金、Al-Zn-Mg-Cu 合金。掺入的合金元素不同,铝合金的性能也不同,包括机械性能、加工性能、耐蚀性能和焊接性能。这是由铝合金二元相图所决定的。

铝合金还可按加工方法分为铸造铝合金和变形铝合金。变形铝合金又根据热处理对其强度的不同影响,分为两种:

$$
铝合金 \begin{cases} 铸造铝合金 \\ 变形铝合金 \begin{cases} 热处理非强化型 \\ 热处理强化型 \end{cases} \end{cases}
$$

变形铝合金就是通过冲压、弯曲、辊轧、挤压等工艺使其组织、形状发生变化的铝合金。热处理非强化型是指不能用淬火的方法提高强度,如 Al-Mg 合金、Al-Mn 合金(我国通称防锈铝)。热处理强化型则是指能通过热处理的办法提高强度,如 Al-Mg-Si 合金(锻铝)、Al-Cu-Mg 合金(硬铝)、Al-Zn-Mg-Cu 合金(超硬铝)。铝合金的热处理有退火(M)、淬火(C)、自然时效(Z)、人工时效(S)、硬化(Y)、热轧(R)等。

建筑用铝合金主要是变形铝合金。

(二)铝合金的牌号

各种变形铝合金的牌号分别用汉语拼音字母和顺序号表示,顺序号不直接表示合金元素的含量。代表各种变形铝合金的汉语拼音字母如下：

LF——防锈铝合金（简称防锈铝）；

LY——硬铝合金（简称硬铝）；

LC——超硬铝合金（简称超硬铝）；

LD——锻铝合金（简称锻铝）；

LT——特殊铝合金。

常用防锈铝的牌号为 LF21,LF2,LF3,LF5,LF6,LF11 等。其中除 LF21 为 Al-Mn 合金外,其余各个牌号都属于 Al-Mg 合金。

常用硬铝有 11 个牌号,LY12 是硬铝的典型产品。

常用超硬铝有 8 个牌号,LC9 是该合金中应用较早较广的合金牌号。

锻铝的典型牌号为 LD30 和 LD31,分别相当于国际上流行的 6061 和 6063 合金牌号。

三、变形铝合金的性质

（一）热处理非强化铝合金

1. 铝锰合金（Al-Mn 合金）

LF21 为该合金的典型代表。其突出的性能是塑性好、耐腐蚀、焊接性优异。加锰后有一定的固溶强化作用。但高温强度较低。

适用于受力不大的门窗、罩壳、民用五金、化工设备中。现代建筑中铝板幕墙采用的是该合金。

2. 铝镁合金（Al-Mg 合金）

该合金的性能特点是抗蚀性好,疲劳强度高,低温性能良好,即随温度降低,抗拉强度、屈服强度、伸长率均有所提高,虽热处理不可强化,但冷作硬化后具有较高强度。

常将其制作成各种波形的板材,它具有质轻、耐腐、美观、耐久等特点。适用于建筑物的外墙和屋面,也可用于工业与民用建筑的非承重外挂板。

热处理非强化铝合金的化学成分和机械性能列于表 10-10。

表 10-10　热处理非强化铝合金的化学成分及机械性能

合金牌号	化　学　成　分（%）							供应状态代号	机　械　性　能		
	Mn	Mg	Cu	Fe	Si	Zn	Ti		σ_b(MPa) $\geqslant$	$\sigma_{0.2}$(MPa) $\geqslant$	δ_{10}(%) $\geqslant$
LF21	$1.0 \sim 1.6$	$\leqslant 0.05$	$\leqslant 0.20$	$\leqslant 0.7$	$\leqslant 0.6$	$\leqslant 0.10$	$\leqslant 0.15$	M	110	40	30
								Y4	130	125	10
								Y2	150	145	8
								Y1	175	170	5
								Y	200	185	1
LF2	$0.15 \sim 0.4$	$2.0 \sim 2.8$	$\leqslant 0.1$	$\leqslant 0.4$	$\leqslant 0.4$		$\leqslant 0.1$	M	195	90	25
								Y4	230	195	12
								Y2	260	215	10
								Y1	275	240	8
								Y	290	255	7

(二)热处理强化铝合金

1. Al-Cu-Mg 合金

这种合金系硬铝合金,也叫杜拉铝。该合金的主要特点是强度高,有一定耐热性,热处理强化效果显著,典型的 LY12 的机械强度 σ_b 为 $185 \sim 495$ MPa,伸长率 δ_{10} 为 $13\% \sim 20\%$,其化学成分:Cu 为 $3.8\% \sim 4.9\%$,Mg 为 $1.2\% \sim 1.8\%$,Mn 为 $0.3\% \sim 0.9\%$;Ti,Zn,Fe,Si 含量甚微。但该合金抗蚀性差。可用于各种半成品的加工,如薄板、管材、线材、冲压件等。

2. Al-Zn-Mg-Cu 合金

该合金是超硬铝合金,热处理强化后强度可达 525 MPa,在 150 ℃以下有较高强度,且具有很好的低温强度。可用于制造飞机构件,但焊接性差,有应力腐蚀开裂倾向,常须作保护性处理。

典型的 LC9 的化学成分:Zn 为 $5.1\% \sim 6.1\%$,Mg 为 $2.0\% \sim 3.0\%$,Cu 为 $1.2\% \sim 2.0\%$,以及微量的 Cr,Mn,Fe,Si 等。该铝合金的 σ_b 为 $230 \sim 525$ MPa,δ_{10} 为 $11\% \sim 17\%$。

3. Al-Mg-Si 合金

Al-Mg-Si 系合金是目前各国制作铝合金门窗、幕墙等建筑装饰材料最主要的合金品种。

最常用的为 LD30 和 LD31,它们的化学成分及常温下机械性能列于表 10-11。

表 10-11　铝合金建筑型材的化学成分及常温下的机械性能(GB/T 5253—93)

合金牌号	化　学　成　分　(%)								状态	机　械　性　能			
	Mg	Si	Cu	Cr	Mn	Fe	Zn	Ti		σ_b (MPa)	$\sigma_{0.2}$ (MPa)	δ (%)	HV
LD30	0.80 ~ 1.2	0.4 ~ 0.8	0.15 ~ 0.4	0.04 ~ 0.35	≤0.15	≤0.7	≤0.25	≤0.15	CZ	177	108	16	—
									CS	265	245	8	—
LD31	0.45 ~ 0.9	0.2 ~ 0.6	≤0.1		≤0.1	≤0.35		≤0.10	RCS	157	108	8	≥58 (试件厚≥0.8 mm)
									CS	205	177	8	

注:①型材取样部位的壁厚小于 1.2 mm 时,不测定伸长率;

②淬火自然时效型材的室温纵向力学性能是常温时效一个月的数值,常温时效不足一个月进行拉伸试验时,试样应进行快速时效处理,其室温纵向性能应符合本表规定;

③表中状态:CZ 为淬火自然时效状态;CS 为淬火人工时效状态;RCS 表示高温成型后快速冷却并人工时效的状态,此外还有 R 状态即热挤压状态,该状态无力学性能要求;

④拉伸和硬度试验只做其中一项,伸裁试验为拉伸试验。

LD30 合金的特点是,中等强度,有良好的塑性,优良的可焊性和耐蚀性,特别是无应力腐蚀开裂倾向。

LD31 合金除热处理强化后具有中等强度外,冲击韧性高,有极好的热塑性,可以高速挤压成结构复杂、薄壁、中空的各种型材。焊接性和耐蚀性优良,无应力腐蚀开裂倾向,加工后表面十分光洁且易阳极氧化和着色。

RCS 状态的表面质量好,而经淬火炉淬火的型材表面缺陷相对增多。就合金而言,LD31 合金型材表面要比 LD30 合金型材表面光洁。

四、铝合金的表面处理

铝合金表面处理的目的一是为了进一步提高铝合金耐磨、耐蚀、耐光、耐候的性能。因为铝材表面自然氧化膜薄（＜0.1 μm）且软，在较强的腐蚀介质条件下，不能起到有效的保护作用。二是在提高氧化膜厚度的基础上可进行着色处理，提高铝合金表面的装饰效果。

铝合金表面处理的程序为表面预处理、阳极氧化处理和表面着色处理。

（一）表面预处理

主要包括除油、碱腐蚀、中和及水洗等。

1. 除油

除油也称脱脂，其目的是为了消除铝合金表面的工艺润滑油对氧化、着色处理的不利影响。除油方法有有机溶剂除油、表面活性剂除油、碱溶液除油等。

2. 碱腐蚀

碱腐蚀也称碱蚀洗，它是除油工序的补充处理。其作用是进一步清除铝合金表面附着的油污、自然氧化膜及轻微伤痕，使纯净金属基体裸露。

3. 中和

中和也叫出光或光化。其目的在于用酸性溶液除去挂灰或残留碱液，以获得光亮的金属表面。

4. 水洗

中和处理后应进行认真的水洗工作，以防清洁的表面受到污染。

（二）阳极氧化处理

所谓阳极氧化就是通过控制氧化条件及工艺参数，在预处理后的铝合金表面形成比自然氧化膜厚得多的氧化膜层（可达 5～20 μm）。

阳极氧化法的原理实质上是水的电解。以铝合金为阳极置于电解质溶液中，阴极为化学稳定性高的材料，如铅、不锈钢等。当电流通过时，在阴极上放出氢气，在阳极上产生氧，该原生氧和铝阳极形成的三价铝离子结合，形成了氧化铝膜层。

$$\text{阴极} \qquad 2H^+ + 2e^- \longrightarrow H_2 \uparrow$$
$$\text{阳极} \qquad 2Al^{3+} + 3O^{2-} \longrightarrow Al_2O_3 + 3\ 351\ J$$

阳极氧化膜的结构在电镜下观察是由内层和外层组成的。内层薄而致密，成分为无水 Al_2O_3，称为活性层；外层呈多孔状，由非晶型 Al_2O_3 及少量 $\gamma\text{-}Al_2O_3 \cdot H_2O$ 组成，它的硬度比活性层低，厚度却大得多。这是因为硫酸电解液中的 H^+，SO_4^{2-}，HSO_4^- 离子会浸入膜层而使其局部溶解，从而形成了大量小孔，使直流电得以通过，氧化膜层继续向纵深发展，在氧化膜沿深度增长的同时，形成一种定向的针孔结构。

《铝合金建筑型材》（GB/T 5237－93）按铝合金建筑型材氧化膜的厚度分为 AA10，AA15，AA20，AA25 四个厚度等级，它们分别表示氧化膜厚度为 10，15，20，25 μm。

（三）表面着色处理

经中和水洗后的铝合金，或经阳极氧化后的铝合金，再进行表面着色处理，可以在保证铝合金使用性能完好的基础上增加其装饰性。例如，目前建筑装饰中常见的铝合金色彩有茶褐色、紫红色、金黄色、浅青铜色、银白色。

着色方法有自然着色法、电解着色法和化学着色法以及树脂粉末静电喷涂着色法等。

1. 自然着色法

这是最常用的一种方法,即铝材在特定的电解液和电解条件下进行阳极氧化的同时而产生着色的方法称之为自然着色法。最有代表性的是美国的卡尔考拉法(Kalcolor)。

着色原理是建立在阳极氧化处理之上,当选择某种电解液成分,在某种电解工艺参数确定情况下,可使氧化膜着上某种颜色。例如,早在1923年,日本专利已指出,在草酸溶液中采用交流电进行阳极氧化能获得淡黄色的氧化膜;1930年法国谢林(Schering)的专利提到,有机酸(如磺基苯甲酸和磺基水杨酸)能使氧化膜着色。同时又发现,用硫酸溶液对含硅(3%~10%)铝合金进行阳极氧化时,着色膜呈灰色。

自然着色法又按着色原因分为合金着色法和溶液着色法。

合金着色法也称为自然发色法。是通过控制合金成分、热加工和热处理条件而使氧化膜着色的。表10-12列出了不同的铝合金由于合金成分及含量不同,在几种不同电解液成分下阳极氧化所生成膜的颜色。

表10-12 各种铝合金采用不同的自然着色法生成的颜色

合金	主要合金成分及含量(%)	硫酸电解	卡尔考拉法(磺基水杨酸、硫酸)	杜拉诺狄克法(磺基钛酸、硫酸)	Alandox(9%~10%含氧酸)
1100		银白色	青铜色	青铜色	暗黄色
3003	Mn 1.25,Fe 0.7	淡黄色	暗灰、黑灰		
4043	Si 5.5,Fe 0.8	灰黑色	灰褐色		灰绿色
5005	Mg 1.0	银白色	深青铜色		
5052	Mg 2.5,Cr 0.25	淡黄色	浅青铜色	浅青铜色	黄色
5083	Mg 4.5,Mn 0.8,Cr 0.2	暗灰色	黑色		
5357	Mg 1.0,Mn 0.3	淡灰色	褐色		
6061	Si 0.6,Mg 1.0,Cr 0.25,Cu 0.3	淡黄色	深青铜色	黑色	
6051	Si 1.0,Mg 0.6,Mn 0.6	暗灰色			暗灰褐色
7075	Cu 1.6,Mg 2.5,Zn 5.5,Mn 0.3	淡灰色	暗蓝黑色	黑色	

溶液着色法也称电解发色法。是靠控制电解液成分及阳极氧化条件而使氧化膜着色的。

实际上,目前应用的自然着色法均是上述两种方法的综合,既要控制合金成分,又要控制电解液的成分和阳极氧化条件。美国的卡尔考拉法就是综合法的成功运用。

2. 电解着色法

对在常规硫酸浴中生成的氧化膜进一步电解,使电解液中所含金属盐的金属阳离子沉积到氧化膜孔底而着色的方法叫电解着色法。该法在日本较普及。

电解着色的实质就是电镀。采用多种金属盐和不同电解液,就可产生不同的色调,如青铜色(包括黑色)多在镍盐、钴盐、镍钴混合盐或锡盐的电解液中获得,而棕(褐)色则是用铜盐电解液制得。

(四)封孔处理

铝合金经阳极氧化、着色后的膜层为多孔状,具有很强的吸附能力,容易吸附有害物质而被污染或早期腐蚀,既影响外观又影响使用。因此,在使用之前应采取一定方法,将多孔膜层加以封闭,使之丧失吸附能力,从而提高氧化膜的防污染性和耐蚀性,这些处理过程称之为封孔处理。

1. 水合封孔

水合封孔包括沸水封孔和常压或高压蒸汽封孔。其原理是高温下水与氧化膜发生水合反应,生成了 $Al_2O_3 \cdot H_2O$,因其密度小于 Al_2O_3 而体积增大,堵塞了氧化膜孔隙,达到了封孔的目的。

2. 金属盐溶液封孔

利用在金属盐溶液中发生氧化膜的水化反应,同时存在着盐类水解生成氢氧化物在膜孔中沉淀析出而使膜孔封闭,故也叫沉淀封孔。

3. 有机涂层封孔

在铝合金表面涂敷封孔涂料,既有效地提高了膜层的耐蚀性、防污染性,又可利用涂料外观的装饰性。应用较广的是电泳法和浸渍法。

封孔质量评定及外观质量检验应按 GB/T 14952.1～3—94 标准验收。

五、铝及铝合金的应用

铝合金以它所特有的力学性能广泛应用于建筑结构,如美国用铝合金建造了跨度为 66 m 的飞机库,大大降低了结构物的自重。日本建造了硕大无比的铝合金异形屋顶,轻盈新颖。我国山西太原 34 m 悬臂钢结构的屋面与吊顶采用了铝合金,另加保温层等,都充分显示了铝合金良好的性能。铝合金与碳素钢的性能比较见表 10-13。

表 10-13　铝合金与碳素钢性能比较

项　　目		铝　合　金	碳　素　钢
密度 ρ(g/cm³)		2.7～2.9	7.8
弹性模量 E(MPa)		63 000～80 000	210 000～220 000
屈服点 σ_s(MPa)		210～500	210～600
抗拉强度 σ_b(MPa)		380～550	320～800
比强度	σ_s/ρ(MPa)	73～190	27～77
	σ_b/ρ(MPa)	140～220	41～98

除此之外,铝合金更以它独特的装饰性领骚于建筑装饰,如日本高层建筑 98% 采用了铝合金门窗。我国南极长城站的外墙采用了轻质板,其板的外层为彩色铝合金板,内层为阻燃聚苯乙烯、矿棉材料等,具有轻质、高强、美观大方、施工简便、隔热隔声等特点。近几年,各种铝合金装饰板应运而生,在建筑装饰中大显风采,铝板幕墙作为新型外墙围护材料,极大地表现了现代建筑的光洁与明快。有关铝合金装饰制品在第三节中将详细介绍。

第三节　建筑装饰铝及铝合金制品

建筑装饰工程中应用的铝合金制品主要是铝合金门窗、铝合金幕墙、铝合金装饰板、铝合金龙骨以及室内各种装饰配件等。

一、铝合金门窗

铝合金门窗在建筑上的使用,已有 30 余年的历史。尽管其造价较高,但由于长期维修费用低,且造型、色彩、玻璃镶嵌、密封材料和耐久性等均比钢、木门窗有着明显的优势,所以在世界范围内得到了广泛应用。

(一)铝合金门窗的生产过程

1. 铝合金型材的生产

将铝合金锭坯按需要长度锯成合金坯段,加热到 $400\sim450$ ℃,送入专用的挤压成型机。在高压下合金坯料产生塑性变形,并从挤压机前端成型孔中被连续挤出,由此即得条状型材。型材断面形状由模具成型孔形状决定。之后再经冷却、矫正、时效、检验,即可作为门窗框料型材。可以将门窗型材进行表面着色处理,使之获得所要求的色泽,以进一步提高装饰性。

铝合金型材的尺寸偏差、氧化膜层的厚度应符合《铝合金建筑型材》(GB/T 5237—93)的规定。

2. 铝合金门窗的加工装配

表面处理后的型材,经下料、打孔、铣槽、攻丝、组装等工艺,即可制成门窗框料构件,再与连接件、密封件、开闭五金件一起组合装配成门窗。

(二)铝合金门窗的品种

铝合金门窗按结构与开闭方式可分为:推拉窗(门)、平开窗(门)、固定窗(门)、悬挂窗、回转窗、百页窗,铝合金门还分有地弹簧门、自动门、旋转门、卷闸门等。

(三)铝合金门窗的技术要求

随着铝合金门窗工业的迅速发展,我国已颁布了一系列有关铝合金门窗的国家标准,主要有《平开铝合金门》(GB 8478—87)、《平开铝合金窗》(GB 8479—87)、《推拉铝合金门》(GB 8480—87)、《推拉铝合金窗》(GB 8481—87)、《铝合金地弹簧门》(GB 8482—87)等。具体要求如下:

铝合金门窗的品种很多,其主要品种及代号见表 10-14。

表 10-14 铝合金门窗产品的主要品种与代号

产品名称	平开铝合金窗		平开铝合金门		推拉铝合金窗		推拉铝合金门	
	不带纱扇	带纱扇	不带纱扇	带纱扇	不带纱扇	带纱扇	不带纱扇	带纱扇
代号	PLC	APLC	PLM	SPLM	TLC	ATLC	TLM	STLM

产品名称	滑轴平开窗	固定窗	上悬窗	中悬窗	下悬窗	主转窗
代号	HPLC	GLC	SLC	CLC	XLC	LLC

铝合金门窗按抗风压强度、空气渗透和雨水渗漏分为 A,B,C 三类,分别表示高性能、中性能、低性能。每一类又按抗风压强度、空气渗透和雨水渗漏分为优等品、一等品、合格品,各类各等级的要求应满足表 10-15 的要求。

表 10-15　铝合金门窗按性能指标的分类（GB 8479—87、GB 8478—87、GB 8481—87、GB 8480—87）

门　窗	类　　别	等　级	综合性能指标值		
			风压强度性能 (Pa)，≥	空气渗透性能(10 Pa) 〔m³/(m²·h)〕，≤	雨水渗透性能 (Pa)，≥
平开铝 合金窗	A 类 （高性能窗）	优等品（A₁ 级）	3 500	0.5	500
		一等品（A₂ 级）	3 500	0.5	450
		合格品（A₃ 级）	3 000	1.0	450
	B 类 （中性能窗）	优等品（B₁ 级）	3 000	1.0	400
		一等品（B₂ 级）	3 000	1.5	400
		合格品（B₃ 级）	2 500	1.5	350
	C 类 （低性能窗）	优等品（C₁ 级）	2 500	2.0	350
		一等品（C₂ 级）	2 500	2.0	250
		合格品（C₃ 级）	2 000	2.5	250
平开铝 合金门	A 类 （高性能门）	优等品（A₁ 级）	3 500	1.0	350
		一等品（A₂ 级）	3 000	1.0	300
		合格品（A₃ 级）	2 500	1.5	300
	B 类 （中性能门）	优等品（B₁ 级）	2 500	1.5	250
		一等品（B₂ 级）	2 500	2.0	250
		合格品（B₃ 级）	2 000	2.0	200
	C 类 （低性能门）	优等品（C₁ 级）	2 000	2.5	200
		一等品（C₂ 级）	2 000	2.5	150
		合格品（C₃ 级）	1 500	3.0	150
推拉铝 合金窗	A 类 （高性能窗）	优等品（A₁ 级）	3 500	0.5	400
		一等品（A₂ 级）	3 000	1.0	400
		合格品（A₃ 级）	3 000	1.0	350
	B 类 （中性能窗）	优等品（B₁ 级）	3 000	1.5	350
		一等品（B₂ 级）	2 500	1.5	300
		合格品（B₃ 级）	2 500	2.0	250
	C 类 （低性能窗）	优等品（C₁ 级）	2 500	2.0	250
		一等品（C₂ 级）	2 000	2.5	150
		合格品（C₃ 级）	1 500	3.0	100
推拉铝 合金门	A 类 （高性能门）	优等品（A₁ 级）	3 000	1.0	300
		一等品（A₂ 级）	3 000	1.5	300
		合格品（A₃ 级）	2 500	1.5	250
	B 类 （中性能门）	优等品（B₁ 级）	2 500	2.0	250
		一等品（B₂ 级）	2 500	2.0	200
		合格品（B₃ 级）	2 000	2.5	200
	C 类 （低性能门）	优等品（C₁ 级）	2 000	2.5	150
		一等品（C₂ 级）	2 000	3.0	150
		合格品（C₃ 级）	1 500	3.5	100

　　铝合金门窗的保温性能和隔声性能应满足表 10-16 的要求。

　　铝合金门窗洞口的规格尺寸见表 10-17。铝合金门窗的洞口型号以洞口的宽度和高度来表示，如 1218 表示洞口的宽度和高度分别为 1 200,1 800 mm；又如 0609 表示洞口的宽度和高度分别为 600,900 mm。

表 10-16　铝合金门窗的保温性和隔声性（GB 8479—87、GB 8478—87、GB 8481—87、GB 8480—87）

级　别	Ⅰ	Ⅱ	Ⅲ	Ⅳ	Ⅴ	备　注
传热阻值[(m²·K)/W],≥	0.50	0.33	0.25	—	—	≥0.25（m²·K）/W 为保温门窗
空气声计权隔声量(dB),≥	—	40	35	30	25	≥25 dB 为隔声门窗

表 10-17　铝合金门窗洞口的规格尺寸（GB 8479—87、GB 8478—87、GB 8481—87、GB 8480—87）

名　称	洞口尺寸		厚度基本尺寸系列
	高	宽	（mm）
平开铝合金窗	600,900,1 200, 1 500,1 800,2 100	600,900,1 200 1 500,1 800,2 100	40,45,50,55,60,65,70
平开铝合金门	2 100,2 400,2 700	800,900,1 000 1 200,1 500,1 800	40,45,50,60,70,80
推拉铝合金窗	600,900,1 200 1 500,1 800,2 100	1 200,1 500,1 800, 2 100,2 400,2 700,3 000	40,55,60,70,80,90
推拉铝合金门	2 100,2 400 2 700,3 000	1 500,1 800,2 100, 2 400,3 000	70,80,90

　　此外,铝合金门窗的外观质量、阳极氧化膜厚度、尺寸偏差、装配间隙、附件安装等也应满足相应的要求。

　　关于型材的壁厚,GB/T 5237—93 在铝合金建筑型材的技术参数选择指南中指出考虑到安全技术指标,一般情况下型材的壁厚不宜低于以下数值:门结构型材 2.0 mm,窗结构型材 1.4 mm,幕墙、玻璃屋顶 3.0 mm,其它型材 1.0 mm。

　　（四）铝合金门窗的特性

　　铝合金门窗与钢、木门窗相比具有以下特点。

　　1.强度及抗风压力较高

　　铝合金门窗能承受较大的挤推力和风压力,其抗风压能力为 1 500～3 500 Pa,且变形较小。

　　2.质量轻

　　铝合金门窗用材省、质量轻,每平方米门窗用量只有 8～12 kg。

　　3.密封性好

　　铝合金门窗采用了高级密封材料,因而具有良好的气密性、水密性和隔声性（参见表 10-15、表 10-16）。

　　4.保温性较好

　　铝合金门窗的密封性高,空气渗透量小,因而保温性较好（参见表 10-16）。

　　5.色泽美观、装饰性好

　　铝合金门窗的表面光洁,具有银白、古铜、黄金、暗灰、黑等颜色,质感好,装饰性好。

　　6.耐久性高

　　铝合金门窗不锈蚀,不退色,使用寿命长。氧化膜厚度等级为 AA10,AA15 的适用于一般环境条件；AA20，AA25 适用于大气污染条件恶劣的环境或需要耐磨的环境；JGJ 102—96 规定玻璃幕墙工程中应使用 AA15 以上等级。

（五）铝合金门窗的应用

铝合金门窗主要用于各类建筑物内外，它不仅加强了建筑物立面造型，更使建筑物富有层次。当它与大面积玻璃配合时，更能突出建筑物的新颖性。同时起到了节能降耗、保证室内功能的作用。因此，铝合金门窗广泛用于高层建筑或高档次建筑中。近年来，普通民用住宅中也较普遍的应用这类门窗。

二、渗铝空腹钢窗

渗铝空腹钢窗是国内 80 年代末期所开发的一种装饰效果与铝合金窗相差无几的一种新型门窗。有人认为，应属铝合金门窗的一个新品种。因为它具有耐蚀性好（在型材表面形成了一定厚度的渗铝层）、装饰性好（可对渗铝层进行阳极氧化着色处理）、外形美观（采用组角工艺代替焊接工艺，线条挺拔、窗面平整）、价格低廉（仅为铝合金窗价格的 1/4～1/3），是一种适于国内经济水平，中档次、升档换代产品。

由于渗铝空腹钢窗采用的是普通空腹钢窗用型材，且沿用了其结构，因此安装技术问题可参照普通钢窗安装来处理，施工较为简便。

三、感应式、中分式微波自动门

门不仅起着出入口的作用，其造型、功能、选材都对建筑物的整体效果产生着极大的影响。目前，大型公共建筑、宾馆、高级饭店均采用了自动门这一结构，下面简要介绍两种普遍使用的自动门。

（一）感应式微波自动门

该自动门是采用电磁感应系统的方式。具有新颖的外观，结构精巧，运行噪声小，启动灵活，可靠和节能等特点。

（二）中分式微波自动门

该自动门的传感系统是采用国际流行的微波感应方式，当人或其它活动目标进入传感器的感应范围时，门扇自动开启，离开感应范围后，门扇自动关闭，如果在感应范围内静止不动 3 s 以上，门扇将自动关闭。其特点是门扇运行时有快、慢两种速度自动变换，使起动、运行、停止等动作达到最佳协调状态。同时，可确保门扇之间的柔性合缝，即使门意外的夹人或门体被异物卡阻时，自控电源具有自动停机功能，安全可靠。

以铝合金型材制作而成的微波自动门主要适用于机场、计算机房、高级净化车间、医院手术室以及大厦门厅等处。

除上述自动门外，还有铝合金地弹簧门、折叠铝合金门、旋转铝合金门等，广泛应用在大型公共建筑门厅、入口等处。

铝合金地弹簧门承载能力大，启闭轻便，维护简便，经久耐用，适用于人流不定的入口。

折叠铝合金门是一种多门扇组合的上吊挂下导向的较大型门，适用于礼堂、餐厅、会堂等门洞口宽而又不需频繁启闭的建筑，也可作为大厅的活动隔断，以使大厅功能更趋完备。

旋转铝合金门是一种由固定扇、活动扇和圆顶组成的较大型门、外观华丽、造型别致、密封性好，适用于高级宾馆、俱乐部、银行等建筑。只限于人员出入，而不适用于货物通过。自动门产品结构及性能见表10-18。

表10-18　铝合金自动门的产品结构和性能

名　称	结　构　特　点	技　术　性　能	产　地
ZM-E2型微波自动门	其传感系统是采用微波感应方式,当人或其它活动目标进入或离开微波传感器的感应范围时,门扇自动开启和关闭。门扇运行时有快、慢两种速度自动变换,使起动、运行、停止等动作达到最佳协调状态。同时,可确保门扇之间的柔性合缝,安全可靠。自动门的机械运行机构无自锁作用,可在断电状态下作手动移门使用,轻巧灵活	电源(AC):220 V/50Hz 功耗:150 W 门速调节范围:0～350 mm/s(单扇门) 微波感应范围:门前1.5～4 m 感应灵敏度:现场调节至用户需要 报警延时时间:10～15 s 使用环境温度:−20～+40 ℃ 断电时手推力:<10 N	上海
YDLM100系列圆弧自动门	电脑控制系列和传感器方面与TDLM100系列自动门相同,但其作弧线往复运动的传动机构比较新颖复杂 　　这个系列的产品(整圆形)相当于两层推拉自动门的节能、隔声功能,而所占用的空间又比较小,且圆弧造型立体感强 　　活动门扇部分为茶色全玻璃结构。此门为保温型人流出入用门,不适于车辆、货物的进出	手动开门力:3.5 kg 电源(AC):220 V,50 Hz 功耗:130 W 探测距离:1～3 m(可调) 探测范围:1.5 m×1.5 m	沈阳
京光86-Ⅱ型自动门	控制器采用微波传感器(必要时可换用红外线传感器)、控制电路为CMOS集成电路,灵敏度和精度高,可靠性好,抗干扰能力强,功耗低	总能耗:不大于100 W 电源电压(AC):(220±10%) V 作用距离:不小于5 m(根据需要调整) 开闭速度:不低于1 m/s(根据需要调整) 动作时间:0.08～5.2 s 连续可调 环境要求:−20～50 ℃ 工作方式:24 h 连续	北京
航空牌DN-001滑动式自动门	无框全玻璃自动门,一体化安装结构、不预埋、无预焊、安装简单,造型新颖美观 　　采用交流电机驱动,噪声小,无电磁辐射干扰、体积小 　　探头采用超声波、微波、远红外等,并可遥控	电源(AC):220 V,50 Hz 功耗:不大于150 W 探测范围:≤1.2 m² 连续工作时间:8 h 运行速度:35 cm/s 绝缘电阻:≤20 MΩ 运行噪声:≥70 dB	沈阳
TDLM100系列推拉自动门	由电脑逻辑记忆控制系统和无触点可控硅交流传动系统以及超声波、远红外或微波传感器组成。自动门的滑动扇上部为吊挂滚轮结构,下部有滚轮导向结构和槽轨导向结构两种 　　自动门有普通型和豪华型两种。普通型门扇为有框式结构,豪华型门扇为无框茶色玻璃结构	手动开门力:3.5 kg 电源(AC):220 V,50 Hz 电功率:130 W 探测距离:1～3 m(可调) 探测范围:1.5 m×1.5 m 保持时间:0～60 s	沈阳
PDLM100系列平开自动门	由电子识别控制系统和直流伺服传动系统以及传感器(超声波或微波或远红外)组成,结构新颖、噪声小,开闭灵活,并有各种防堵反馈装置(遇有障碍自动回归),可以装成内开或外开形式 　　有普通型和豪华型两种,普通型门扇为有框结构,豪华型门扇为无框茶色玻璃结构	手动开门力:20 N 电源(AC):220 V,50 Hz 功耗:130 W 探测距离:1～3 m(可调) 探测范围:1.5 m×1.5 m	沈阳

四、铝合金百页窗帘

窗帘在室内装饰方面也发挥着独特的功效,是室内设计者体现整体装饰效应和美感的材料之一。窗帘的种类很多,其中铝合金百页窗帘以启闭灵活、质量轻巧、使用方便、经久不锈、造型美观、可以调整角度来满足室内光线明暗、通风量大小的要求,也可遮阳或遮挡视线之用而受到用户的青睐。

铝合金百页窗帘是铝镁合金制成的百页片,通过梯形尼龙绳串联而成。拉动尼龙绳可将页片翻转180°,达到调节通风量、光线明暗等作用。应用于宾馆、工厂、医院、学校和住宅建筑的遮阳和室内装璜设施。

表10-19列出了铝合金百页窗的特点和规格。

表10-19　铝合金百页窗的特点和规格

名　称	说　明　和　特　点	规　格(mm)	产地
"百乐牌"高级铝镁合金帘式百页窗	百页窗页片系选用优质铝镁合金制作,片基采用0.25 mm厚薄片,富有弹性,可避免使用不当时的冲击;经机械成型后呈R75°的弧形,更增强铝片的强度,使产品的横线条上显得平整、挺括、美观	规格有:1 500×1 500,1 200×1 500,900×1 500 色泽有:淡蓝、苹果绿等多种	上海
"意达牌"LBY-Ⅰ,Ⅱ型铝合金百页窗帘	铝合金帘式百页窗是采用25 mm,35 mm宽优质铝合金带经精加工而制成	有多种规格和颜色	上海
"卿云牌"高级铝合金百页窗帘	铝合金百页窗帘选用优质铝合金精制成。具有色泽多样,传动结构严密,页片升降自如,可任意调节角度等特点	窗帘宽度有1 180,1 580,1 860,其它规格可根据用户要求加工。颜色有淡果绿、乳白色等。用户特需可另定颜色。	张家港市
铝合金百页窗帘	铝合金百页窗帘系以铝镁合金精加工而成	窗帘宽度650~2 500 窗帘高度有650~2 500 颜色有各种颜色	北京
铝合金垂直百页窗帘	以高级铝合金制成。垂直百页窗帘采用丝杠付及蜗轮付机构做传动系统,帘幕由小型苗条的垂直百页板组成,可以自由启闭和180°转角,以实现灵活调节光照,造成光影交错的气氛。产品具有设计新颖、工艺精细、传动可靠等特点	窗帘宽度800~5 000 窗帘高度1 000~4 000 用户可根据窗户实际尺寸在此范围内任意确定,也可按用户要求订制	北京
"金百乐牌"高级铝合金百页窗帘	以铝镁合金为原材料,经特殊加工而成	有多种规格和颜色	北京

注:生产厂家尚有上海飞机制造厂。

五、铝合金装饰板

铝合金在建筑装饰中除型材为常用形式外,尤以板材应用最广,种类最多,效果最显著。作为装饰板材按其装饰效果、表面的处理制作、特性以及应用范围有以下几种。

(一)铝合金花纹板和铝质浅花纹板

1.铝合金花纹板

铝合金花纹板是采用防锈铝合金等作为坯料,用特制的花纹轧辊轧制而成。花纹图案分为七种,1号方格型、2号扁豆型、3号五条型、4号三条型、5号指针型、6号菱型、7号四条型。通过表面处理可以得到不同颜色。花纹美观大方、筋高适中、不易磨损、防滑性好、抗蚀性强、易冲洗,广泛用于建筑外墙面的装饰及楼梯踏步等防滑部分。

《铝及铝合金花纹板》(GB 3618—89)对花纹板的代号、合金牌号、状态、规格及花纹板的室温力学性能做了相应的规定,分别见表10-20、表10-21。

表10-20 铝合金花纹板的代号、牌号、状态及规格(GB 3618—89)

代号	牌号	状态	底板厚度(mm)	筋高(mm)	宽度(mm)	长度(mm)
1号	LY12	CZ	1.0,1.2,1.5,1.8,2.0,2.5,3.0	1.0		
2号	LY11	Y1	2.0,2.5,3.0,3.5,4.0	1.0		
	LF2	Y1,Y2				
3号	L1~L6	Y	1.5,2.0,2.5,3.0,3.5,4.0,4.5	1.0		
	LF2,LF43	M,Y2				
4号	LY11,LF2	Y1	2.0,2.5,3.0,3.5,4.0	1.2	1 000~1 600	2 000~10 000
5号	L1~L6	Y	1.5,2.0,2.5,3.0,3.5,4.0	1.0		
	LF2,LF43	M,Y2				
6号	LY11	Y1	3.0,4.0,5.0,6.0	0.9		
7号	LD30	M	2.0,2.5,3.0,3.5,4.0	1.2		
	LF2	M,Y1				

注:①Y1状态为板材完全再结晶退火后,经20%~40%的冷变形所产生的状态。
②要求其它合金状态时应由供需双方协商。

表10-21 铝合金花纹板的室温力学性能(GB 3618—89)

代　号	牌　号	状态	抗拉强度 σ_b MPa(kgf/mm²)	规定残余伸长应力 $\sigma_{0.2}$ MPa(kgf/mm²)	伸长率 δ_{10} (%)
			不小于		
1号	LY12	CZ	402(41)	255(26)	10
2号、4号、6号	LY11	Y1	216(22)	—	3
3号、5号	L1~L6	Y	98(10)	—	3
3号、5号、7号		M	≤147(15)	—	14
2号、3号、5号	LF2	Y2	177(18)	—	3
2号、4号、7号		Y1	196(20)	—	2
3号、5号	LF43	M	≤98(10)	—	15
		Y2	118(12)	—	4
7号	LD30	M	≤147(15)	—	12

注:计算截面积所用的厚度为底板厚度。

2.铝质浅花纹板

以冷作硬化后的铝材作为基质,表面加以浅花纹处理后得到的装饰板称为铝质浅花纹板。它具有花纹精巧别致,色泽美观大方。除具有普通铝板的优点外,刚度相对提高了20%,抗污垢、抗划伤、抗擦伤能力均有提高。对白光的反射比为75%～90%,热反射比为85%～95%,作为外墙装饰板材,不但增加了立体图案和美丽的色彩,使建筑物生辉,而且发挥了材料的热学性质。表10-22列出了铝质浅花纹板的规格、状态,表10-23列出了铝质浅花纹板的力学性能。

表 10-22　铝质浅花纹板的规格、状态

代号	名　称	产 品 规 格 单 位(mm)				典型产品合金状态	卷材质量(kg)
		底板厚度	宽　度	平片长	花纹高度		
1*	小桔皮	0.3～1.2	200～400	1 500	0.05～0.12	L3M L3Y2	5～80
2*	大棱型	0.3～1.5	200～400	1 500	0.10～0.20	L3M L3Y2	5～80
3*	小豆点	0.25～0.9	200～400	1 500	0.10～0.15	L3M L3Y2	5～80
4*	小菱型	0.25～1.2	200～400	1 500	0.05～0.12	L3M L3Y2 L3Y	5～80
5*	蜂窝型	0.20～0.60	150～350	1 500	0.20～0.70	L3M	5～80
6*	月季花	0.30～0.90	200～400	2 000	0.05～0.12	L3M L3Y2 L3Y	5～80
7*	飞天图案	0.30～1.2	200～400	2 000	0.10～0.25	L3M L3Y2	5～80

表 10-23　铝质浅花纹板的力学性能

代号	名　称	处理方式	状　态	抗拉强度 σ_b (MPa)	延伸率 δ_{10} (%)	备　注
1*	小桔皮	轧制后	LM3 L3Y2 L3Y	74.4～79.2 129.0～159.5 180.3～184.5	30～32 3.0～5.0 2.25～4.5	成品厚度为 0.25 mm 到 1.20 mm
2*	大菱型	轧制后	L3Y2 L3Y	121.0～124.4 173.6～178.6	5.5～6.75 4～5	成品厚度为 0.45 mm 到 1.07 mm
3*	小豆点	轧制后	L3M L3Y2 L3Y	70.8～75.3 116.7～119.5 173～174.9	12.0～26.3 7.5～8.5 2.5～5.0	成品厚度为 0.53 mm 到 1.10 mm
4*	小菱形	轧制后	L3M L3Y2 L3Y	78.6～83.4 100～139.9 176.7～183.4	28.0～39.6 4.25～20.0 1.6～5.2	成品厚度为 0.40 mm 到 0.48 mm
6*	月季花	轧制后	L3M L3Y2 L3Y	70.3～81 127～128 174～179	26～38 4.7～5.7 2.0～4.25	成品厚度为 0.51 mm 到 1.08 mm

(二)铝合金波纹板和铝合金压型板

将纯铝或防锈铝在波纹机上轧制形成的铝及铝合金波纹板和在压型机上压制形成的铝及铝合金压型板是目前世界上被广泛应用的新型建筑装饰材料。它具有质量轻、外形美观、耐久、耐腐蚀、安装容易、施工进度快等优点,尤其是通过表面着色处理可得到各种色彩的波纹板和压型板,主要用于墙面和屋面的装修。图10-5为波纹板的板型图,图10-6为压型板的板型图。

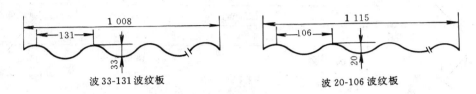

图10-5 铝及铝合金波纹板的板型

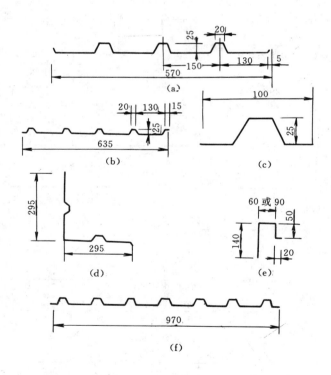

图10-6 铝合金压型板的板型

a—1型压型板;b—2型压型板;c—6型压型板;d—7型压型板;e—8型压型板;f—9型压型板

(1,3,5型断面相同,1型3波、3型5波、5型7波)

波纹板的合金牌号、状态和规格应符合表10-24的规定,板材的长横向室温力学性能应符合表10-25的规定。

表 10-24　波纹板的合金牌号、状态和规格(GB 4438—84)

合金牌号	状 态	波型代号	规　格　(mm)				
			厚	长	宽	波 高	波距
L1～L6	Y	波 20-106	0.6～1.0	2 000～10 000	1 115	20	106
LF21		波 33-131	0.6～1.0	2 000～10 000	1 008	33	131

表 10-25　板材的长横向室温力学性能(GB 4438—84)

合　金　牌　号	状　态	厚度(mm)	力学性能,不小于	
			σ_b(MPa)	δ_{10}(%)
L1～L6	Y	0.6～1.0	140	3.0
LF21	Y	0.6～0.8	190	2.0
LF21	Y	＞0.8～1.0	190	3.0

铝合金压型板的合金、状态、规格及性能指标见表 10-26、表 10-27。

表 10-26　铝合金压型板的规格、状态、合金

合金牌号	供应状态	板型	规　格(mm)			
			厚度	长度	宽度	波高
L1-6,LF21	Y,Y2	1	0.5～1.0	≤2 500	570	25
		2		≤2 500	635	
		3			870	
		4		2 000～6 000	935	
		5			1 170	
		6			100	
		7		≤2 500	295	295
		8			140	80
		9			970	25

表 10-27　铝合金压型板的性能

材料	抗拉强度 σ_b (MPa)	伸长率 δ_{10} (%)	弹性模量 E (MPa)	剪切模量 G (MPa)	线膨胀系数(10^{-6}/℃)		对白色光的反射比 (%)	密度 (g/cm³)
					－60～20 ℃	20～100 ℃		
纯铝	100～190	3～4	$7.1×10^4$	$2.7×10^4$	22	24	90	2.7
LF21	150～220	2～6	—	—	—	—		2.73

(三)铝合金穿孔板

铝合金穿孔(吸声)板是采用铝合金板经机械冲孔而成。其孔径为 6 mm,孔距为 10～14 mm,孔型可根据需要冲成圆型、方型、长方型、三角型或大小组合型。

铝合金板穿孔后既突出了板材轻、耐高温、耐腐蚀、防火、防振、防潮,又可以将孔型处理

成一定图案,起到良好的装饰效果,同时,内部放置吸声材料后可以解决建筑中吸声的问题,是一种降噪兼有装饰双重功能的理想材料。

铝合金穿孔板主要用于影剧院等公共建筑,也可用于棉纺厂等噪音大的车间,各种控制室,电子计算机房的天棚或墙壁,以改善音质。

铝合金穿孔板的品名、规格、技术性能见表10-28。

表 10-28　铝合金穿孔板品名、规格、技术性能

产品名称	规格(mm)	性能和特点
穿孔平面式吸声体	495×495×(50~100)	材质:防锈铝合金(LF21) 板厚:1 mm 孔径:∅ 6 mm,孔距:10 mm 降噪系数:0.33 工程使用降噪效果:4~8 dB 吸声系数:(Hz/吸声系数) 背覆吸声材料厚度:75 mm $\frac{125}{0.13}, \frac{250}{0.14}, \frac{500}{0.18}, \frac{1\,000}{0.37}, \frac{2\,000}{0.64}, \frac{4\,000}{0.97}$
穿孔块体式吸声体	750×500×100	材质:防锈铝合金(LF21) 板厚:1 mm 孔径:∅ 6 mm,孔距:10 mm 降噪系数:0.37 工程使用降噪效果:4~8 dB 吸声系数:(Hz/吸声系数)背覆吸声材料厚度:75 mm $\frac{125}{0.22}, \frac{250}{0.25}, \frac{500}{0.34}, \frac{1\,000}{0.36}, \frac{2\,000}{0.54}, \frac{4\,000}{0.65}$
铝合金板式吊顶 条板类: 1. 开放式 2. 封闭式 3. 波浪式 4. 重叠式 5. 凹凸式 方块类 1. 井式 2. 内圆式 3. 龟板式	特殊规格按需加工 60~400×2 000 500×500 600×600 1 875×750 625×625 1 250×625	铝合金板式吊顶具有组装灵活、施工方便、防火、耐腐蚀、自重轻、立体感强、吸声(板条进行穿孔、加覆超细玻璃棉)等特点。表面处理可根据设计要求选用阳极氧化、烤漆、喷砂等方法。颜色有古铜色、青铜色、茶色、金黄色、天蓝色、咖啡色等。
铝合金穿孔压花吸音板	500×500 1 000×1 000 可根据用户要求加工	材质:电化铝板 孔径:∅ 6~8,板厚 0.8~1 mm 穿孔率:1%~5%,20%~28% 工程使用降噪效果:4~8 dB

综上所述,铝合金装饰板所具有的共同特点是质量轻、易加工、强度高、刚度好、经久耐用,使用 20 年不需维修,并且表面形状各异(光面、纹面、波纹、压型等)、色彩丰富、防火、防潮、防腐蚀。应用特点是,进行墙面装饰时,在适当部位采用铝合金板,与玻璃幕墙式大玻璃

窗配合使用,可使易碰、形状复杂的部位得以顺利过渡,且达到了突出建筑物线条流畅的效果。在商业建筑中,入口处的门脸、柱面、招牌的衬底,当使用铝合金板装饰时,更能体现建筑物的风格,吸引顾客注目、光临。根据建筑物造型特点,利用压型铝板易成型,延展性好,选用铝合金板作为整个墙面装饰,即所谓的铝合金幕墙,不但丰富了建筑的简单型体,又体现了现代建筑的光洁与明快。如日本大板站前的一所饭店,外墙全部采用铝板,通过立面的窗洞变化丰富了建筑的造型。又如日本神奈川的一家营业所,在转角处利用了铝板的延性,使圆角过渡完美。

六、铝合金龙骨

铝合金龙骨多为铝合金挤压件。质轻、不锈、不蚀、美观、防火、安装方便。特别适用于室内吊顶装饰。从饰面板的固定方法上分类,将饰面板明摆浮在龙骨上(如图 10-7 所示)往往是与铝合金龙骨配套使用,这样使外露的龙骨更能显示铝合金特有的色调,既美观又大方。

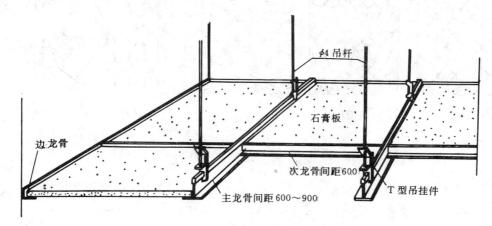

图 10-7 T 型不上人吊顶龙骨安装示意

铝合金龙骨除用于室内吊顶装饰外,还广泛用于广告栏、橱窗及建筑隔断等。

目前在建筑装饰中采用的另一种型式新颖的吊顶为敞开式吊顶,常用的是铝合金格栅单体构件(参见图 6-9)。

七、铝合金花格网

铝合金花格网是由铝合金挤压型材拉制及表面处理等而成的花格网。

《铝合金花格网》(YS/T 92-1995)规定花格网的铝合金牌号为 6063,供应状态为 T2(T2 为由高温成型过程冷却,经冷加工后自然时效至基本稳定状态)。铝合金花格网的表面应清洁、平整、孔型均匀,不允许有裂纹、起皮、氧化膜脱落、腐蚀存在。经表面处理的铝合金花格网,其氧化膜的厚度应不小于 10 μm。铝合金花格网的型号、花形及规格见表 10-29 及图 10-8。

该花格网有银白、古铜、金黄、黑等颜色,并且外形美观、质轻、机械强度大、式样规格多、不积污、不生锈、防酸碱腐蚀性好。用于公寓大厦平窗、凸窗、花架、屋内外设置、球场防护网、栏杆、遮阳、护沟和学校等围墙安全防护、防盗设施和装饰。

表 10-29　铝合金花格网的型号、花形及规格(YS/T 92—1995)

型号	花形	厚度(mm)	宽度(mm)	长度(mm)
LGH 101	中孔花			
LGH 102	异型花			
LGH 103	大双花	5.0, 5.5, 6.0, 6.5, 7.0,7.5	480～2 000	≤6 000
LGH 104	单双花			
LGH 105	五孔花			

注:用户需要其它规格时,由供需双方协商。

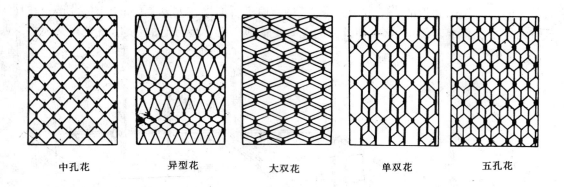

中孔花　　　　　异型花　　　　　大双花　　　　　单双花　　　　　五孔花

图 10-8　铝合金花格网的花形

八、铝箔

铝箔是用纯铝或铝合金加工成 6.3～200 μm 的薄片制品。

按铝箔的形状分为卷状铝箔和片状铝箔。按铝箔的状态和材质分为硬质箔、半硬质箔和软质箔。按铝箔的表面状态分为单面光铝箔和双面光铝箔。按铝箔的加工状态分为素箔、压花箔、复合箔、涂层箔、上色箔、印刷箔等。

(一)铝箔的主要特性

1.防潮性优异

厚度为 0.025 mm 以下时尽管有针孔存在,但仍比没有针孔的塑料薄膜防潮性好。表 10-30 为不同厚度的铝箔与塑料薄膜透湿度的比较。

表 10-30　铝箔和塑料薄膜的透湿度

材料品种	厚度(mm)	透湿度〔g/(m² · h)〕
铝箔	0.013	<0.000 21
聚乙烯薄膜	0.10	0.043

注:表中透湿度取自《铝箔译文集》,洛阳有色金属加工设计院译,1981 年。

2.绝热性优异

铝是一种温度辐射性能极差而对太阳光反射力很强(反射比 87％～97％)的金属。在热工设计时常把铝箔视为一良好的绝热材料。

3. 力学性能

铝箔的力学性能有抗拉强度、伸长率、破裂强度和撕裂强度。硬质铝箔的抗拉强度为 $95\sim147\,MPa$，伸长率为 $0.4\%\sim1.6\%$。

(二)铝箔的技术要求

《铝合金箔》(GB 3614—83)和《工业纯铝箔》(GB 3198—82)中对其牌号、状态、厚度、规格、允许偏差及力学性能等均做了规定，分别见表10-31、表10-32。

表 10-31　铝合金箔的牌号、状态、规格、性能(GB 6314—83)

合金牌号	状态	厚度(mm)	$\sigma_b(MPa)$	$\delta(\%)$
LF2	M	0.03~0.04	≤200	—
	Y	0.03~0.04	260	—
	M	0.05~0.20	≤200	≥4
	Y	0.05~0.20	260	≥0.5
LF 21	M	0.03~0.04	60	≥2
	Y	0.03~0.04	150	—
	M	0.05~0.20	60	≥3
	Y	0.05~0.20	150	—
	Y_2	0.10~0.20	130~180	≥1
LY 11	M	0.03~0.04	≤200	≥1.5
	Y	0.03~0.04	210	—
	M	0.05~0.20	≤200	≥3
	Y	0.05~0.20	220	—
LY 12	M	0.03~0.04	≤200	≥1.5
	Y	0.03~0.04	230	—
	M	0.05~0.20	≤210	≥3
	Y	0.05~0.20	250	—
LT 13	M，Y	0.03~0.20	—	—

表 10-32　纯铝箔室温力学性能(GB 3198—82)

厚度(mm)	$\sigma_b(MPa)$，≯		$\delta(\%)$，≯	
	M	Y	M	Y
0.006	—	—	—	—
0.007~0.010	30	100	0.5	—
0.012~0.025	30	100	1.0	—
0.026~0.040	30	100	2.0	0.5
0.050~0.200	40	120	3.0	0.5

(三)铝箔的应用

铝箔以全新的多功能保温隔热材料、防潮材料和装饰材料广泛用于建筑工程。

建筑上应用较多的卷材是铝箔牛皮纸和铝箔布，它是将牛皮纸和玻璃纤维布作为依托层用粘合剂粘贴铝箔而成的。前者用在空气间层中作绝热材料,后者多用在寒冷地区做保温窗帘,炎热地区做隔热窗帘。

另外将铝箔复合成板材或卷材,常用于室内或者设备内表面上,如铝箔泡沫塑料板、铝箔石棉夹心板等,若选择适当色调和图案,可同时起到很好的装饰作用。若在铝箔波形板上打上微孔,则还具有很好的吸声作用。

九、铝粉

铝粉(俗称银粉)是以纯铝箔加入少量润滑剂,经捣击压碎为极细的鳞状粉末,再经抛光而成。

铝粉质轻,漂浮力强,遮盖力强,对光和热的反射性能均很高。经适当处理后,亦可变成不浮型铝粉。主要用于油漆、油墨等工业。

建筑中常用它制备各种装饰涂料和金属防锈涂料,也用于土方工程中的发热剂和加气混凝土中的发气剂。表 10-33 列出了铝粉的牌号及用途。

表 10-33　铝粉的牌号及用途

名称	牌号	代号	粒度			产品状态	用途
			网号	筛上物	筛下物		
				≤(%)			
细铝粉	二十一号细铝粉	FLX 2-1	0355	0.3	—	含 0.2%～0.8%硬脂酸的细碎花瓣状	用作焊接开矿和土方工程中的发热剂
			016	8	—		
	二十二号细铝粉	FLX 2-2	025	0.3	—		
			0.10	8	—		
			0224	0.3	—		
	二十三号细铝粉	FLX 2-3	008	10	—		
	二十四号细铝粉	FLX 2-4	016	0.3	—		
			0063	12	—		
涂料铝粉	一号涂料铝粉	FLU 1-1	008	4	—	含 2.6%硬脂酸的花瓣	用于涂料及加气混凝土的发气剂
	二号涂料铝粉	FLU 1-2	008	1.5	—		
	三号涂料铝粉	FLU 1-3	008	1	—		
	四号涂料铝粉	FLU 1-4	0056	0.3	—		
			0045	0.5	—		

第四节　铜和铜合金制品

金属的发现和使用是人类技术史上一颗耀眼的星星,自冉冉升起之时,便以其实用性和艺术性影响人类的生活。考古学的研究表明,人类最先造出的金属是铜,人们用它来制铜镜、铜针、铜壶和兵器,这一时代被称为青铜器时代。古希腊、古罗马及我国的许多宗教宫殿建筑等以及纪念性建筑随后均较多地采用了金、铜等金属材料用于建筑装饰、雕塑。它们中的许多成为不朽之作,是人类古代文明的历史见证。

一、铜的特性与应用

铜在地壳中储量远小于铝,约占 0.01%,且在自然界中很少以游离状态存在,多以化合物状态存在。炼铜的矿石有黄铜矿($CuFeS_2$)、辉铜矿(Cu_2S)、斑铜矿(Cu_5FeS_4)、赤铜矿(Cu_2O)和孔雀石〔$CuCO_3 \cdot Ca(OH)_2$〕等。

铜属于有色重金属,密度为 8.92 g/cm^3。纯铜由于表面氧化生成的氧化铜薄膜呈紫红色,故常称紫铜。纯铜具有较高的导电性、导热性、耐蚀性及良好的延展性、塑性,可辗压成极薄的板(紫铜片),拉成很细的丝(铜线材),它既是一种古老的建筑材料,又是一种良好的导电材料。

我国纯铜产品分为两类:一类属冶炼产品,包括铜锭、铜线锭和电解铜;另一类属加工产品,是指铜锭经过加工变形后获得的各种形状的纯铜材,两类产品的牌号、代号、成分、用途见表 10-34。

表 10-34　纯铜牌号、成分及用途

牌号	代号		铜量(%),≮	杂质含量(%),≯				用途举例
	冶炼	加工		铋	铅	氧	总和	
一号铜	Cu-1	T1	99.95	0.002	0.005	0.02	0.05	导电材料
二号铜	Cu-2	T2	99.90	0.002	0.005	0.06	0.10	导电材料
三号铜	Cu-3	T3	99.70	0.002	0.010	0.10	0.30	一般用铜材
四号铜	Cu-4	T4	99.50	0.003	0.050	0.10	0.50	一般用铜材

在现代建筑装饰中,铜材仍是一种集古朴和华贵于一身的高级装饰材料,可用于宾馆、饭店、机关等建筑中楼梯扶手、栏杆、防滑条。有的西方建筑用铜包柱,光彩照人、美观雅致、光亮耐久,体现了华丽、高雅的氛围。除此之外,还可用于外墙板、执手、把手、门锁、纱窗。在卫生器具、五金配件方面,铜材也有着广泛的用途。

二、铜合金的特性与应用

纯铜由于强度不高,不宜于制作结构材料,且纯铜的价格贵,工程中更广泛使用的是铜合金,即在铜中掺入锌、锡等元素形成的铜合金。铜合金既保持了铜的良好塑性和高抗蚀性,又改善了纯铜的强度、硬度等机械性能。

常用的铜合金有黄铜(铜锌合金)、青铜(铜锡合金)等。

(一)黄铜

铜与锌的合金称为黄铜(普通黄铜)。锌是影响黄铜机械性能的主要因素,随着含锌量的不同,不但色泽随之变淡,机械性能也随之改变。如图 10-9 所示。

由图 10-9 可知,含锌量约为 30% 的黄铜其塑性最好,含锌量约为 4% 的黄铜其强度最高,一般黄铜含锌量多在 30% 范围内。

黄铜的牌号用"黄"字的汉语拼音字母"H"加数字表示,数字代表平均含铜量。例如 H68 表示含铜量约为 68%,其余为锌。黄铜可进行挤压、冲压、弯曲等冷加工成型,但因此而产生的残余内应力必须进行退火处理,否则在湿空气、氮气、海水作用下,会发生蚀裂现象称为黄铜的自裂。黄铜不易偏析,韧性较大,但切削加工性差,为了进一步改善黄铜的机械性能、耐蚀性或某些工艺性能,在铜锌合金中再加入其它合金元素,即成为特殊黄铜,常加入的合金有铅、锡、铝、锰、硅、镍等,并分别称为铅黄铜、锡黄铜、镍黄铜。

加入铅可改善黄铜的切削加工性,常用的铅黄铜是 HPb 59-1。

加入锡、铅、锰、硅均可提高黄铜的强度、硬度和耐蚀性。其中,锡黄铜还具有较高的抗海水腐蚀性,故称为海军黄铜。

加入镍可改善其力学性质、耐热性和耐腐性,多用于制作弹簧,或用以首饰、餐具,也用于建筑、化工、机械等。

若为特殊黄铜,往往根据合金元素加入的量将其分为压力加工和铸造用两类。前者加入合金元素较少,使之能溶于固溶体中,以保证有足够的变形能力。后者加入合金元素较多,以提高强度和铸造性能。铸造黄铜的牌号前加有"铸"字的汉语拼音字母 Z,例如 ZHSi80-3 表示含铜约 80%,含硅 3%,余量为锌的铸造硅黄铜;又如 HFe 59-1-1 表示含铜约 59%,含铁1%,其它合金元素 1%,余量为锌的特殊黄铜。

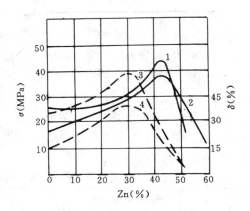

图 10-9 黄铜机械性能与含锌量的关系
1,2—抗拉强度;3,4—延伸率;
1,3—压延后退火状态;2,4—砂模浇铸后退火状态

常用黄铜的牌号、化学成分、机械性能及用途见表 10-35。

表 10-35 黄铜牌号、化学成分、机械性能、用途

类别	代号	化学成分(%)		机械性能			用途
		Cu	其它合金	σ_b(MPa)	δ(%)	HB	
普通黄铜	H90	88.9～91.0	余量 Zn	260/480	45/4	53/180	艺术品、供排水管
	H68	67.0～70.0	余量 Zn	320/680	55/8	— /150	复杂的冷冲压件
	H62	60.5～63.5	余量 Zn	330/600	49/3	56/164	铆钉、螺钉等
特殊黄铜	HSi80-3	79.0～81.0	2.5～4.5Si 余量 Zn	300/350	15/20	90/100	船舶零件
	HPb59-1	57.0～60.0	0.8～1.9Pb 余量 Zn	400/650	45/16	44/80	热冲压及切削加工零件
	HAl59-3-2	57.0～60.0	2.5～3.5Al 2.0～3.0Ni 余量 Zn	380/650	50/15	75/155	耐蚀零件
	ZHMn55-3-1	53.0～58.0	3.0～4.0Mn 0.5～1.5Fe 余量 Zn	450/500	15/10	100/110	轮廓不复杂的重量零件
	ZHAl66-6-3-2	64.0～68.0	5～7Al 2～4Fe 1.5～2.5Mn 余量 Zn	600/650	7/1	160/160	重型蜗杆、轴承

注:机械性能一栏中,数字的分母对压力加工黄铜为硬化状态,对铸造黄铜为金属型铸造;分子对压力加工黄铜为退火状态(600 ℃),对铸造黄铜为砂型铸造。

(二)青铜

以铜和锡作为主要成分的合金称为锡青铜。锡青铜具有良好的强度、硬度、耐蚀性和铸

造性，锡对锡青铜的机械性能的影响如图 10-10 所示。

由图 10-10 知，若含锡量超过 10%，塑性急剧下降，材料变脆。因此，常用锡青铜中锡含量在 10% 以下，铸造性好，机械性能也好，曾用于制造大炮，故也称为炮铜。

压力加工锡青铜，其牌号用"青"字的汉语拼音字母"Q"加锡的元素符号和数字表示。例如：QSn6.5-0.1 表示含锡约为 6.5%，其它合金元素含量约 0.1%，余量为锡的锡青铜。铸造锡青铜是以铸锭供应，同样在牌号前加"Z"字。

常用锡青铜牌号、主要化学成分、机械性能及用途见表 10-36。

由于锡的价格较高，现在已出现了多种无锡青铜，如硅青铜、铝青铜等，可作为锡青铜的代用品。无锡青铜具有高的强度、优良的耐磨性及良好的耐腐蚀性，适用于装饰及各种零部件。

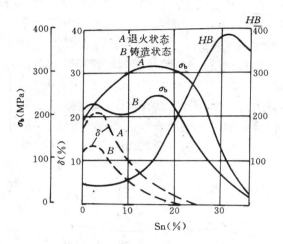

图 10-10　锡青铜的含锡量与机械性能的关系

表 10-36　锡青铜的化学成分、机械性能、用途

分类	牌号	主要成分含量(%)		制品种类	机械性能			特性用途
		Sn	其它		σ_b (MPa)	δ (%)	HB	
压力加工锡青铜	QSn6.5-0.1	6～7	P0.1～0.25	板、棒、带	软 290 硬 490 特硬 590	38 5 1		强度高，弹性耐磨性好，用于圆簧、片簧。
铸造锡青铜[1]	ZSn10(新)〔ZQSn10(旧)〕	9～11	P0.6～1.2	砂模 金属模	216 245	3 5	80 90	铸造性，耐磨性，耐蚀性好，用于阀门制造
	ZSn6(新)〔ZQSn6-6-3(旧)〕	5～7	Zn5～7，Pb2～4	砂模 金属模	176 196	8 10	60 65	用于制造齿轮及轴承

注：1)标准 GB/T 8063—94 对铸造有色金属及其合金牌号表示的新规定。

三、铜合金装饰制品

铜合金经挤制或压制可形成不同横断面形状的型材。有空心型材和实心型材。

铜合金型材也具有铝合金型材类似的优点，可用于门窗的制作，尤其是以铜合金型材作骨架，以吸热玻璃、热反射玻璃、中空玻璃等为立面形成的玻璃幕墙，一改传统外墙的单一面貌，使建筑物乃至城市生辉。另外，利用铜合金板材制成铜合金压型板，应用于建筑物外墙装饰,同样,使建筑物金碧辉煌,光亮耐久。

　　铜合金装饰制品的另一特点是源于其具有金色感,常替代稀有的价值昂贵的金在建筑装饰中作为点缀而已。

　　古希腊的宗教及宫殿建筑较多地采用金、铜等进行装饰、雕塑。具有传奇色彩的帕提农神庙大门为铜质镀金。古罗马的雄师凯旋门,图拉真骑马座像都有青铜的雕饰。中国盛唐时期,宫殿建筑多以金、铜来装饰,人们认为以铜或金来装饰的建筑是高贵和权势的象征。

　　现代建筑装饰中,显耀的门厅门配以铜质的把手、门锁、执手;变幻莫测的螺旋式楼梯扶手栏杆选用铜质管材,踏步上附有铜质防滑条;浴缸龙头,坐便器开关,淋浴器配件;各种灯具,家具采用了制作精致,色泽光亮的铜合金制作,无疑会在原有豪华、高贵的氛围中更增添了装饰的艺术性,画龙点睛得以淋漓尽致的发挥。

　　铜合金的另一应用是铜粉,俗称"金粉",是一种由铜合金制成的金色颜料。主要成分为铜及少量的锌、铝、锡等金属,其制造方法同铝粉。常用于调制装饰涂料,代替"贴金"。

第十一章　装饰砂浆、装饰混凝土
及人造装饰石材

　　无论是从平整、清洁、保护表面,还是从色彩、光泽、质感、线型和层次等装饰效果上要求,建筑主体结构的地面、梁柱面、墙面、顶棚及屋面都需粉饰装修。以水泥等为主要胶凝材料的砂浆、混凝土以及人造石材,是一类既传统又别致的装饰材料。近些年,这类材料及其施工技术又有了新的发展,开发出不少的新品种、新花色和新工艺。

　　装饰砂浆、混凝土、人造石材的共同特点是制作成薄层石质面层,通过不同的色彩和表面处理方式,来达到装饰效果的。

第一节　装饰砂浆、装饰混凝土及人造装饰
石材的主要组成材料

一、水泥

(一)普通硅酸盐水泥

　　普通硅酸盐水泥是由硅酸盐水泥熟料和 6%～15% 混合材料及适量二水石膏共同磨细而成的水硬性胶凝材料。其用于装饰工程上的标号是 325,425,525 号。干粘石、水刷石、水磨石、剁斧石、拉毛、露石混凝土及塑型装饰混凝土等作法中,多使用普通硅酸盐水泥。

(二)白色水泥

　　白色硅酸盐水泥,简称白水泥。白水泥是由白色硅酸盐水泥熟料加入适量优质石膏磨细而成的。它与普通硅酸盐水泥在成分上的主要不同点是白水泥中着色氧化物,特别是氧化铁等的含量很低,约为普通硅酸盐水泥的十分之一,故呈白色。

　　白水泥的"白度"是它的主要质量指标之一。我国生产白水泥的历史虽不长,但近十几年来需求大,发展很快。现在我国的白水泥产量满足了施工需要,只是白度还不高。按《白色硅酸盐水泥》(GB 2015－91)的规定,水泥的白度分为特级、一级、二级、三级四个等级;其标号分为 325,425,525,625 四个标号,各等级应符合表 11-1 的要求。

表 11-1　**白色水泥的产品等级、白度等级**(GB 2015－91)

质量等级	优等品	一等品		合格品	
白度等级	特级	一级	二级	二级	三级
白度(%),≮	86	84	80	80	75
标号	525 625	425 525	425 525	325 425	325

　　白水泥的重要特征是色白,可配制白色或彩色灰浆、砂浆及混凝土。

此外,还生产少量的白色硫铝酸盐水泥、白色钢渣水泥。

(三)彩色水泥

这里指的是专门生产的带色水泥(灰水泥之外)。彩色水泥的生产方式有两种,一种生产方式是以白色硅酸盐水泥熟料、优质白色石膏及矿物颜料一起粉磨而成;另一种生产方式是在配白水泥生料(或普通灰水泥生料)中加入金属氧化物着色剂,共同烧成后再粉磨而成。

以往在工程中使灰浆、砂浆和混凝土中的水泥着色,是在施工现场往白水泥(调深色调时也使用普通硅酸盐水泥)中掺加一定比例的耐碱稳定性好的矿物颜料,拌匀使用。但其色泽欠佳。

彩色水泥目前只设325号一个标号。彩色水泥与工程现场着色的水泥相比,前者颜色均匀、较鲜艳。

彩色水泥的主要用途是建筑工程内外粉刷、艺术雕塑、制景、配彩色灰浆、砂浆、混凝土、水磨石、水刷石、水泥铺地花砖等。彩色水泥的颜色,目前有大红(101)、砖红(102)、桃红(103)、米黄(201)、樱黄(202)、孔雀蓝(301)、浅蓝(302)、深绿(401)、浅绿(402)、深灰(501)、浅灰(502)、米色(503)、黑色(701)、咖啡色(702)等几十个品种。

掺入颜料后,对水泥净浆性能的影响,主要是凝结时间提前,强度下降,故要控制掺量。目前有的水泥厂还研制成了彩色铝酸盐水泥。

(四)高铝水泥

高铝水泥是以石灰石和铝矾土为主要原料,经配料、烧成、粉磨而成的以铝酸钙为主要矿物的水泥。其特点是水化快、早强。高铝水泥的水化生成物与外界条件有关,其中的氢氧化铝凝胶膜层细腻而富有光泽,又不易溶于水,可提高制品表面色泽效果。

二、合成树脂

合成树脂具有优良性能,因而在装饰砂浆、装饰混凝土及人造装饰石材中得到较为广泛的应用。常用的合成树脂主要为环氧树脂、不饱和聚酯树脂、聚乙烯醇缩甲醛、聚醋酸乙烯等。环氧树脂和不饱和聚酯树脂具有优良的物理力学性能和耐化学腐蚀性,尤其是环氧树脂的性能更佳,但其价格偏高。不饱和聚酯树脂的性能略低于环氧树脂,特别是固化时的收缩较大,但价格相对较低,是人造装饰石材中用量最大的合成树脂。国内采用牌号为191和196的不饱和聚酯树脂。聚乙烯醇缩甲醛和聚醋酸乙烯的强度、耐热性和耐水性差,特别是聚乙烯醇缩甲醛的性能更差,两者主要用于装饰砂浆、装饰混凝土。

合成树脂类材料完成或促进增强胶结能力,是在浸润了被胶结物条件下通过界面上的机械联结、化学键力和范德华力相互吸引以及物质相互扩散等物理的、化学的作用来产生或提高粘附力的。如只用树脂来胶结,其效果随胶粘层厚度的减薄而有所提高;但过薄了也易引起胶结面上产生缺陷,使强度下降。在胶结固化中,若有加压或加热条件,其胶结效果会更好。

三、集料

装饰砂浆、装饰混凝土、人造石材用集料分为天然和人造两类。用普通的天然砂、石形成的本色装饰面,色灰暗,呆板不爽。如今人们相当多地采用了天然的或人造的黑、白和彩色砂、石集料,以形成鲜艳、明快、活泼而丰富的色调与质感效果。

由于集料外露或居于装饰外层之中,为保证面层致密,不应选用高吸水率的多孔性岩类集料(如火山岩、砂岩类的)。而致密的石英岩及花岗岩类细集料装饰效果好。加工而成的石碴也应选择密实度高的。所用集料的性能,外观越上乘,最终装饰效果越接近天然、逼真。

使用何种类型、色泽、大小的集料因装修方式及施工工艺而异。

露石砂浆、露石混凝土设计色调偏于灰暗的可用普通天然砂、石;成型过程需破碎或研磨集料的,应选用硬度适中的天然集料。

天然的黑色、白色、彩色石碴和人造彩色砂,以及彩色碎瓷粒、彩色碎玻璃粒等,主要用于石碴类砂浆、露石混凝土。

(一)石碴

石碴又称石米或米石,是用质地良好的天然矿物碎石再次破碎加工而成的,且粒径不大的一类细碎集料。其多数属于细小的石子的范围。按粒径,人们将其划分为:大二分(20 mm)、分半(15 mm)、大八厘(8 mm)、中八厘(6 mm)、小八厘(4 mm)和米粒石(0.3~1.2 mm)。常由白云岩、石英岩、玄武岩、大理岩、花岗岩类岩石破碎而得。对石碴粒径的选择,因施工作法而异,用粗石碴表现粗犷、质感强烈,用细石碴则趋于细腻。石碴色泽多样,即使是一个色调的,不同产地的也有区别。方解石的为白色调,赤石的为红色调,铜尾矿的为黑色调,松香石的为棕黄色调等等。

实用上对彩色石碴的粒径、色彩要求严格,必须清洁、纯正,需可靠包装运输,工地上需妥为存放。

(二)人工彩砂

人工彩砂是近十多年出现的人造着色细集料。其色彩明快、丰富、耐污染、耐久性好。彩砂加工方法分三种:一种是用有机颜料对天然砂染色;另一种是无机颜料加树脂后涂布在砂粒上,经 200~300 ℃温度烤干固化;还有一种是无机色釉料粘附在石英砂粒表面,经高温焙烧而成。后一种又叫"彩釉砂",其光亮、色艳、不退色、耐侵蚀。彩砂粒径多为 5 mm。彩釉色砂的主要花色及性能见表 11-2

表 11-2 彩釉色砂的主要花色与性质

花　色	性　质
深黄、桔黄、珍珠黄、象牙黄、赤红、咖啡、浅绿、草绿、玉绿、肉红、天蓝、海蓝、钴蓝、碧绿、西赤等	1. 耐酸性:5%盐酸中浸泡 24 h 无变化 2. 耐碱性:5%碳酸钠中浸泡 24 h 无变化 3. 热稳定性:升温 100 ℃后突然放入冷水中无变化 4. 耐水溶性:水中沸煮 1 h 无变化 5. 抗冻性:-25 ℃下冻融 15 次无变化

人工彩砂适宜用于干粘石、水刷石,用在室内、外的墙面和屋面(防水卷材之上)或加入丙烯酸树脂做成彩砂喷涂涂料。

(三)石屑

比石碴粒径更小的细砂状或粗粉状石质原料,也称石屑粉。常用的有白云岩石屑、松香石石屑等。

四、颜料

(一)颜料的分类与技术要求

彩色灰浆、彩色砂浆和彩色混凝土使用的颜料,分为有机颜料与无机颜料两类。但很多种有机颜料(或染料)不能作着色剂。原因是有机颜料(染料)抗光老化、抗热老化性较差,或对混凝土强度等一些性能有不利影响。目前基本上使用无机颜料。

无机颜料又有天然矿物颜料与人造矿物颜料之分。人造颜料在其生产过程中,可对它的化学组成、颗粒大小及粒度分布进行严格控制,所配成的灰浆、砂浆和混凝土可获得鲜艳的色泽。

一般要求无机颜料耐光性好,不溶于水和油,耐碱和耐候性好,着色力和遮盖力强,分散性好,对混凝土等材料无不良影响。着色效果与着色力有关。着色力决定于颜料纯度、细度。着色力强的颜料掺入量少,反之则多。

《混凝土和砂浆用颜料及其试验方法》(JC/T 539—94)将颜料分为粉末颜料和浆状颜料,并按颜料性能及对混凝土性能的影响分为一等品、合格品两个等级,各等级的技术要求见表11-3。

表 11-3　混凝土和砂浆用颜料的技术要求(JC/T 539—94)

项　目			一等品	合格品
颜料性能	颜色(与标准样比)		近似~微	稍
	粉末颜料水湿润性		亲水	亲水
	粉末颜料105℃挥发物(%),≯		1.0	1.5
	水溶物(%),≯		1.5	2.0
	耐碱性(1%NaOH溶液,1 h)		近似~微	近似~微
	耐光性		近似~微	近似~微
	三氧化硫含量(%),≯		2.5	5.0
混凝土性能	凝结时间(min)	初凝	−60~+90	−60~+120
		终凝	−60~+120	−60~+120
	抗压强度比(%),≮		95	90

注:①"近似"指用肉眼基本看不出色差;"微"指用肉眼看似乎有色差;"稍"指用肉眼观察可以看得出有色差存在;"较"指用肉眼看,明显存在色差。
②凝结时间指标"−"表示提前,"+"表示延缓。
③测定时颜料掺量(以白色硅酸盐水泥的质量百分比计):红5.6%,黄3.9%,黄2.8%,绿3.9%,棕3.9%,紫53.6%。

此外,掺入颜料中的化学助剂应对水泥和混凝土性能是无害的,即不影响凝结时间、体积安定性、强度及耐久性等。

(二)常用颜料

装饰砂浆和装饰混凝土的常用颜料及性质见表11-4,颜料的参考用量见表11-5。

表 11-4 装饰砂浆常用颜料及性质

颜色	颜料名称	性　质
红色	氧化铁红	有天然和人造两种,遮盖力和着色力较强,有优越的耐光、耐高温、耐污浊气体及耐碱性能,是较好、较经济的红色颜料之一
	甲苯胺红	为鲜艳红色粉末、遮盖力、着色力较高,耐光、耐酸碱,在大气中无敏感性,一般用于高级装饰工程
黄色	氧化铁黄	遮盖力比其它黄色颜料都高,着色力几乎与铅铬黄相等,耐光性、耐大气影响、耐污浊气体以及耐碱性等都比较强,是装饰工程中既好又经济的黄色颜料之一
	铬黄	铬黄系含有铬酸铅的黄色颜料,着色力高,遮盖力强,较氧化铁黄鲜艳,但不耐强碱
绿色	铬绿	是铅铬黄和普鲁士蓝的混合物,配色变动较大,决定于两种成分含量比例。遮盖力强,耐气候、耐光、耐热性均好,但不耐酸碱
	氧化铁黄与酞青绿	参见本表中"氧化铁黄"及"群青"
蓝色	群青	为半透明鲜艳铁蓝色颜料,耐光、耐风雨、耐热、耐碱,但不耐酸,是既好又经济的蓝色颜料之一
	钴蓝与酞青蓝	为带绿光的蓝色颜料,耐热、耐光、耐酸碱性能较好
棕色	氧化铁棕	是氧化铁红和氧化铁黑的机械混合物,有的产品还掺有少量氧化铁黄
紫色	氧化铁紫	可用氧化铁红和群青配用代替
黑色	氧化铁黑	遮盖力、着色力均强,耐光,耐一切碱类,对大气作用也很稳定,是一种既好又经济的黑色颜料之一
	碳黑	根据制造方法不同分为槽黑和炉黑两种。装饰工程常用炉黑,性能与氧化铁黑基本相同,仅密度稍轻,不易操作
	锰黑	遮盖力颇强
	松烟	采用松材、松根、松枝等在室内进行不完全燃烧而熏得的黑色烟炭,遮盖力及着色力均好

氧化铁类颜料最为稳定,保色性高,且价格较低,因而得到广泛使用。氧化铁颜料的饱和点掺入量为水泥用量的 5%～10%,通常掺量为 3%～6%,即浅色用 1%,鲜明色用 5%,深色调用 10%。

颜料掺量对砂浆和混凝土的色泽影响较大,宜采用单色颜料配制。当需要两种以上颜料配色时应通过试验确定掺量,并应搅拌均匀。

颜料对于水泥强度的影响,除氧化铁类颜料外,掺无机颜料(掺入量 10%)的砂浆强度比纯水泥的砂浆大约降低 10%～15%;用有机颜料的则下降约 20%～35%。因此,使用时应尽量减少颜料的掺量。

表 11-5　彩色砂浆配色颜料参考用量　　　　　　　　　　%

色调	红色			黄色			青色			绿色			棕色			紫色			褐色		
	浅红	中红	暗红	浅黄	中黄	深黄	淡青	中青	暗青	浅绿	中绿	暗绿	浅棕	中棕	深棕	淡紫	中紫	暗紫	浅褐	咖啡	暗褐
颜料名称 ＊425硅酸盐水泥	93	86	79	95	90	85	93	86	79	95	90	85	95	90	85	93	86	79	94	88	82
红色系颜料	7	14	21																4	7	9
黄色系颜料				5	10	15															
蓝色系颜料							3	7	12												
绿色系颜料										5	10	15									
棕绿系颜料													5	10	15						
紫色系颜料																7	14	21			
黑色系颜料																			2	5	9
白色系颜料							4	7	9												

注:①各种系列颜料可单一用,也可用两种或数种颜料配制后用。

②如用混合砂浆或石灰砂浆或白水泥砂浆时,表中所列颜料用量酌减 60%～70%,但青色砂浆不需另加白色颜料。

③如用彩色水泥时,则不需加任何颜料,直接按体积比:彩色水泥∶砂＝1∶2.5～3 配制即可,但必须选用同一产地的砂子,否则粉刷结果,颜色不均。

第二节　装饰砂浆

装饰砂浆的品种很多,装饰效果也各不相同。按装饰砂浆的饰面手法分为早期塑型和后期造型。前者是在凝结硬化前进行,主要手法有抹、粘、洗、压(印)、模(制)、拉、划、扫、甩、喷、弹、塑等;后者是在硬化后进行,主要手法有斩(斧刹)、磨等。按装饰砂浆的组成及砂粒是否外露分为灰浆类(如拉毛灰、甩毛灰、扫毛灰、拉条、假面砖、弹涂等)和石碴类(如水磨石、水刷石、干粘石、斩假石等)。

一、彩色灰浆

彩色灰浆是把水泥等粉料调成浆或糊状,用刷、抹、喷等方法装修窗套、腰线、墙面、天棚、柱面等的装饰做法。

配制彩色水泥浆,分头道用浆与二道用浆。头道浆和二道浆的配合比分别为彩色水泥∶水∶无水氯化钙∶107 胶＝100∶75∶(1～2)∶7,100∶65∶(1～2)∶7。掺氯化钙和 107 胶是为了加速凝结硬化,提高粘接强度。调制时可先加入少部分水,搅匀呈糊状,然后再加入剩余的水,搅拌均匀待用。灰浆可采用硬棕刷刷浆法施涂。待头道浆刷毕且有足够强度后再刷二道浆。其总厚度应为 0.5 mm 左右,浆面终凝后开始洒水养护 3 天,每天洒水 4～6 遍,视基层及环境温度而变化。这类作法的彩色水泥耗量为每百平方米 32～33 kg。

施工中常出现因涂抹层薄,前期失水过多而导致饰面起粉、脱落。故施涂前基层须用水润湿;凝固后涂层应加强洒水养护。

二、水磨石

水磨石是按设计要求,在彩色水泥或普通水泥中加入一定规格、比例、色泽的色砂或彩色石碴,加水拌匀作为面层材料,铺敷在普通水泥砂浆或混凝土基层之上,经成型、养护、硬化后,再经洒水粗磨、细磨、抛光、切边(预制板)、酸洗、面层打蜡等工序而制成。水磨石生产方便,既可预制,又可在现场磨制。

(一)水磨石的分类与规格

水磨石制品按在建筑物中的使用部位分为墙面和柱面用水磨石(Q),地面和楼面用水磨石(D),踢脚板、立板、三角板类水磨石(T),隔断板、窗台板和台面板类水磨石(G)四类。按加工程度分为磨面水磨石(M)和抛光水磨石两类(P)。

预制水磨石的规格尺寸分为 300 mm×300 mm,305 mm×305 mm,400 mm×400 mm,500 mm×500 mm。其它形状和规格尺寸可按需生产。

(二)水磨石的技术要求

水磨石制品按外观质量、物理力学性能、尺寸偏差等分为优等品、一等品、合格品。各等级的外观质量、图案偏差及物理力学性能应满足表 11-6 的要求。

表 11-6　建筑水磨石制品的外观质量、图案偏差及物理力学性能(JC 507—93)

	项　目	优等品	一等品	合格品
外观缺陷	返浆、杂质(mm)	不允许		长×宽≤10×10 不超过 2 处
	色差、划痕、杂石、漏砂、气孔	不允许		不明显
	缺口(mm)	不允许		长×宽>5×3 的缺口不应有;长×宽≤5×3 的缺口周边上不超过 4 处,但同一条棱上不得超过 2 处
图案偏差	图案偏差(mm)	≤2	≤3	≤4
	越线(mm)	不允许	越线距离≤2　长度≤10　允许 2 处	越线距离≤3　长度≤20　允许 2 处
物理力学性能	抛光水磨石光泽度(光泽单位)	>45.0	>35.0	>25.0
	吸水率(%)	<8.0		
	抗折强度(MPa)	平均值>5.0,最小值>4.0		

(三)水磨石的生产

面层集料的粒径、配色、比例相当重要。面层集料的粒径不应大于面层厚度的 2/3,集料需多次清洗。为观察配色及质感效果,事先可试配小样。地面等一般要求用分格条划分方块或拼组花型图案。分格嵌缝条有黄铜、铝质、不锈钢和玻璃等几种。分格条用水泥等材料准确粘固在底层之上。分格条高与水磨石面层设计厚度一致,一般是 10~15 mm。

面层用料,水泥与石碴之比(体积比)为 1:1.5~1:2.5,石碴可选用中八厘、小八厘或一分半、大二分等,水灰比控制在 0.45~0.55,以稍干为宜。拌匀后按序摊铺、压、拍抹整平。现磨水磨石须待底层砂浆强度达到设计强度的 50% 以上方可进行面层施工。终凝后洒水养护 2~4 周,待强度达到设计要求的 70% 后,经试磨成功,可正式磨平、磨光。如遇局部有缺陷,应立即用同色彩灰浆修补,硬化后再磨。大面积的用磨石机,小面积的或局部转角窄边的可手工磨光。全部磨光后,用草酸溶液(草酸:水＝0.35:1,质量比)清洗之后,表面上蜡或涂丙烯酸类树脂保护膜。

关于水泥着色,工地上最好使用优质单一品种颜料,而不自配(如用蓝色与黄色颜料调配成绿色)。必要时也需先行试验,可行之后再调配使用。白水泥可调制为任何颜色的彩色水泥。普通灰色水泥着色效果不如白色水泥配成的鲜艳。因为白水泥反光性好,灰水泥会对任何颜色产生弱化作用。对于红色、棕色、黑色,则两种水泥着色效果区别不大;而黄、绿、蓝等色的,二者区别就大。白水泥中所用无机颜料一般为5%～15%,最常用的是10%。为消除水泥本色对制品色调的影响,可在水泥中加入适量的白色二氧化钛。

水磨石配用的石碴色泽、品种有上百种之多。做预制板的可选用材质较硬、耐磨性好的石碴,粒径可大些;做现磨水磨石时用材质稍软的,容易加工。如用花岗石石碴配制,则制成耐磨水磨石板。

(四)水磨石的性质与应用

彩色水磨石强度高、耐久、光而平,石碴又显现自然色的美感,装修操作灵活,所以应用广泛。它可在墙面、地面、柱面、台面、踢脚、踏步、隔断、水池等处使用。北京地铁的各个车站大量而又系列地采用了彩色水磨石装修,如今仍光彩夺目,华丽高雅。

三、斩假石

斩假石又称剁假石、剁斧石。斩假石与水磨石的光亮、细腻质感不同,它是将硬化后的水泥石碴抹面层用钝斧剁琢变毛,其质感酷似粗(细)琢面的天然石材。

斩假石的配料与水磨石基本相同,只是石碴的粒径较小,一般多使用2 mm以下的(有时也使用小八厘),并掺入30%的石屑(0.15～1.0 mm)。欲获花岗石效果,须在石碴中掺入适量3～5 mm粒径的黑色或深色小粒矿石,并掺入适宜的无机矿物颜料。

斩假石朴实、自然、素雅、庄重,具有天然石材的质感,外观极象天然石材。其缺点是费工费力、劳动强度大、施工效率低。斩假石主要用勒脚、柱面、柱基、台阶、花坛、栏杆、矮墙等,有时也用于整个外墙面。

四、水刷石

水刷石是将水泥石碴砂浆抹在建筑物表面,在水泥初凝前用毛刷刷洗或用喷枪冲洗掉表面的水泥浆皮,使内部石碴半露出来,通过不同色泽的石碴,达到装饰目的。

水刷石的组成与水磨石组成也基本相同,只是石渣的粒径稍小,一般使用大八厘、中八厘石碴。为了减轻灰水泥的沉暗色调,可在水泥中掺入适量优质石灰膏(冬季不掺)。用白水泥或白水泥加无机颜料制成彩色底的水刷石,装饰效果更好。

水刷石粗犷、自然、美观、淡雅、庄重,通过分色、分格、凹凸线条等处理可进一步提高其艺术性以及装饰性。但其缺点是操作技术要求高、费料费工、湿作业量大、劳动条件差。主要用于外墙面、阳台、檐口、腰线、勒脚、台坛等。

五、干粘石

干粘石是在素水泥浆或聚合物水泥砂浆粘结层上,将石碴利用手工甩粘或机械喷枪喷粘在其上,之后再拍平压实。其效果与水刷石相同,但它避免了湿作业,减少了材料的浪费,施工效率较高。

干粘石用石碴的粒径不应太大,即应使用中八厘或小八厘。石碴嵌入砂浆的深度不得小于粒径的1/2。

干粘石与水刷石用途相同,但房屋底层、勒脚不宜使用。

六、拉假石

拉假石是斩假石的革新作法。即在罩面水泥石碴层达到一定强度后(在水泥终凝后,但不太硬时),用废锯条制成的拉耙沿靠尺按同一方向由上往下进行拉耙,挠刮除去表面水泥浆露出石碴形成拉纹。其效果类似于斩假石,但施工效率高、劳动强度低,可大面积使用。

七、拉毛灰

拉毛灰是传统的饰面作法,它是用铁抹子或木蟹子等将罩面灰轻压后顺势轻轻拉起形成一种凹凸不平、质感较强的饰面层。按毛头长短分为小拉毛(4～10 mm)和大拉毛(10～20 mm),按施工方法和所用工具的不同分为拉毛、搭毛两种。

拉毛,又称大拉毛,一般采用水泥石灰砂浆,石灰膏的掺量应为20%～50%,为防止龟裂应掺入纸筋或砂。施工时采用铁抹子或木蟹子进行,毛头应均匀。施工时还可将毛头压平成为顶部压平的拉毛灰。

搭毛,又称小拉毛。一般采用水泥石灰砂浆,石灰膏的掺量应为5%～20%。施工时采用猪鬃刷蘸灰浆垂直击打在墙面上,并随手拉起形成毛头。毛头应均匀。

拉毛灰的质感好,但因墙面凹凸不平,易积灰受污染,故不宜用于风砂污染比较严重的地区或地点。

八、甩毛灰

甩毛灰又称洒毛灰,是用竹丝刷或竹刷丝扫帚等将罩面灰浆甩洒在墙面上,形成斑点状花纹。利用不同色彩的灰浆可使甩毛灰更富有生气。甩洒时应注意,斑点大小不应相差太大,且应均匀分布,以获得良好的装饰效果。

九、扫毛灰

扫毛灰是用竹丝扫帚按设计要求在罩面灰上扫出不同方向的或直或曲的细密条纹的装饰层。扫毛灰具有天然石材的效果,且施工简便,价格低。主要用于影剧院、宾馆的内墙和庭院的外墙等。

十、拉条灰

拉条灰是用专用模具在面层砂浆上做出竖向线条的装饰层。拉条灰分细条、粗条、半圆形、方形、梯形、波形等形式。拉条灰面层使用水泥混合砂浆(掺细纸筋)涂抹,表面用细纸筋石灰揉光,并应连续作业,一次抹完。拉条灰线条清晰、美观、大方、不易积灰、成本较低、质感强,并有良好的音响效果。主要用于大型会议室、影剧院等,如广州友谊剧场、北京燕京饭店、杭州剧场等采用了拉条灰装饰,效果很好。

十一、假面砖

假面砖是用掺氧化铁红、氧化铁黄的水泥砂浆(3 mm 厚)涂沫在中层水泥砂浆上。等水泥砂浆达到一定强度后,用铁梳子沿靠尺由上而下竖向划纹,然后根据砖面宽度,用铁勾子沿靠尺横向划沟,其深度达 3～4 mm,露出中层砂浆,从而达到模拟面砖的效果。主要用于外墙饰面。

十二、喷涂

喷涂是用灰浆泵将聚合物水泥浆喷涂在墙面基层或底层上,形成装饰面层。控制喷涂方法及灰浆的色彩可以获得不同的质感,如波面喷涂具有表面灰浆饱满、波纹起伏;颗粒喷涂具有表面不出浆,布满细碎颗粒;花点喷涂具有不同色调的砂浆点。饰面层表面常作一层甲基硅醇钠憎水剂以提高抗污染性。主要用外墙面装饰。

十三、滚涂

滚涂是利用辊子在聚合物水泥砂浆层上辊出各种花纹、图案的饰面层。滚涂具有施工效率高、简单、装饰效果较好等特点。常喷涂甲基硅醇钠憎水剂,因而耐污染性好。主要用于外墙饰面。

十四、弹涂

弹涂是利用电动或手动弹力器分几遍将不同的水泥色浆弹到已经涂刷一道聚合物水泥色浆的墙面上,形成大小相近(1～3 mm)、颜色不同、相互交错的圆形色点。这种装饰面层粘结力强,对基层的适应性广,可直接弹涂在底层灰、混凝土板、石膏板等上。常外罩甲基硅醇钠或聚乙烯醇缩丁醛涂料,因而耐污染性较好。主要用于外墙饰面。

十五、镶嵌花饰制品

水泥砂浆、斩假石和水刷石等可加工成花饰制品,镶嵌在墙面、山头、柱头等处,以极强的立体花饰点缀立面,丰富结构构件的造型,有画龙点睛之效。制作花饰,首先是用木材、纸筋灰、石膏等塑制实样。实样硬化后涂一层稀机油或凡士林,再抹素水泥浆 5 mm 厚,稍干后放置钢筋,用 1:2 水泥砂浆浇灌,3～5 d 后倒出实样,即留下阴模,之后修整、擦净脱模油脂,并刷漆片三道。浇制花饰时,先涂油、放钢筋,然后倒料——1:2 水泥砂浆或 1:1 水泥石子(这二种属水泥砂浆类型),1:1.15 水泥石碴(水刷石类型),之后捣实。待凝结、硬化有了基本强度,即手按有极轻指纹又不觉下陷时,脱模并检查花纹,进行修整。水泥砂浆类的最后用排笔轻刷,使颜色均匀,然后养护。水刷石类的,用刷子刷除表面素水泥浆,再喷水或刷洗表面水泥浆,最后用清水冲洗干净继续养护。剁斧石类的,待浇灌后有了足够强度才开始面层剁斧。

花饰材料达到较高强度后才可安装就位。安装处的基层应平整、清洁、牢固。安装固定方法,视制件的小大、轻重而定,小而轻的花饰件用水泥浆粘贴;稍大较重的用铜或镀锌螺丝紧固在基层的预埋木砖上,然后用 1:1 水泥砂浆堵孔;大型重的在穿孔后,应紧固在基层预埋螺栓上,缝隙处填堵石膏,用 1:2 水泥砂浆灌缝,最后用 1:1 水泥砂浆修边。

常用装饰砂浆的分层作法和施工要点见表 11-7。

表 11-7　装饰砂浆作法要点

砂浆名称	分层作法	厚度(mm)	施工要点
水磨石（现磨）	1. 作底层，用 1：3 水泥砂浆或细石混凝土 2. 铺抹面层，1：2 水泥石碴。铺抹时，向面层洒适量小石子	12 8	1. 底层面需扫毛或划槽 2. 石碴常用中、小八厘 3. 面层所洒小石子应用滚筒滚压平。试磨时间以石碴不松动为准。参考开磨时间为： 　气温　　　机磨　　　人工磨 　20～30 ℃　约 2 d 后　1 d 后 　10～20 ℃　3 d 后　　1～2 d 后 　5～10 ℃　　5 d 后　　2 d 后 4. 水磨石三遍作法： 　①磨头遍，用 60～80 号金刚石砂轮，磨至石碴外露。水洗净，稍干，刷同色水泥浆，养护约 2 d 　②磨二遍，用 100～150 号金刚石砂轮，洒水磨至面平滑，水洗净后刷水泥浆，养护 2 d 　③磨三遍，用 180～240 号金刚石或油石，洒水细磨至面光亮，水洗净，干后涂草酸，再用 280 号油石细磨，出白浆为止，水洗晾干 5. 磨后面层干燥、发白，即可打蜡
剁斧石	1. 作底层，1：3 水泥砂浆 2. 刮浆，底灰上刮抹素水泥浆一道 3. 罩面层，1：1.25～2 水泥石碴（石碴内可有 30%石屑粉，2%～3%黑色煤棱）	12 1～2 12	1. 抹底灰 24 h 后浇水养护 2. 刮浆——罩面层连续施工 3. 罩面层养护 2～3 d 4. 水泥强度不大，易剁斩而石碴不易剁掉时，斧剁罩面层的水泥，石碴外露 5. 剁琢纹路一致、均匀，一般两遍成活。斧剁条纹粗细有别，勒脚以上和花饰类的剁纹细致。棱角和分格缝周边留 15～20 mm 的不剁平面作边
干粘石	1. 作底层，1：3 水泥砂浆 2. 找平层，1：2～2.5 水泥砂浆 3. 粘结层： 　①冬季用，水泥：砂：107 胶 = 1：1～1.5：0.05～0.15 　②春、夏、秋季节，水：石灰膏：砂：107 胶 = 1：：0.5：2：0.05～0.15 　③水泥：石灰膏 = 1：0.5 4. 湿润石碴，一般用小八厘或中八厘	12 6 7～8	1. 底层作后第二天浇水养护 2. 按要求弹线分格，粘贴木线条，其宽度不小于 10 mm 3. 一手托住石碴盘，一手用木拍铲往粘结层上甩石碴（落下的用托盘回收） 4. 甩匀、甩满后，即用铁抹拍石入浆，要拍实压平，不出浆、溢碴 5. 粘结层凝结后，洒水养护
水刷石	1. 作底层，1：3 水泥砂浆 2. 刮浆，素水泥浆一道 3. 面层浆料，体积比：水泥：石碴 　1：1（大八厘石碴） 　1：1.25（中八厘） 　1：1.5（小八厘）	12 1～2 8～15	1. 底层上弹线分格，粘贴木线条 2. 面层凝固时，从上而下地用水刷、冲淋（小压力水雾喷水）面上水泥浆，直到石碴外露近半

砂浆名称	分层作法	厚度(mm)	施工要点
拉毛	1. 作底层,1:0.5:4水泥石灰砂浆或1:3水泥砂浆。 2. 作拉毛灰浆:纸筋灰,混合砂浆,水泥砂浆。视拉毛粗细定石灰膏体积比例。拉粗毛时,掺石灰膏5%(及占石灰膏3%的纸筋);拉中毛时,掺10～20%的石灰膏(占石灰膏3%的纸筋);拉细毛时,掺入25～30%石灰膏及适量细砂。	12 小拉毛抹薄灰;大拉毛抹厚灰。拉粗中毛时:4～5	1. 拉毛用具:拉粗毛时,用铁抹子,粘提底灰上的砂浆;拉细毛时,棕刷粘着砂浆提拉 2. 毛刷、铁抹落点应均匀,用力一致 3. 一个平面内避免留施工缝,用料要一致,不产生色差
甩(喷)云片	1. 底灰,1:3水泥砂浆 2. 刷水泥色浆一道 3. 面层刷1:1水泥细砂砂浆或水泥净浆甩云片	15 压平后3～5	1. 洒水湿润底层 2. 浆调至上墙易粘、不流状态。竹丝刷沾浆甩洒向墙面 3. 铁抹子(胶辊子)轻压平,呈不规则,自然分散云朵图形 4. 凸起云片还可喷涂色涂料
扫毛抹灰	1. 底灰,1:3水泥砂浆 2. 面层灰,1:1:6水泥混合砂浆	15 10	1. 底层上按设计分格,粘贴木线条 2. 面层砂浆吸水后,用竹条扫帚扫出细密条纹,互相垂直,或铁梳扫扇面。待面层干后,扫去浮灰。也可用喷刷涂料罩面

第三节　装饰混凝土

建筑饰面效果取决于外露形体的色彩、光泽、线型、质感、层次等几个因素。普通灰色水泥配制的混凝土,在色泽、质感、外型上存有不足,视觉效果是灰暗、呆板、不洁等,但表面处理得当也能获得较好的装饰效果。

装饰混凝土的色彩或外形有别于普通混凝土。装饰混凝土是利用塑造成型线条和图案,或利用组成材料的色泽变化,或利用表面粗糙度和集料显露及表面涂饰等加工手法,产生装饰效果的。装饰混凝土是将混凝土的现浇施工或构件预制,同其外表面装饰合并进行的技术。这样,可缩短工期,降低造价,并且装饰效果持久。

一、彩色混凝土

(一)彩色混凝土的分类

彩色混凝土是用彩色水泥或白水泥掺加颜料以及彩色粗细集料和涂料罩面来实现的。

工地配色应尽量使用单一品种的颜料,有时需多组分颜料复合使用时,也都需先行试验。大多数使用的是氧化铁系列的颜料,它便宜、耐久。

1. 整体着色混凝土

它是用无机颜料混入拌合物中,获得的水泥、砂、石全部着色的混凝土。投料和拌合顺序是:砂、颜料、粗集料、水泥,充分干拌均匀,之后加水再搅拌。

2.表面着色混凝土

如想仅在混凝土表面着色,可用水泥(1份)、砂(0.5～1份)、无机颜料(适量),拌匀后干撒在新成型混凝土表面,并抹平。或用水泥、粉煤灰、颜料、水拌合成色浆,喷涂在新成型的混凝土表面。

(二)彩色混凝土的生产

配制彩色混凝土,要用同色、同批、冲洗过的集料,并在运输、使用中妥为保管。特别是配制浅色混凝土的或自身是浅色的集料,更应保持清洁。生产和施工时应注意以下几点:

(1)为提高亮度,抵消白水泥中的黄光,可在白水泥中添入少许蓝色颜料。

(2)因毛细孔多,射入光散射程度提高,致使混凝土颜色变浅、变淡,所以高水灰比时成型的混凝土比低水灰比的颜色较浅而亮。要求施工中水灰比、振动条件严加控制。

(3)养护温度会影响某些颜料的稳定性,又会影响水化结晶体的粗细,导致变色、串色。用人工养护时要控制好温度,温度越高,混凝土颜色越浅淡而亮。自然养护时不易出现这些情况。但水泡、浇水养护还是容易增加浮浆,加速"泛白",用薄膜等遮盖物易留下水斑纹。

(4)所用脱膜剂不应与模板面、颜料起不良反应。

(5)吸水多的木模板使混凝土的浆层颜色变深,钢模板则相反。

(6)可选用混凝土专用颜料,即由颜料加助剂加工而成的。助剂主要是离子型表面活性剂,起分散、润湿作用。一般是把颜料、助剂研磨分散后,预制成浆状物。

(三)彩色混凝土的缺陷与防止

影响彩色混凝土耐久性的因素,重要的是混凝土自身质量,如水灰比、成型条件、颜料品质、细度、混凝土密实度、养护条件等。凡能降低毛细孔孔隙率的措施,都有助于混凝土强度的提高,耐磨性的改善,"返白"现象的减弱,耐久性的提高。

普通混凝土和彩色混凝土都易出现"返白",表面"泛白"是混凝土的一种缺陷。"返白"现象的白霜物,是混凝土中的某些盐类、碱类被水溶解,并随水迁移至混凝土表面,水分干燥蒸发时,可溶物饱和,而析出白色结晶体。这些盐、碱类物质是水泥、集料或外加剂中残存的不利成分。白霜不均匀就形成花斑、条纹,且长久不落,严重影响混凝土表面的色泽,严重的白霜还会破坏混凝土表层,减少使用寿命,白霜主要是氢氧化钙、硫酸钠、碳酸钠等。

"泛白"现象的防止方法有:

(1)常规方法是降低水灰比,振动密实。

(2)掺加碳酸铵、丙烯酸钙,它们可与白霜反应,消除掉白霜。

(3)内用可形成防水阻孔的外加剂,如石蜡乳液。

(4)外涂可形成保护膜的有机硅憎水剂或丙烯酸酯。

此外应注意混凝土保护层不够厚或扎丝出头等锈源所形成的锈水污染混凝土表面,以及钢模板锈斑沾污混凝土表面。

除上述使用白水泥、彩色水泥、白水泥掺加无机氧化物颜料配制彩色混凝土外,还有应用彩色外加剂、化学着色剂及干撒着色硬化剂等方法。彩色外加剂是用适当成分,按比例制成的均匀混合物,它既可使混凝土着色,又能提高混凝土强度,改善和易性,分散水泥、颜料,使色泽均匀。化学着色剂是金属盐水溶液,它渗入硬化一个月的混凝土内并与之反应,在混凝土孔隙中生成带色的难溶、抗磨耗的沉淀物。一般可产生绿、红褐、黄褐等色。干撒着色硬化剂是由颜料、调节剂、分散剂等均化而成的。可干撒在新浇灌的混凝土表面（如地面、路面），可起到着色、促凝等作用。为提高着色表面抗磨性，还可在干撒料中掺入石英砂等细集料。

彩色混凝土可用于地面砖、砌块、板材等预制件制品，也可现浇成各种构件。它往往是基体与饰面彩色混凝土两层结合，用一步法成型或两步法成型而成。

二、露石混凝土

露石混凝土即外表面暴露集料的混凝土。它可以是外露混凝土自身的砂石，也可以是预铺的一层水泥石碴或水泥粗石子。露石混凝土饰面在国外应用的较多。国内近年也在采用。其基本作法是将未完全硬化的混凝土表面剔除水泥浆体，使表层集料有一定程度的显露，而不再外涂其它材料。它是依靠集料的色泽、粒形、排列、质感等来实现刻意的装饰效果，达到自然与艺术的结合。这是水刷石、剁斧石、水磨石类方法的延续和演变。

露石的实施方法，可在水泥硬化前与硬化后进行。按制作工艺分为水洗法、缓凝法、酸洗法、水磨法、喷砂法、抛丸法、斧剁法等。酸洗法因对混凝土有腐蚀破坏作用，一般很少使用。水磨法、斧剁法，则与水磨石、剁斧石的生产工艺相同。

水洗法常用在预制构件中，可在板材浇灌后带模抬高一端，呈倾斜状，然后水洗正面除浆，并将集料面刷洗干净。

缓凝法常用在受模板限制或工序影响，无法及时除浆露石时，表层部分混凝土配合使用缓凝剂，脱模后也容易水洗除浆。如果在反打工艺底模内铺撒一层似花岗石色彩、质感的复色石碴，上面再浇灌混凝土（部分使用了缓凝剂），起模后水洗石碴面。

抛丸法是用粒径为 0.5～1 mm 和 2.5～4 mm 的砂丸，冲击混凝土表层水泥浆，并将其部分剥离。处理后的混凝土表面变毛，有种特殊的效果。喷砂丸类似玻璃喷砂工艺，是在喷丸室内自动进行的，把构件送入喷丸直射区，砂丸高速（65～80 m/s）冲击板面。

露石混凝土的饰面色彩，与表层剥落的深浅和水泥、砂石的品种有关。当剥落浅，表面稍平时，水泥和细集料颜色起主要作用；而剥落深时粗集料的颜料、质感因素增大。混凝土表面形成的光影及几种组成材料的颜色、质感、层次等，可产生坚实、丰富而又活泼的效果。

露石混凝土饰面属高档次作法，有部分石材外露使饰面色泽稳定，接近自然又耐久，此外集料面上还不易"返白"。

三、普通混凝土表面塑形装饰

这是一种基层与装饰层使用相同材料，一次成型的加工方法，塑形装饰工效高，饰面牢固，造价低。它是靠成型、模制工艺手法，使混凝土外表面产生具有设计要求的线型、图案、凹凸层次等。

塑形有反打与正打两种方法。

（一）预制平模反打工艺

板材等制品的正面向下来成型称为反打。它是成型板材等混凝土预制件平模生产的一种方法。反打塑形是采用凹凸的线型底模或模底铺加专用的衬模，来进行浇灌成型的。起吊后板材正面呈现凹凸线型、纹理、浮雕花饰或粗糙面等立体效果。

衬模材料有硬木、玻璃钢、硬塑料、橡胶或钢材等。国内用聚丙烯塑料制作衬模，效果较好,可使装饰面细腻、造型准确、逼真。用衬模塑花饰、线型,容易变化花样,易脱模,不粘饰面的边角。

反打成型的优点是凹凸程度可大可小,层次多,成型质量好,图案花纹丰富多彩,但模具成本较高。

(二)预制平模正打工艺

即板正面向上来成型。正打塑形,可在混凝土表面水泥初凝前后用工具加工成各式图案和纹路的饰面。常用的方法是压印、挠刮等。天津采用的压印工艺是凸印与凹印两种。凸印是用镂花样板在刚成型的板面(也可在板上增铺的一层水泥砂浆上)压印,或先铺镂空模具,之后填入水泥砂浆,抹平,抽取模具。板成凸起的图形,高一般不超过 10 mm。凹印法是用 5~10 mm 的光圆钢筋焊成 300~400 mm 大小的图案模具,在板上 10 mm 厚的水泥砂浆上的压印凹纹。

挠刮工艺是在刚成型的板材表面上,用硬刷挠刮,形成一定走向的刷痕,产生毛糙质感。也可采用扫毛法、拉毛法处理表面。

滚花工艺是在成型后的板面上抹 10~15 mm 的水泥砂浆面层,再用滚压工具,滚出线型或花纹图案。

正打塑型的优点是模具简单,投资少,但板面花纹图案较少,效果也较反打塑形差。无论是正打,还是反打,水泥砂浆面层都要求砂粒粒径偏小些为好。塑形板上墙后可喷涂料,但涂料品种与色泽应正确选择,先行试验,视效果而定。

四、水泥花砖

水泥花砖是以水泥、砂、颜料等为主要原料,经搅拌、分层铺设、压制成型、养护等工序而制成的表面带有不同色彩和图案的饰面块材。按用途分为地面花砖(F)和墙面花砖(W)。

地面花砖的规格尺寸分为 200 mm×200 mm,200 mm×150 mm,150 mm×150 mm;厚度均为 12~16 mm。墙面花砖的规格分为 200 mm×150 mm,150 mm×150 mm;厚度均为 10~14 mm。水泥花砖分为一等品、合格品。水泥花砖的吸水率不大于 14%。墙面花砖的抗折荷载大于 380~720 N,地面花砖的抗折荷载大于 520~1 080 N,地面花砖的磨耗量不大于 5~7.5 g(荷重 20 kg,磨 8 min)。花砖的外观质量、物理力学性能(包括耐磨性能)应满足《水泥花砖》(JC 410—91)的规定。

地面花砖适合用于一般工程的楼面与地面装饰,墙面花砖适合用于一般工程内墙面踢脚部位的装饰。

五、混凝土路面砖

混凝土路面砖又称混凝土铺地砖(板)或混凝土铺道砖(板),是以水泥、砂、石、颜料等为主要原料,经搅拌、压制成型或浇注成型、养护等工艺制成的板材。分为人行道砖(WU)和车行道砖(DU)两种,前者又分为普型砖和异型砖。普型砖的规格分为 250 mm×250 mm,300 mm×300 mm,厚度为 50 mm;以及 500 mm×500 mm,厚度分为 60,100 mm。异型砖的厚度分为 50,60 mm,形状与尺寸由供需双方商定。车行道砖的厚度分为 60,80,100,120 mm,尺寸与形状不作规定。

混凝土路面砖分为优等品、一等品、合格品。人行道砖的抗压强度应大于 20~30 MPa,

抗折强度应大于 3.0~5.0 MPa,吸水率应小于 8%~10%,抗冻性为 D25。车行道砖的抗压强度应大于 35~60 MPa,吸水率应小于 5%~8%,抗冻性为 D25。此外,它们的外观质量、尺寸偏差、物理力学性能(包括耐磨性)应满足《混凝土路面砖》(JC 446-91)的规定。

混凝土路面砖表面具有多种色彩、凹凸线条或图案,可拼出多种不同的图案,并具有较高的抗折强度和抗冻性。主要用于人行道、停车场、广场等。

六、彩色混凝土联锁块

彩色混凝土联锁块,简称联锁砖,它的生产工艺与普通的混凝土铺路砖完全相同,只是砖的外形不同。铺设时利用每块砖边缘的曲折变化,达到铺设互相啮合交接,相联相扣,故称为联锁砖。联锁块(砖)铺地,使这类地面特点更突出,如可拼合更多适宜图案,防滑性、耐荷性提高,铺取方便、实用、价廉,很受城乡欢迎。是国际上近 20 年来发展很快的铺路、铺地新产品。

(一)品种与规格

按联锁砖的特性和用途分为透水砖、不透水砖、防滑砖、护坡砖、植草砖等。按平面形状分为"Z"、"I"、八角、双曲边、三菱、灯笼、齿边等。按表面处理分为水泥浆本色面、水磨石面、凿毛面、凹凸条纹等。

联锁砖的厚度分为 50,60,80 mm,每块砖的面积 200~250 cm²(每平方米需用 40~50 块砖)。

(二)性能与应用

联锁砖一般采用 C30 以上的混凝土压制而成,人行道用砖的抗压强度应大于 30 MPa,车行道用砖应大于 35 MPa。砖的吸水率小于 5%,抗冻性为 D25。砖的形状及表面形式多样,并可拼成多种图案。植草型砖带的孔洞可以使草生长,并因有砖边的保护作用而不易被踏死,同时还能使雨水渗入地下,起到了铺地、绿化、除尘、降温作用。

联锁砖广泛适用于广场、停车场、花园小路、人行道、路面分隔带等,其装饰效果很好。如上海外滩等地的应用,受到各界的欢迎。

铺设时应压实基土,并填高于砖厚 1/2 的砂子,块间应留有 3~5 mm 间隙。主要有"人"字型、"田"字型、"品"字型铺法。"人"字型铺法有利于分散荷载,提高承载力,常用于主干线的铺设。"田"字型铺法主要用于低速车道。"品"字型铺法砖的咬合作用差,图案不灵活,较少使用。

七、仿毛石边砌块

仿毛石边砌块是在水泥混凝土(或硅酸盐混凝土)小型砌块室外一侧表面上进行仿石装饰而制成的一种既可以承载,又可以起到装饰作用的混凝土砌块,通常为空心砌块。生产这种砌块时,特意放大了向室外一侧的厚度(即留有劈离掉的余量),待养护脱模之后用劈离机割边,使这一面呈现毛石或蘑菇石状的饰面。如在配料中掺混了不均匀的色浆条纹,则劈离面更加自然、活泼。

此外,还可通过侧模的变化,生产出带肋条的砌块饰面;或将多孔状外侧厚边劈离一部分,形成带毛糙肋条的饰面。带肋条饰面的砌块,砌筑效果大方、庄重又富于变化。该砌块将承重作用或围护作用与装饰作用融为一体,简化了施工操作。它的装饰效果与天然石材相近,可广泛用于外墙。

第四节　人造装饰石材

人造装饰石材主要指人造大理石、人造花岗石、人造玛瑙、人造玉石等人造石质装饰板块材料。这些人工制成的材料,其花纹、色泽、质感逼真,且强度高、制件薄、体积密度小、耐腐蚀,可按设计要求制成大型、异型材料或制品,并且比较经济。本世纪 60 年代国外正式生产和应用人造装饰石材,我国在 80 年代初开始生产和使用。

人造装饰石材可分为水泥型、树脂型、复合型与烧结型四类。其中水泥型的便宜,质地一般;复合型的采用水泥和树脂复合,性能较好;烧结型的工艺要求高,能耗大,成品率低,价高。应用最多的是树脂型的人造石材。

一、聚酯型人造大理石

聚酯型人造大理石在 60 年代后获得迅速发展。目前已实现用先进工艺机械化方式生产,产品性能优良。

(一)主要原料与生产工艺

聚酯型人造大理石的主要原料是不饱和聚酯树脂、粉状和粒状填料以及颜料等。胶(树脂)固(填料)比为 1∶4～4.5。填料可选用碳酸钙粉或石英粉,填料粉空隙率要小。大理石的色泽、花纹的形成,是把加了引发剂、促进剂后的树脂的一小部分取出,掺入颜料——金属氧化物无机颜料,搅匀。然后向这两部分树脂中各加入适量的石粉(细度达到 100～180 目),分别搅匀,最后把不同颜色的两种浆料拌和,但不要求均匀,使着色浆料适度散开,保持两种色浆交互相连,即可制成具有不同花纹的人造大理石。其主要工艺为原材料拌合、成型、固化、细磨、抛光等。其成型工艺主要有三种:浇注成型、压板成型、大块荒料成型。

1. 浇注成型

浇注成型是最早的成型方法,它是将拌合好的混合料直接注入模具内,经固化而成。它除可制作板材外,还可制造卫生洁具、管、槽等异型件。浇注法的技术关键是模具和脱模剂。模具可用玻璃钢、不锈钢、树脂板等制成。树脂的粘附力极强,成型时必须选择优良的脱模剂。好的脱模剂应色淡,呈中性,稳定性好,与聚酯亲合力差,用后不损伤表面光泽,无任何刷痕、喷痕,可用水清洗,无味无毒,价廉。可使用棕榈油提炼的脱模蜡或 PVAL 类的及复合型的脱模剂。

2. 压板成型

压板成型一般用来生产中、小尺寸的制品。它是将拌合好的混合料经加压成型为板材,固化后经细磨、抛光而成。

3. 大块荒料成型

大块荒料成型是将拌合好的混合料先浇注成厚大的立方体或长方体大块,固化后经切割成片、细磨、抛光等而成。

(二)性质与应用

1. 装饰性好

聚酯型人造大理石的色彩花纹多、仿真性好,其质感与装饰效果完全可以达到天然大理石的装饰效果。

2. 强度高、耐磨性较好

聚酯型人造大理石的强度高,可以制成薄板(多数为 12 mm 厚),规格尺寸最大可达 1 200 mm×3 000 mm。耐磨性较好,硬度较高,表 11-8 为聚酯型人造大理石的主要性能。

表 11-8　聚酯型人造大理石的主要性能

品种	抗压强度 (MPa)	抗折强度 (MPa)	体积密度 (kg/m³)	布氏硬度(HB)	光泽度 (光泽单位)	吸水率 (%)	线膨胀系数 (1/℃)
人造大理石	80~110	25~40	2 100~2 300	32~40	60~90	<0.1	$(2\sim3)\times10^{-5}$
天然大理石	50~190	—	2 600~2 700	43	40~90	<0.5	—

3. 耐腐蚀性、耐污染性好

因采用不饱和聚酯树脂作为胶凝材料,因而具有良好的耐酸性、耐碱性和耐污染性。

4. 生产工艺简单,可加工性好

生产工艺及设备简单,可按设计要求生产出各种形状、尺寸和光泽的制品,并且制品较天然大理石易于锯切、钻孔等。

5. 耐热性、耐候性较差

不饱和聚酯树脂的耐热性相对较差,使用温度不宜太高(一般应低于 150~200 ℃)。树脂在大气中光、热、电等的作用下会产生老化,表面会逐渐失去光泽、变暗、翘曲,装饰效果随之降低,故一般应用于室内。

二、聚酯型人造花岗石

人造花岗石与人造大理石有不少相似之处。但人造花岗石胶(树脂)固(填料)比更高,为 1∶6.3~8.0,集料用天然较硬石质碎粒和深色颗粒。固化后经抛光,内部的石粒外露,通过不同色粒和颜料的搭配可生产出不同色泽的人造花岗石,其外观极象天然花岗石,并避免了天然花岗石抛光后表面存在的轻微凹陷(因所含云母矿物强度低,不耐磨所致)。由于集料、粉料掺量多,故硬度较高,其它性能与聚酯型人造大理石相近。主要用于高级装饰工程中。

三、人造玛瑙、人造玉石

人造玛瑙、人造玉石也叫仿玛瑙、仿玉石。其主要原材料为不饱和聚酯树脂和填料。使用透明颜料,并用石英、玻璃粉、氢氧化铝粉作填料,借助于颜料、填料和树脂的综合功能,制成仿玛瑙、仿玉石制件。特别是一定粒径的氢氧化铝类填料与不饱和聚酯树脂的折光率相近,混合物固化后可呈现半透明状、细腻玉石之感。如掺入透明和不透明色浆,使二者似融似间,即形成玛瑙、翡翠状色泽和质感。

氢氧化铝粉为中等耐磨填料,混合固化后质地坚硬。人造玛瑙与天然品外观、质地相似,形成的奇特石纹可以假乱真。人造玛瑙可制作卫生洁具(浴盆、坐便器、洗漱台、镜框等),还可制成墙地砖等装饰制品。

四、高铝水泥人造大理石

采用高铝水泥、砂、无机矿物颜料和化学外加剂,通过反打成型而成。面层采用高铝水泥砂浆,底层采用普通硅酸盐水泥砂浆。

产品可具有多种色彩,并且光泽度高、不易翘曲、耐老化、施工方便、价格低,但色泽不及树脂型人造大理石,并且不宜用于潮湿条件或高温环境中。主要用于一般装饰工程的墙面、地面、墙裙、台面、柱面等。

第五节　菱镁装饰制品

菱镁制品是以菱苦土为主要原料,加入改性剂,并用氯化镁溶液调制经硬化而成的。它具有强度高、硬化快、装饰性好等特点。但是,菱镁制品不耐水,且易返卤,影响制品的外观质量,同时也容易产生翘曲变形。在生产中加入一定的改性剂,以上问题可以得到较大的改观。

一、菱镁装饰板块

菱镁板块也称氯氧镁水泥板块,它是由菱苦土(也称氯氧镁水泥)、粗细集料、颜料和增强纤维为主要材料,掺加适量的改性材料,经搅拌、浇注成型或其它方法加工、养护制成的天棚板、内隔墙板、墙地板块(室内)。菱镁板块的性能应满足表11-9的要求。

表 11-9　氯氧镁水泥板块的性能(JC/T 568—94)

项目		天棚板		内隔墙板		墙地板块	
		一等品	合格品	一等品	合格品	一等品	合格品
单位面积质量(kg/m²),≯	平均值	10.0	12.0	11.0	12.0	—	—
	最大值	11.0	13.0	12.0	13.0	—	—
出厂含水率(%),≯	平均值	8.0	10.0	5.0	5.0	—	—
	最大值	10.0	12.0	7.0	7.0	—	—
吸水率(%),≯	平均值	15.0	17.0	8.0	10.0	7.0	9.0
	最大值	17.0	20.0	10.0	12.0	9.0	11.0
断裂荷载(N),≮	平均值	180	150	—	—	—	—
	最小值	150	120	—	—	—	—
浸水 24 h 抗折强度(MPa),≮	平均值	—	—	20.0	15.0	7.5	6.0
	最小值	—	—	17.0	12.0	6.5	5.0
受潮挠度(mm),≯	平均值	3.0	5.0	—	—	—	—
	最大值	5.0	7.0	—	—	—	—
受潮变形(mm),≯	平均值	—	—	—	—	1.0	2.0
	最大值	—	—	—	—	1.5	3.0
浸水 24 h 线膨胀(mm/m),≯	平均值	—	—	0.5	0.9	—	—
	最大值	—	—	0.7	1.0	—	—
泛霜试验		无	轻度	无	轻度	无	轻度
耐磨性(磨痕长度,mm),≯	平均值	—	—	—	—	25	30
光泽度(光泽单位),≮	平均值	—	—	50	30	40	20
外观质量		—	表面平整、洁净、色泽一致、花纹图案清晰、边角齐全、完整				

天棚板分为浮雕板（MCD）、孔板（MCK）和平板（MCP）。浮雕板和孔板的规格尺寸为 500 mm×500 mm×10 mm,600 mm×600 mm×10 mm;平板的规格尺寸为 1 200 mm ×840 mm×4 mm,1 800 mm×840 mm×4 mm。内隔墙板（NW）的规格尺寸为 1 200 mm×840 mm×6 mm,1 800 mm×840 mm×6 mm。墙地板块（MT）的规格尺寸为 200 mm×200 mm×10 mm,250 mm×250 mm×12 mm,300 mm×300 mm× 18 mm。

菱镁装饰板块的表面光洁,光泽度较高,其表面可以是本色的、着色的,或经各种饰面处理的,并具有各种不同花纹。其强度高、富有弹性、防火不燃、价格低,但耐水性较差、易返卤泛霜。适用于家庭、办公室、影剧院等的吊顶、墙面和地面等。但不宜用于潮湿环境。

二、复合型菱镁浮雕门

复合型菱镁浮雕门是由菱苦土、填料、颜料、增强纤维、改性材料及氯化镁溶液经拌合、注模硬化而成。外观豪华高贵典雅,色彩绚丽,品种多样。它具有强度高、防潮、不变形、不燃、价格低等特点。复合型浮雕门适用于住宅、办公楼、娱乐场所等。

第六节　膨胀珍珠岩装饰吸声板

膨胀珍珠岩装饰吸声板是以膨胀珍珠岩为骨料,施加胶粘剂胶结而成的多孔性吸声材料。常用胶粘剂为水玻璃、水泥、菱苦土、聚合物等。有时还加入部分纤维材料来提高板材的抗折能力。

一、品种、规格与技术要求

膨胀珍珠岩装饰吸声板的品种很多,按胶凝材料的不同分为水泥膨胀珍珠岩装饰吸声板、水玻璃膨胀珍珠岩装饰吸声板、聚合物膨胀珍珠岩装饰吸声板、菱苦土膨胀珍珠岩装饰吸声板、聚合物水泥膨胀珍珠岩装饰吸声板,通常使用的为采用无机凝胶材料的板材。按板的表面形式分为穿孔型、半穿孔型、不穿孔型、浮雕型及复合型。按板的耐潮性分为普通板（PB）和防潮板（FB）。

产品的规格尺寸为 400 mm×400 mm,500 mm×500 mm,600 mm×600 mm;板厚分为 15,17,20 mm。其它形状与规格可由供需双方商定。

膨胀珍珠岩装饰吸声板的物理力学性能应满足表 11-10 的要求。板的正面图案破损、色差等外观缺陷和尺寸偏差也应满足《膨胀珍珠岩装饰吸声板》(JC 430—91)的要求。

表 11-10　膨胀珍珠岩装饰吸声板的物理力学性质要求(JC 430—91)

板材类别	体积密度 (kg/m³) ≥	吸湿率(%),≥			表面吸水量 (g)	断裂荷载(N),≮			热阻值〔(m²·K)/W〕			吸声系数	不燃性
		优等品	一等品	合格品		优等品	一等品	合格品	板厚(mm)			混响室法	
									15	17	20		
PB	500	5	6.5	8	—	245	196	157	0.14～0.19	0.16～0.22	0.19～0.26	0.40～0.60	A 级 (不燃)
FB		3.5	4	5	0.6～2.5	294	245	176				0.35～0.45	

注:表中所示的断裂荷载为均布加荷抗弯断裂荷载。

二、性质与应用

　　膨胀珍珠岩装饰吸声板具有质轻、装饰性强、防水、防蛀、耐腐、防火不燃（属于 A 级，但当胶凝材料部分或全部为高聚物时则属于 B1 级）、可锯可钉等优点。同时板材表面及内部的大量孔隙具有优良的吸声降噪作用。其缺点是强度相对较低，使用时应予以注意。

　　膨胀珍珠岩装饰吸声板作为吊顶材料和墙面材料，广泛用于礼堂、影剧院、播音室、会议室、餐厅、娱乐场所等公共建筑的装饰、吸声和工业厂房的噪声控制。对处于高湿度环境的，应选用防潮膨胀珍珠岩装饰吸声板。

第十二章　建筑装饰辅助材料

建筑装饰辅助材料指在建筑装饰施工中用到的各种辅助材料,经常使用的有胶粘剂、密封材料、修补材料与腻子等。

第一节　胶粘剂

胶粘剂是一种能将两个物体的表面紧密地粘接在一起的物质。随着高分子材料的发展和建筑构件向预制化、装配化、施工机械化方向的发展,特别是各种建筑装饰材料的使用,使得胶粘剂越来越广泛地用于建筑构件、材料等的连接及装饰材料的粘贴。使用胶粘剂粘接材料、构件等具有工艺简单、省工省料、接缝处应力分布均匀、密封和耐腐蚀等优点。

一、粘接的基本概念

胶粘剂能够将材料牢固地粘接在一起,是因为胶粘剂与材料间存在有粘接力。一般认为粘接力主要来源于以下以几个方面:

(1)机械粘接力　胶粘剂涂敷在材料的表面后,能渗入材料表面的凹陷处和表面的孔隙内,胶粘剂在固化后如同镶嵌在材料内部。正是靠这种机械锚固力将材料粘接在一起。

(2)物理吸附力　胶粘剂分子和材料分子间存在的物理吸附力,即范德华力将材料粘接在一起。

(3)化学键力　某些胶粘剂分子与材料分子间能发生化学反应,即在胶粘剂与材料间存在有化学键力,是化学键力将材料粘接为一个整体。

对不同的胶粘剂和被粘材料,粘接力的主要来源也不同,当机械粘接力、物理吸附力、化学键力和扩散共同作用时,可获得很高的粘接强度。

二、胶粘剂的基本组成材料

(一)胶粘剂的基本要求

为将材料牢固地粘接在一起,无论哪一种类的胶粘剂都必须具备以下基本要求:

(1)室温下或加热、加溶剂、加水后易产生流动;

(2)具有良好的浸润性,可很好地浸润被粘材料的表面;

(3)在一定的温度、压力、时间等条件下,可通过物理和化学作用而固化,从而将被粘材料牢固地粘接为一个整体。

(4)具有足够的粘接强度和较好的其它物理力学性质。

(二)胶粘剂的基本组成材料

1.粘料

粘料是胶粘剂的基本组成,又称基料,它使胶粘剂具有粘接特性。粘料一般由一种或几种高聚物配合组成。用于结构受力部位的胶粘剂以热固性树脂为主，用于非结构和变形较大部位的胶粘剂以热塑性树脂和橡胶为主。

2.固化剂（交联剂）

固化剂用于热固性树脂，使线型分子转变为体型分子；交联剂用于橡胶，使橡胶形成网型结构。固化剂和交联剂的品种应按粘料的品种、特性以及对固化后胶膜性能（如硬度、韧性、耐热性等）的要求来选择。

3.填料

加入填料可改善胶粘剂的性能（如强度、耐热性、抗老化性、固化收缩率等）、降低胶粘剂的成本。常用的填料有石英粉、滑石粉、水泥以及各种金属与非金属氧化物。

4.稀释剂

稀释剂用于调节胶粘剂的粘度、增加胶粘剂的涂敷浸润性。稀释剂分活性和非活性两种，前者参与固化反应，后者不参与固化反应而只起到稀释作用。稀释剂需按粘料的品种来选择。一般地，稀释剂的用量越大，则粘接强度越低。

此外，为使胶粘剂具有更好的性能，还加入一些其它的添加剂，如增韧剂、抗老化剂、增塑剂等。

三、常用胶粘剂

（一）热塑性树脂胶粘剂

1.聚乙烯醇缩醛胶粘剂

为聚乙烯醇在酸性条件下与醛类缩聚而得，属于水溶性聚合物，这种胶的耐水性及耐老化性很差。最常用的是低聚醛度的聚乙烯醇缩甲醛（PVFM），其为市售107胶的主要成分。107胶在水中的溶解度很大，且成本低，是目前在建筑装修工程中广泛使用的胶粘剂，如用于粘贴塑料壁纸，配制粘接力较高的砂浆等。

2.聚醋酸乙烯胶粘剂

聚醋酸乙烯胶粘剂即聚醋酸乙烯（PVAC）乳液，俗称白乳胶或乳白胶。它是一种使用方便、价格便宜、应用广泛的一种非结构胶。其对各种极性材料有较高的粘附力，但耐热性、对溶剂作用的稳定性及耐水性较差，只能作为室温下使用的非结构胶，如用于粘接玻璃、陶瓷、混凝土、纤维织物、木材、塑料层压板、聚苯乙烯板、聚氯乙烯塑料地板等。

（二）热固性树脂胶粘剂

1.不饱和聚酯树脂胶粘剂

不饱和聚酯树脂胶粘剂主要由不饱和聚酯树脂（UP）、引发剂、填料等组成，改变其组成可以获得不同性质和用途的胶粘剂。不饱和聚酯树脂胶粘剂的粘接强度高、抗老化性及耐热性好，可在室温和常压下固化，但固化时的收缩大，使用时须加入填料或玻璃纤维等。不饱和聚酯树脂胶粘剂可用于粘接陶瓷、玻璃、木材、混凝土、金属等结构构件。

2.环氧树脂胶粘剂

环氧树脂胶粘剂主要由环氧树脂（EP）、固化剂、填料、稀释剂、增韧剂等组成。改变胶粘剂的组成可以得到不同性质和用途的胶粘剂。环氧树脂胶粘剂的耐酸、耐碱侵蚀性好，可在常温、低温和高温等条件下固化，并对金属、陶瓷、木材、混凝土、硬塑料等均有很高的粘附力。在粘接混凝土方面，其性能远远超过其它胶粘剂，广泛用于混凝土结构裂缝修补和混凝土结构的补强与加固。

(三)合成橡胶胶粘剂

1.氯丁橡胶胶粘剂

氯丁橡胶胶粘剂是目前应用最广的一种橡胶胶粘剂。它是以由氯丁二烯聚合而成的聚氯丁二烯，即氯丁橡胶(CR)为主，加入氧化锌、氧化镁、抗老化剂、抗氧化剂等组成。氯丁橡胶胶粘剂对水、油、弱酸、弱碱、脂肪烃和醇类都具有良好的抵抗力，可在$-50\sim+80$ ℃的温度下工作，但具有徐变性，且易老化。为改善性能常掺入油溶性的酚醛树脂，配成氯丁酚醛胶。氯丁酚醛胶粘剂可在室温下固化，常用于粘接各种金属和非金属材料，如钢、铝、铜、玻璃、陶瓷、混凝土及塑料制品等。建筑上常用于在水泥混凝土或水泥砂浆的表面上粘贴塑料或橡胶制品等。

2.丁腈橡胶胶粘剂

丁腈橡胶胶粘剂是以丁二烯和丙烯腈的共聚物，即丁腈橡胶(NBR)为主，加入填料和助剂等组成。丁腈橡胶胶粘剂的最大的优点是耐油性好、剥离强度高、对脂肪烃和非氧化性酸具有良好的抵抗力，根据配方的不同，它可以冷硫化，也可以在加热和加压过程中硫化。为获得很好的强度和弹性，可将丁腈橡胶与其它树脂混合使用。丁腈橡胶胶粘剂主要用于粘接橡胶制品以及橡胶制品与金属、织物、木材等的粘接。

各种胶粘剂的基本性能与主要应用见表12-1。

表 12-1　各种胶粘剂的基本性能与主要用途

胶粘剂	基本性能	主要用途	典型牌号
脲醛树脂	耐腐蚀、耐溶剂、耐热，价格低廉，胶层无色，耐光照性好，可室温固化。耐水和耐老化性能差，固化时刺激性大	胶粘木材、竹材、织物	5011
酚醛树脂	粘附力大、耐热、耐水、耐酸、耐老化、电性能优异、收缩率大、胶层易变色	胶粘木材、聚苯乙烯泡沫	206，214，2123，2127
酚醛-缩醛	粘附力大、韧性好、强度高、耐寒、耐大气老化性极好，耐热性较差	胶粘钢、铜、铝、玻璃、陶瓷、电木	201，E-5，SY-9 204，SY-32
酚醛-丁腈	粘附力大、强度高、韧性好、耐热、耐水、耐油、耐湿热老化极好、耐疲劳、耐高低温。加压高温固化	胶粘钢、铝、铜、玻璃、陶瓷等，可作为结构胶	J-04，J-15 JX-10，705 709，KH-506
酚醛-环氧	粘附力大、剪切强度高、耐热、韧性差	胶粘金属、非金属、玻璃钢	E-4
酚醛-尼龙	韧性好、耐油、强度较高，耐水和耐乙醇性差	胶粘金属、非金属	SY-7，GXA-2
环氧-脂肪多胺	粘附力大、强度较高、耐溶剂、耐油、收缩小、可室温固化、脆性大、耐热性差	胶粘金属、非金属	农机2号
环氧-聚酰胺	粘附力大、韧性好、强度较高、耐油、耐低温、耐冲击、可室温固化、耐热性较差，低于室温时固化困难，耐水和耐湿热老化性能差	金属与玻璃钢的胶粘、胶粘金属	J-11，JC-311

胶粘剂	基本性能	主要用途	典型牌号
环氧-聚硫	韧性好、强度较高、耐油、耐水、耐老化性好、密封性好、可室温固化、耐热性较差、有臭味	胶粘金属、玻璃钢、陶瓷、玻璃	HY-914,KH-520，农机 1 号
环氧-尼龙	韧性好、强度高、耐油、耐水和耐湿热老化性能差，加温固化	胶粘金属	420,SY-8
环氧-丁腈	强度高、韧性好、耐老化、耐热、耐油、耐水、耐疲劳、高温固化	胶粘金属、玻璃钢、玻璃、陶瓷	自力-2,SG-2，KH-511,KH-223 KH-802
环氧-聚氨酯	韧性好、耐超低温	胶粘金属、非金属	HY-912,717
环氧-聚醚	强度高、韧性好	胶粘金属、玻璃钢	E-11,E-12
聚氨酯	粘附性好、耐疲劳、耐油、韧性好、剥离强度高、耐低温性优异,可室温固化,耐热和耐水性较差	胶粘金属、皮革、橡胶、织物、塑料	101,405,JQ-1，J-38,J-58
不饱和聚酯	粘度低、易湿润、强度较高、耐热、耐磨、可室温固化、电绝缘性能好、价格低廉、收缩率大、耐水性差	胶粘金属、有机玻璃、聚苯乙烯	BS-1,BS-2，307,301(BS-3)
α-氰基丙烯酸酯	室温瞬间固化、强度较高、使用方便、无色透明、毒性很小、耐油、脆性大、易白化、耐热、耐水、耐溶剂、耐候性都比较差、价格高	胶粘金属、非金属	KH-501，502,504,508
厌氧	可室温快速固化、强度较高、毒性小、耐油、耐热、耐溶剂、密封性好、贮存稳定、使用方便、固化后易拆卸、胶层暴露部分发粘、价格高	胶粘金属	GY-340,Y-150
第二代丙烯酸酯	室温快速固化、强度高、韧性好、可油面粘接、耐油、耐水、耐热、耐老化、气味较大、贮存稳定性差	胶粘金属、陶瓷、玻璃、橡胶、塑料	SA-200 J-39,SA-102
有机硅树脂	耐高温、耐水、耐老化、脆性大	合金钢、有色金属、玻璃	KH-505,JC-2
氯丁橡胶	初粘力大、阻燃性好、韧性好、耐油、耐水、耐臭氧、耐老化；耐寒性差、耐热性较差	胶粘塑料、橡胶、皮革、织物、木材	801,XY-402 XY-403,202
丁腈橡胶	耐油、耐磨、耐热、耐老化、耐冲击、耐臭氧、粘附性差、电性能差	橡胶、金属、织物、木材	XY-501,730
丁苯橡胶	耐热、耐磨、耐老化、价格低廉、粘附性和弹性差	橡胶与金属的粘接	
丁基橡胶	耐热、耐油、耐溶剂、耐臭氧、耐冲击、耐寒、耐老化、气密性好	聚乙烯和聚丙烯的粘接	SB-R,XHY-4
聚异丁烯	耐化学药品性、耐老化、电性能突出、易蠕变	塑料、金属、非金属	聚异丁烯胶粘剂 1 号
聚硫橡胶	耐油、耐臭氧、耐溶剂、耐老化、耐低温、耐冲击、密封性好、固化收缩小、粘附性差、强度低、有臭味	金属、织物、皮革、橡胶	XM-33,XM-21，XM-15，620,CP-2
硅橡胶	耐高温低温、耐热、耐臭氧、耐紫外线、耐水、电性能好、粘附性差、强度低	硅橡胶、塑料、金属、非金属、玻璃、陶瓷	CPS-1,703，705,GN-521

胶粘剂	基本性能	主要用途	典型牌号
天然橡胶	弹性好、耐低温、耐潮湿、价格低廉、粘附性差、强度低、耐油、耐溶剂性差	胶粘棉织物	XY-103
压敏	初粘力大、反复胶粘、使用方便、耐水、绝缘、用途广泛、耐热性较差、容易蠕变、耐久性稍差	粘贴标签、薄膜(胶粘剂涂在纸、布、塑料薄膜上)	JY-201,JY-4,J-33,PS-2,PS-10
密封	耐水、耐油、耐压、耐热、密封性好	金属、玻璃、混凝土等	S-2,D-0.5
光敏	快速固化(几分钟)、粘接强度高	有机玻璃、玻璃、聚碳酸酯、聚苯乙烯等透明材料的粘接	GM-1,GM-924

四、装饰工程用胶粘剂的技术要求

有关装饰工程用胶粘剂已制订了六个标准,它们是《陶瓷墙地砖胶粘剂》(JC/T 547—94)、《壁纸胶粘剂》(JC/T 548—94)、《天花板胶粘剂》(JC/T 549—94)、《半硬质聚氯乙烯块状塑料地板胶粘剂》(JC/T 550—94)、《水溶性聚乙烯醇缩甲醛胶粘剂》(JC 438—91)、《聚乙酸乙烯酯乳液木材胶粘剂》(GB 11178—89)。

(一)陶瓷墙地砖胶粘剂的技术要求

陶瓷墙地砖胶粘剂按组成与物理形态分为 5 类:

A 类:由水泥等无机胶凝材料、矿物集料和有机外加剂等组成的粉末产品。

B 类:由聚合物分散液与填料等组成的膏糊状产品。

C 类:由聚合物分散液与水泥等无机胶凝材料、矿物集料等两部分组成的双包装产品。

D 类:由聚合物溶液和填料等组成的膏糊状产品。

E 类:由反应性聚合物及其填料等组成的双包装或多包装产品。

陶瓷墙地砖胶粘剂按耐水性分为 3 个级别:

F 级:较快具有耐水性的产品。

S 级:较慢具有耐水性的产品。

N 级:无耐水性要求的产品。

陶瓷墙地砖胶粘剂的技术性能应满足表 12-2 的要求。

胶粘剂的晾置时间是指表面涂胶后到叠合前试件所能达到的拉伸胶接强度 0.17 MPa 的时间间隔。调整时间是指试件叠合后仍可调整试件位置并能达到拉伸胶接强度 0.17 MPa 的时间间隔。适宜的晾置时间和调整时间可获得理想的粘贴效果。

(二)壁纸胶粘剂的技术要求

壁纸胶粘剂按其材性和应用分为两大类:

第 1 类:适用于一般纸基壁纸粘贴的胶粘剂。

第 2 类:具有高湿粘性、高干强,适用于各种基底壁纸的胶粘剂。

每类按其物理形态又分为粉型(F)、调制型(H)、成品型(Y)三种,每类的三种形态分别以 1F,1H,1Y 和 2F,2H,2Y 表示。

每类胶粘剂的技术性能应满足表12-3的要求。

表12-2　陶瓷墙地砖胶粘剂的技术要求(JC/T 457—94)

项　目		F 级	S 级	N 级
拉伸胶接强度达到 0.17 MPa 的时间间隔(min)	晾置时间,≤		10	
	调整时间,≥		5	
收缩性[1](%),<			0.5	
压剪胶接强度(MPa)	原强度,≤		1.0	
	耐水,≤		0.7	—
	耐温,≤		0.7	
	耐冻融,≤		0.7	—
防霉性[2]等级			1	

注:1)B 类、D 类产品免测。
　　2)仅测防霉型产品。

表12-3　壁纸胶粘剂的技术要求(JC/T 548—94)

项　目		第1类胶		第2类胶	
		优等品	合格品	优等品	合格品
成品胶外观		均匀无团块胶液			
pH 值		6~8			
适用期		不变质(不腐败、不变稀、不长霉)			
晾置时间(min),≤		15		10	
湿粘性	标记线距离(mm)	200	150	300	250
	30 s 移动距离(mm),<	5			
干粘性	纸破率(%)	100			
滑动性(N),≥		2		5	
防霉性[1]等级		1		0	1

注:1)仅测防霉型产品。

湿粘性指胶粘层仍为湿态时胶粘剂对被粘基材的粘附性。

(三)天花板胶粘剂的技术要求

天花板胶粘剂按其组成分为 4 类:

乙酸乙烯系:以聚乙酸乙烯酯(即聚醋酸乙烯 PVAC)及其乳液为粘料,加入添加剂。

乙烯共聚系:以乙烯和乙酸乙烯的共聚物(E/VAC)为粘料,加入添加剂。

合成胶乳系:以合成胶乳为粘料,加入添加剂。

环氧树脂系:以环氧树脂为粘料,加入添加剂。

天花板胶粘剂及基材和天花板材料的代号见表12-4。

天花板胶粘剂在产品上标有适用的基材和天花板材料,如用于石膏板和矿棉板的乙酸乙烯酯天花板胶粘剂的标记为：天花板胶粘剂 VA(GY-MI)。

表 12-4　天花板胶粘剂及基材和天花板材料的代号（JC/T 459-94）

胶粘剂	代号	材料	代号					
乙酸乙烯系	VA	基材	石膏板		石棉水泥板		木板	
乙烯共聚系	EC		GY		AS		WO	
合成胶乳系	SL	天花板材料	胶合板	纤维板	石膏板	石棉水泥板	硅酸钙板	矿棉板
环氧树脂系	ER		GL	FI	GY	AS	SI	MI

天花板胶粘剂的技术性能应满足表 12-5 的要求。

表 12-5　天花板胶粘剂的技术要求（JC/T 459—94）

试验项目			技术指标													
外观			胶液均匀、无块状颗粒													
涂布性			容易涂布、梳齿不零乱													
流挂[1](mm)，<			3													
拉伸胶接强度（MPa）<	基材		石膏板					石棉水泥板[2]			木板					
			胶合板	纤维板	石膏板	石棉水泥板	硅酸钙板	矿棉板	石膏板	硅酸钙板	矿棉板	胶合板	纤维板	石膏板	石棉水泥板	硅酸钙板	矿棉板
	试验条件	(23±2)℃,96 h	0.2						0.2	0.2		1	0.5	0.2	0.5		0.2
		(23±2)℃,96 h 后浸水 24 h	—						—	0.1		0.5	0.2	—	0.2		0.1

注：1）仅对实际施工时不需要临时固定的腻子状胶粘剂进行流挂试验。

　　2）此处石棉水泥为混凝土、水泥砂浆、TK 板、FC 板等的代替品。

不同材质的基材和天花板组合时，可按表 12-6 选择胶粘剂。

表 12-6　不同材质的基材和天花板组合时天花板胶粘剂的选择（JC/T 549—94）

天花板材料基材	胶合板	纤维板	石膏板	石棉水泥板	硅酸钙板	矿棉板
石膏板	[VA] [SL]		[VA][EC] [SL]			(VA) (EC)
石棉水泥板	—		[ER]	—		(VA)SL (ER)
木板	[VA] [SL]		[VA][EC] [SL]			(VA)(EC) SL

注：( )：需要临时固定，[ ]：需要和铁钉或小螺丝并用，—：实际上很少组合，不予规定。

（四）水溶性聚乙烯醇缩甲醛胶粘剂

水溶性聚乙烯醇缩甲醛胶粘剂的技术指标应满足表12-7的规定。

表12-7　水溶性聚乙烯醇缩甲醛胶粘剂的技术要求（JC 438—91）

项　目	一等品	合格品
外观	无色或浅黄色透明液体	
固体含量（%）	≥8.0	
粘度〔(23±2)℃，Pa·s〕	≥2.0	≥1.0
游离甲醛（%）	≤0.5	
180°剥离强度（N/25mm）	≥15	≥10
pH 值	7～8	
低温稳定性（0 ℃，24 h）	呈流动状态	部分凝胶化，室温下恢复到流动状态

（五）聚乙酸乙烯酯乳液木材胶粘剂

聚乙酸乙烯酯乳液木材胶粘剂分为Ⅰ型和Ⅱ型。Ⅰ型胶的粘接强度高于Ⅱ型，适用于粘接力要求高的装饰工程。技术性能应满足表12-8的要求。

表12-8　聚乙酸乙烯酯乳液木材胶粘剂的技术要求（GB 1117—89）

项　目		Ⅰ 型	Ⅱ 型
外观		乳白色，无粗颗粒和异物	
pH		3～7	
蒸发剩余物（%），≥		40	
粘度（Pa·s），≥		0.5	
灰分（%），≤		3	
最低成膜温度（℃），≤		17	4
木材污染物		较涂敷硫酸亚铁的显色浅	
压缩剪切强度（MPa）	干强度，≥	9.8	6.9
	湿强度，≥	3.9	2.0

有关塑料地板块胶粘剂的技术要求见《半硬质聚氯乙烯块状塑料地板胶粘剂》（JC/T 550—94）。

第二节　建筑密封材料

建筑密封材料又称建筑密封膏或防水接缝材料，主要用于建筑结构中各种缝隙（包括玻璃门窗的缝隙），以防止水分、空气、灰尘、热量和声波等通过建筑接缝。建筑密封材料在保证装饰工程质量方面有着十分重要的作用。

在许多室外的花岗石贴面装饰工程中，由于雨水的作用，水泥砂浆内的氢氧化钙溶出并随雨水在接缝处或在板材表面上流过，时间一长就会在板面上析出氢氧化钙，并逐渐碳化成为碳酸钙，即会在板材表面上形成众多的白色污斑，严重影响装饰效果。因此在高档次的装饰工程中应对板间的缝隙进行密封处理。

　　通常是在水泥砂浆中掺入无机防水剂、有机硅憎水剂或掺入合成树脂乳液来封闭和堵塞水泥砂浆中的孔隙,起到阻止雨水渗入水泥砂浆而使氢氧化钙溶解的作用。此外,也可采用合成高分子密封材料,如聚氨酯密封膏、聚硫橡胶密封膏、硅酮密封膏(即有机硅密封膏)、丙烯酸酯密封膏对板缝进行处理。

　　装饰与密封要求高的玻璃工程中,也应使用合成高分子密封材料。

　　常用的品种及其性能可参考《建筑材料》、《防水材料》或有关的其它书籍与资料。

第三节　装饰板材修补材料与装饰工程用腻子

一、石材常用修补材料

　　花岗石、大理石、水磨石等装饰板材由于各种原因可能会造成缺损,因而需进行适当的修补,修补时可采用《建筑装饰工程施工及验收规范》(JGJ 73—91)中提供的配合比,见表12-9。

表 12-9　修补石材装饰面板的胶粘剂及腻子的配合比(质量比)(JGJ 73—91)

品种	6101 环氧树脂	乙二胺	邻苯二甲酸二丁酯	水泥	颜料(与石材颜色相同)
环氧树脂胶粘剂	100	6～8	20	0	适量
环氧树脂腻子	100	10	10	100～200	适量

二、涂料工程常用腻子及润粉

　　混凝土表面、抹灰表面用腻子的配合比见表12-10。

表 12-10　混凝土表面、抹灰表面用腻子的配合比(质量比)(JGJ 73—91)

适用部位	聚醋酸乙烯乳液	滑石粉或大白粉	2%羧甲基纤维素溶液	水泥	水
室内	1	5	3.5	0	0
外墙、厨房、厕所、浴室	1	0	0	5	1

　　注:表面刷清油后使用的腻子,同表12-11中木料表面的石膏腻子。

　　木料表面用腻子的配合比见表12-11。

表 12-11　木料表面用腻子的配合比(质量比)(JGJ 73-91)

品种与用途	石膏粉	熟桐油	水	大白粉	骨胶	土黄或其它颜料	松香水
木料表面的石膏腻子	20	7	50	0	0	0	0
木料表面清漆的润水粉	0	0	18	14	1	1	0
木料表面清漆的润油粉	0	2	0	24	0	0	16

金属表面用腻子见表 12-12。

表 12-12　金属表面用腻子（质量比）（JGJ 73—91）

石膏粉	熟桐油	油性腻子或醇酸腻子	底漆	水
20	5	10	7	45

三、刷浆工程常用腻子

刷浆工程常用腻子的配合比见表 12-13。

表 12-13　刷浆工程常用腻子的配合比（质量比）（JGJ 73—91）

用　途	聚醋酸乙烯乳液	水泥	水
室外刷浆工程的乳胶腻子	1	5	1
室内刷浆工程的腻子	同表 12-10 的室内用腻子		

四、玻璃工程常用油灰

普通玻璃工程常用油灰的配合比见表 12-14。

表 12-14　玻璃工程常用油灰的配合比（质量比）（JGJ 73—91）

碳酸钙	混合油	备注
100	13～14	混合油的配合比为三级脱蜡油：熟桐油：硬脂油：松香＝63：30：2.1：4.9

高档玻璃工程应采用合成高分子密封材料。

第十三章 建筑装饰材料的装饰部位 分类、常用品种及其应用

在建筑装饰工程中,为方便使用常按建筑装饰材料在建筑物中的使用部位,来划分建筑装饰材料,分为外墙装饰材料、内墙装饰材料、地面装饰材料、吊顶装饰材料,此外还有屋面装饰材料、卫生洁具、楼梯扶手与护栏、装饰五金、灯具等。由于隔断装饰材料基本上与内墙装饰材料相同,因而本书将隔断装饰材料划归为内墙装饰材料。

需要指出的是,按使用部位分类只是一种大致的划分,因为许多建筑装饰材料的使用部位并非单一,往往可用于两种以上的部位。因此,在按使用部位分类时,同一建筑装饰材料可以出现在不同类别中,如花岗石镜面板材既可以作为外墙装饰材料来使用,也可作为地面装饰材料、内墙装饰材料等来使用。

本章只简要介绍外墙装饰材料、内墙装饰材料、地面装饰材料和吊顶装饰材料中的常用品种、主要组成(或构造)、主要性质与应用等。其目的是为了加强建筑装饰材料与建筑装饰工程的联系,同时也是对前面所学知识的简要归纳、总结与复习,以便更好地掌握建筑装饰材料及其应用。

第一节 外墙装饰材料及其应用

常用外墙装饰材料的主要组成、特性与应用见表 13-1。

表 13-1 常用外墙装饰材料的主要组成、特性与应用

种类	品种	主要成分(组成)或构造	主要性质	主要应用
天然石材	花岗石普通板材、异型板材、蘑菇石、料石	石英、长石、云母等	强度高、硬度大、耐磨性好、耐酸性及耐久性很高,但不耐火。具有多种颜色,装饰性好。分有细面板材、镜面板材、粗面板材(机刨板、剁斧板、锤击板、烧毛板)	大中型商业建筑、纪念馆、博物馆、银行、宾馆、办公楼等
建筑陶瓷	墙地砖(彩釉砖、劈离砖、渗花砖等)	多属于炻质材料、多数上釉	孔隙率较低,吸水率 1%~10%,强度较高、坚硬、耐磨性好,釉层具有多种颜色、花纹与图案。寒冷地区用于室外时吸水率需小于 3%	同上
	陶瓷锦砖(马赛克)	多属于瓷质材料,不上釉	孔隙率低,吸水率小于 1%,强度高、坚硬、耐磨性高,具有多种颜色与图案	同上
	大型陶瓷饰面板	多属于炻质材料,上釉或不上釉	孔隙率低、吸水率较小、强度高、坚硬、耐磨性高,尺寸大,具有多种颜色与图案	同上
装饰混凝土	彩色混凝土、清水装饰混凝土、露骨料混凝土等	水泥(普通或白色)、砂与石(普通或彩色)、耐碱矿物颜料、水等	性能与普通混凝土相同,但具有多种颜色或表面具有多种立体花纹与线条,或骨料外露	大型建筑

种类	品种	主要成分（组成）或构造	主要性质	主要应用
装饰砂浆	水磨石板	白色水泥、白色及彩色砂、耐碱矿物颜料、水等	强度较高、耐磨性较好、耐久性高、颜色多样（色砂外露）	普通办公楼、住宅楼、工业厂房等
	石碴类装饰砂浆（斩假石、水刷石、干粘石等）	同上	强度较高、耐久性较好、颜色多样（色砂外露）、质感较好	普通办公楼、住宅楼、工业厂房等
玻璃	彩色玻璃	普通玻璃中加入着色金属氧化物而得	具有红、蓝、灰、茶色等多种颜色。分有透明和不透明两种，不透明的又称饰面玻璃	办公楼、宾馆、商店等。不透明的仅用于墙面
	吸热玻璃	普通玻璃中加入吸热和着色金属氧化物而得	能阻挡太阳辐射热的 15%～25%，光透射比为 35%～55%。具有多种颜色	商品陈列窗、炎热地区的各种建筑等
	热反射玻璃	普通玻璃表面用特殊方式喷涂金、银、铜、铝等金属或金属氧化物而得	能反射太阳辐射热 20%～40%，能减少热量向室内辐射，并具有单向透视性，即迎光面具有镜子的效果，而背光面具有透视性。具有银白、茶色、灰、金色等多种颜色	大型公用建筑的门窗、幕墙等
	压花玻璃（普通压花玻璃、彩色镀膜压花玻璃等）	带花纹的辊筒压在红热的玻璃上而成	表面压花、透光不透视、光线柔和。镀膜压花玻璃和彩色镀膜压花玻璃具有立体感强，并具有一定的热反射能力，灯光下更显华贵和富丽堂皇	宾馆、餐厅、酒吧、会客厅、办公室、卫生间等的门窗
	夹丝玻璃（夹丝压花玻璃、夹丝磨光玻璃）	将钢丝网压入软化后的红热玻璃中而成	破碎时不会四处飞溅而伤人，并具有较好的防火性，但抗折强度及耐温度剧变性较差	防火门、楼梯间、天窗、电梯井等
	夹层玻璃	两层或多层玻璃（普通、钢化、彩色、吸热、镀膜玻璃等）由透明树脂胶粘接而成	抗折强度及抗冲击强度高，玻碎时不裂成分离的碎片	工业厂房的天窗以及银行等有防弹或有特殊安全要求的建筑的门窗等
	中空玻璃	两层或多层玻璃（普通、彩色、压花、镀膜、夹层等）与边框用橡胶材料粘接、密封而成	保温性好、节能效果好（20%～50%）、隔音性好（可降低 30 dB）、结露温度低	大中型公用建筑，特别是保温节能要求高的建筑门窗等
	光栅玻璃（镭射玻璃）	玻璃经特殊处理，背面出现全息或其它光栅	在各种光线的照射下会出现艳丽的七色光，且随光线的入射角和观察的角度不同会出现不同的色彩变化，华贵典雅、梦幻迷人	宾馆、饭店、酒店、商业与娱乐建筑等
	玻璃砖（实心砖、空心砖）	玻璃空心砖由两块玻璃热熔接而成，其内侧压有一定的花纹	玻璃空心砖的强度较高、绝热、隔音、光透射比高	门厅、通道、体育馆、楼梯间、酒吧、饭店等的非承重墙
	玻璃锦砖（玻璃马赛克）	由碎玻璃或玻璃原料烧结而成	色调柔和、朴实、典雅、化学稳定性高，耐久性和易洁性好	办公楼、教学楼、住宅楼等

种类	品种	主要成分(组成)或构造	主要性质	主要应用
金属装饰材料	普通与彩色不锈钢制品（板、门窗、管、花格）	普通不锈钢、彩色不锈钢	经久耐用,在周围灯光或光线的配合下,可取得与周围景物交相辉映的效果	大中型建筑的门窗、幕墙、柱面、墙面、护栏、扶手、门窗护栏等
	彩色涂层钢板、彩色压型钢板	冷轧钢板及特种涂料等	涂层附着力强、可长期保持新颖的色泽、装饰性好、施工方便	大跨度的工业厂房、展览馆等的墙面、屋面等
	不锈钢龙骨	不锈钢	强度高、防火性好	玻璃幕墙
	铝合金花纹板	花纹轧辊轧制而成	花纹美观、筋高适中、不易磨损、耐腐蚀	外墙面、楼梯踏板等
	铝合金波纹板	铝合金板轧制而成	波纹及颜色多样、耐腐蚀、强度较高	宾馆、饭店、商场等建筑
	铝合金门窗、花格	铝合金	颜色多样、耐腐蚀、坚固耐用。铝合金门窗的气密性、水密性及隔音性好,但框材的保温性差	各类公用建筑与住宅的门窗与护栏
	铝合金龙骨	铝合金	颜色多样、耐腐蚀,但刚度相对较小	用于吊顶等
	铜及铜合金制品（门窗、花格、管、板）	铜及铜合金	坚固耐用、古朴华贵	大型建筑的门窗、墙面、护栏、扶手、柱面、门窗的护栏
建筑塑料	塑料门窗（全塑门窗、复合塑料门窗）	改性硬质聚氯乙烯、金属型材等	外观平整美观、色泽鲜艳、经久不退,并具有良好的耐水性、耐腐蚀性、隔热保温性、气密性、水密性、隔音性、阻燃性等	各类建筑
	塑料护面板	改性硬质聚氯乙烯	外观美观、色泽鲜艳、经久不退,并具有良好的耐水性、耐腐蚀性	各类建筑的墙面及阳台护面
	玻璃钢装饰板	不饱和聚酯树脂、玻璃纤维等	轻质、抗拉强度与抗冲击强度高、耐腐蚀、透明或不透明,并具有多种颜色	各类建筑的墙面及阳台护面
	聚碳酸酯装饰板	聚碳酸酯	强度高、抗冲击、耐候性高、透明,并具有多种颜色	各类室外通道的采光罩等
建筑装饰涂料	丙烯酸系外墙涂料	丙烯酸类树脂等。分为溶剂型和乳液型	具有良好的耐水性、耐候性和耐高低温性,色彩多样,属于中高档涂料	办公楼、宾馆、商店等
	聚氨酯系外墙涂料	聚氨酯树脂等。多为溶剂型	优良的耐水性、耐候性和耐高低温性及一定的弹性和抗伸缩疲劳性,涂膜呈瓷质感、耐沾污性好,属于高档涂料	宾馆、办公室、商店等
	合成树脂乳液砂壁状涂料	合成树脂乳液、彩色细骨料等	属于粗面厚质涂料,涂层具有丰富的色彩和质感,保色性和耐久性高,属于中高档涂料	宾馆、办公室、商店等
	苯乙烯-丙烯酸酯乳液涂料	苯乙烯-丙烯酸酯共聚乳液	具有优良的耐水性、耐碱性、耐候性、保色性、耐光性,属于中档涂料	宾馆、办公室、商店等
	复层建筑涂料	分为基层封闭涂料、主层涂料、罩面涂料三层	花纹多样、立体感强、庄重、豪华	宾馆、办公室、商店等
	无机涂料	水玻璃或硅溶胶等	耐水、耐酸碱、耐老化、渗透力强、不产生静电	宾馆、办公室、商店等

第二节　内墙装饰材料及其应用

常用内墙装饰材料的主要组成、特性与应用见表13-2。

13-2　常用内墙装饰材料的主要组成、特性与应用

种类	品　种	主要成分(组成)或构造	主要性质	主要应用
天然石材	大理石普通板材、异型板材	方解石、白云石	强度高、耐久性好，但硬度较小、耐磨性较差、耐酸性差。具有多种颜色、斑纹，装饰性好。一般均为镜面板材	墙面、墙裙、柱面、台面，也可用于人流较少的地面
建筑陶瓷	釉面内墙砖(釉面砖)	属于陶质材料、均上釉	坯体孔隙率较高、吸水率为10%～22%，强度较低、易清洗，釉层具有多种颜色、花纹与图案	卫生间、厨房、实验室等。也可用于台面
	陶瓷壁画	陶质或炻质坯体，上釉	表面具有各种图案，艺术性强	会议厅、展览馆及其它公共场所。炻质的可用于室外
	大型陶瓷饰面板	多属于炻质材料，上釉或不上釉	孔隙率低、吸水率较小、强度高、坚硬、耐磨性高，尺寸大，具有多种颜色与图案	宾馆、候机楼、住宅等
石膏板	装饰石膏板(平板、孔板、浮雕板、防潮板)	建筑石膏、玻璃纤维等	轻质、保温隔热、防火性与吸音性好、抗折强度较高，图案花纹多样，质地细腻，颜色洁白	礼堂、会议室、候机楼、影剧院、播音室等。防水型的可用于潮湿环境
	纸面石膏板(普通板、耐火板、耐水板)	建筑石膏、纸板等	轻质、保温隔热、防火性与吸音性好、抗折强度较高	同上
	吸声用穿孔石膏板	装饰石膏板、纸面石膏板、矿物棉等	轻质、保温隔热、防火性与吸音性好	同上
矿物棉板与膨胀珍珠岩板	岩棉装饰吸音板	岩棉、酚醛树脂等	轻质、保温隔热、防火性与吸音性好、强度低	同上
	玻璃棉装饰吸音板	玻璃棉、酚醛树脂等	轻质、保温隔热、防火性与吸音性好、强度低	同上
	膨胀珍珠岩装饰吸音板	膨胀珍珠岩、水泥或水玻璃等	轻质、保温隔热、防火性与吸音性好、强度低	同上
装饰砂浆	水磨石板	白色水泥、白色及彩色砂、耐碱矿物颜料、水等	强度较高、耐磨性较好、耐久性高，颜色多样(色砂外露)	普通建筑的墙面、柱面、台面
	灰浆类装饰砂浆(拉毛、甩毛、扫毛、拉条)	白色水泥、耐碱矿物颜料、水等	强度较高、耐久性较好、颜色与表面形式(线条、纹理等)多样，但耐污染性、质感、色泽的持久性较石碴类装饰砂浆差	普通公用建筑

种类	品种	主要成分（组成）或构造	主要性质	主要应用
玻璃	磨砂玻璃（毛玻璃）	普通玻璃表面磨毛而成	表面磨毛，透光不透视、光线柔和	宾馆、酒吧、卫生间、客厅、办公室等的门窗、隔断
	彩色玻璃	普通玻璃中加入着色金属氧化物而得	具有红、蓝、灰、茶色等多种颜色。分有透明和不透明两种，不透明的又称饰面玻璃	宾馆、办公楼、商店及其它公用建筑
	压花玻璃（普通压花玻璃、镀膜压花玻璃、彩色镀膜压花玻璃等）	带花纹的辊筒压在红热的玻璃上而成	表面压花，透光不透视、光线柔和。镀膜压花玻璃和彩色镀膜压花玻璃具有立体感强，并具有一定的热反射能力，灯光下更显华贵和富丽堂皇	宾馆、饭店、餐厅、酒吧、会客厅、办公室、卫生间、浴室等的门窗与隔断
	夹丝玻璃（夹丝压花玻璃、夹丝磨光玻璃）	将钢丝网压入软化后的红热玻璃中而成	防火性好，破碎时不会四处飞溅伤人，但耐温度剧变性较差	防火门、楼梯间、电梯井、天窗等
	玻璃砖（实心砖、空心砖）	玻璃空心砖由两块玻璃热熔接而成，其内侧压有一定的花纹	玻璃空心砖的强度较高、绝热、隔音、光透射比较高	门厅、通道、体育馆、图书馆、楼梯间、浴室、酒吧、宾馆等的非承重墙或隔断等
	光栅玻璃（镭射玻璃）	玻璃经特殊处理，背面出现全息或其它光栅	在各种光线的照射下会出现艳丽的七色光，且随光线的入射角和观察的角度不同会出现不同的色彩变化，华贵典雅、梦幻迷人	宾馆、酒店、商业与娱乐建筑的内墙、屏风、隔断、桌面、灯饰等
金属装饰材料	普通及彩色不锈钢制品（板、管、花格）	普通不锈钢、彩色不锈钢	经久耐用，在周围灯光或光线的配合下，可取得与周围景物交相辉映的效果	商店、娱乐建筑及其它公用建筑的柱面、扶手、护栏等
	彩色涂层钢板、彩色压型钢板	冷轧钢板及特种涂料等	涂层附着力强、可长期保持新颖的色泽、装饰性好、施工方便、防火性较好	大型建筑护壁板、吊顶
	轻钢龙骨、不锈钢龙骨、烤漆龙骨	镀锌钢带、薄钢板、不锈钢带、烤漆	强度高、防火性好	隔断、吊顶
	铝合金花纹板	花纹轧辊轧制而成	花纹美观、筋高适中、不易磨损、耐腐蚀	大型公用建筑的内墙面、楼梯踏板等
	铝合金波纹板	铝合金板轧制而成	波纹及颜色多样、耐腐蚀、强度较高	宾馆、饭店、商场等建筑的墙面
	铝合金门窗、花格	铝合金	颜色多样、耐腐蚀、坚固耐用。铝合金门窗的气密性、水密性及隔音性好	各类建筑
	铝合金龙骨	铝合金	颜色多样、耐腐蚀、但刚度相对较小	用于隔墙、吊顶等
	铜及铜合金制品（门窗、花格、管、板）	铜及铜合金	坚固耐用、古朴华贵	大型建筑的门窗、墙面、栏杆、扶手、柱面、楼梯护栏、隔断、屏风

种类	品　种	主要成分(组成)或构造	主要性质	主要应用
木装饰制品	护壁板、旋切微薄木板、木装饰线条	木材	花纹美丽、线条多变,特别是旋切微薄木具有花纹美丽动人、立体感强、自然等特点	高级建筑等的墙面、墙裙、门等
	胶合板	木材、树脂	幅宽大、花纹美观、胀缩小	各类建筑的内墙、隔断、台面、家具
	纤维板(硬质、半硬质、软质)	树木等的下脚料、树脂	各向同性、抗弯强度较高、不易胀缩、不腐朽	各类建筑的内墙、隔断、台面、家具
	木花格	木材	花格多样、古朴华贵	仿古建筑的花窗、隔断、屏风等
	塑料贴面板	三聚氰胺甲醛树脂、胶合板	可仿制各种花纹图案、色调丰富、表面硬度大、耐烫、易清洗,分有镜面型和柔光型	各类建筑的墙面、柱面、家具等
	不饱和聚酯树脂装饰胶合板	不饱和聚酯树脂、胶合板	表面光泽柔和、耐烫、耐磨、耐水、使用时无需修饰	同上
建筑塑料	塑料护面板	改性硬质或软质聚氯乙烯	外观美观、色泽鲜艳、经久不退,并具有良好的耐水性、耐腐蚀性	墙面
	有机玻璃板	聚甲基丙烯酸甲酯	光透射比极高、强度较高、耐热性、耐候性、耐腐蚀性较好,但表面硬度小、易擦毛	透明护栏、护板、装饰部件等
	玻璃钢装饰板	不饱和聚酯树脂、玻璃纤维等	轻质、抗拉强度与抗冲击强度高、耐腐蚀、不透明,并具有多种颜色	隔墙板、装饰部件等
壁纸与装饰织物	塑料壁纸(有光、平光、印花、发泡等)	聚氯乙烯、纸或玻璃纤维布等	美观、耐用,可制成仿丝绸、仿织锦缎等,发泡壁纸还具有较好的吸音性	各类公用与民用建筑
	纸基织物壁纸	棉、麻、毛等天然纤维的织物粘合于基纸上	花纹多样、色彩柔和幽雅、吸音性好、耐日晒、无静电、且具有透气性	计算机房、播音室及其它各类公用与民用建筑等
	麻草壁纸	麻草编织物与纸基复合而成	具有吸音、阻燃,且具有自然、古朴、粗犷的自然与原始美	宾馆、饭店、影剧院、酒吧、舞厅等
	无纺贴墙布	天然或人造纤维	挺括、富有弹性、色彩艳丽、可擦洗、透气较好、粘贴方便	高级宾馆、住宅等
	化纤装饰贴墙布	化纤布为基材,一定处理后印花而成	透气、耐磨、不分层、花纹色彩多样	宾馆、饭店、办公室、住宅等
	高级墙面装饰织物(锦缎、丝绒等)	丝	锦缎纹理细腻、柔软绚丽、高雅华贵,但易变形、不能擦洗,遇水或潮湿会产生斑迹。丝绒质感厚实温暖、格调高雅	高级宾馆、饭店、舞厅等的软隔断、窗帘或浮挂装饰等

265

种类	品 种	主要成分(组成)或构造	主要性质	主要应用
建筑涂料	聚乙烯醇水玻璃内墙涂料	聚乙烯醇、水玻璃等	无毒、无味、耐燃、价格低廉,但耐水擦洗性差	广泛用于住宅、普通公用建筑等
	聚醋酸乙烯乳液涂料	聚醋酸乙烯乳液等	无毒、涂膜细腻、色彩艳丽、装饰效果良好、价格适中,但耐水性、耐候性较差	住宅、办公楼及其它普通建筑
	醋酸乙烯-丙烯酸酯有光乳液涂料	酯酸乙烯-丙烯酸酯乳液等	耐水性、耐候性及耐碱性较好,具有光泽,属于中高档内墙涂料	住宅、办公室、会议室等
	多彩涂料	两种以上的合成树脂等	色彩丰富、图案多样、生动活泼及良好的耐水性、耐油性、耐洗刷性,对基层适应性强。属于高档内墙涂料	住宅、宾馆、饭店、商店、办公室、会议室等
	仿瓷涂料	聚氨酯或环氧树脂、聚氨酯与丙烯酸	涂膜细腻、光亮、坚硬、酷似瓷釉,具有优异的耐水性、耐腐蚀性、粘附力	厨房、卫生间等
	幻彩涂料(梦幻涂料)	特种合成树脂乳液、珠光颜料等	涂膜光彩夺目、色泽高雅、图案变幻多姿、造型丰富,属于高档涂料	宾馆、酒吧、商店、娱乐场所、住宅等
	纤维状涂料	各色天然与人造纤维、水溶性树脂等	色泽鲜艳、品种丰富、质地各异、不开裂、涂层柔软、富有弹性、吸声	商业建筑、宾馆、歌舞厅、酒店等
	外墙装饰材料中的各种涂料也用作内墙装饰涂料(见表13-1)			办公楼、宾馆、商店及其它公用建筑

第三节 地面装饰材料及其应用

常用地面装饰材料的主要组成、特性与应用见表13-3。

表 13-3 常用地面装饰材料的主要组成、特性与应用

种类	品 种	主要成分(组成)或构造	主要性质	主要应用
天然石材	花岗石普通板材、异型板材、料石	石英、长石、云母等	强度高、硬度大、耐磨性好、耐酸性及耐久性很高,但不耐火。具有多种颜色,装饰性好。分有细面板材、镜面板材、粗面板材(机刨板、剁斧板、锤击板、烧毛板)	商业建筑、纪念馆、博物馆、银行、宾馆等
人造石材	水磨石板	白色水泥、白色及彩色砂、耐碱矿物颜料、水等	强度较高、耐磨性较好、耐久性高、颜色多样(色砂外露)	办公室、教室、实验室及室外地面
	水泥花砖	白色水泥、耐碱矿物颜料	强度较高、耐磨性较高,具有多种颜色和图案	室内地面

种类	品 种	主要成分(组成)或构造	主要性质	主要应用
建筑陶瓷	墙地砖(彩釉砖、劈离砖、渗花砖、无釉地砖等)	多属于炻质材料、上釉或不上釉	孔隙率较低、强度较高、耐磨性好,釉层具有多种颜色、花纹与图案吸水率1%～10%。寒冷地区用于室外时吸水率需小于3%	室外、室内的地面及楼梯踏步
	大型陶瓷饰面砖	多属于瓷质材料,不上釉	孔隙率低、吸水率较小、强度高、坚硬、耐磨性高,尺寸大,具有多种颜色与图案	卫生间、化验室、客厅、候车室等
	陶瓷锦砖(马赛克)	多属于瓷质材料,不上釉	孔隙率低、吸水率小于1%。强度高、坚硬、耐磨性高,具有多种颜色与图案	卫生间、化验室、厨房等
木地板	实木地板(条木、拼花)	木材	弹性好、脚感舒适、保温性好,拼花木地板还具有多种花纹图案	办公室、会议室、幼儿园、卧室等
塑料地面材料	塑料地板块、塑料地面卷材	聚氯乙烯等	图案丰富、颜色多样、耐磨、尺寸稳定、价格较低,卷材还具有易于铺贴、整体性好	人流不大的办公室、家庭等
地毯	纯毛地毯	羊毛等	图案多样、富有弹性、光泽好、经久耐用,并具有良好的保温隔热、吸音隔音等性质,以手工地毯效果更佳	宾馆、饭店、办公室、会客厅、住宅、会议室
	化纤地毯(簇绒地毯、针扎地毯、机织地毯)	丙纶或腈纶、尼龙、涤纶	质轻、富有弹性、耐磨性好,价格远低于纯毛地毯。丙纶回弹差,腈纶耐磨性较差、易吸尘。涤纶,特别是尼龙性能优异,但价格相对较高	宾馆、住宅、办公室、会客厅、餐厅、会议室等

第四节　吊顶装饰材料及其应用

吊顶装饰材料的主要组成、特性与应用见表 13-4。

表 13-4　常用吊顶装饰材料的主要组成、特性与应用

种类	品 种	主要成分(组成)或构造	主要性质	主要应用
石膏板	装饰石膏板(平板、孔板、浮雕板、防潮板)、纸面石膏板(普通板、耐火板、耐水板)、嵌装式装饰石膏板、吸声用穿孔石膏板(装饰板、纸面板)(参见表13-2)			礼堂、影剧院、播音室、会议室等
矿物棉板	岩棉装饰吸声板、玻璃棉装饰吸声板(参见表13-2)			同上
膨胀珍珠岩板	膨胀珍珠岩装饰吸声板性(参见表13-2)			同上
金属装饰材料	铝合金穿孔板、不锈钢穿孔板	圆孔、方孔	吸音性好,并具有耐腐蚀、防火、抗震、颜色多样、立体感强、装饰性好	装饰性、防火性、吸声性要求高的建筑
	铝合金板、普通及彩色不锈钢板、彩色压型钢板、彩色涂层钢板(参见表13-1)			机场、车站、商店、展览馆等

种类	品 种	主要成分(组成)或构造	主要性质	主要应用
木制品	胶合板	木材、树脂	幅宽大、花纹美观、胀缩小	各类建筑
	纤维板(硬质、半硬质、软质)	树木等的下脚料、树脂	各向同性、抗弯强度较高、不易胀缩、不腐朽	各类建筑
	不饱和聚酯树脂装饰胶合板	不饱和聚酯树脂、胶合板	表面光泽柔和、耐烫、耐磨、耐水,使用时表面无需修饰	各类建筑
壁纸	与内墙用壁纸和装饰织物基本相同(参见表 13-2)			各类建筑
建筑涂料	与内墙涂料基本相同(参见表 13-2)			各类建筑

建筑装饰材料试验

试验一 建筑装饰材料白度试验

建筑装饰材料的白度,系指以洁白的陶瓷为标准白板对特定波长的单色光的绝对反射比为基准,以相应波长测得试样表面的绝对反射比,以百分数表示。

一、仪器与设备

(一)白度仪

光学几何条件可采用垂直/漫射(0/D)、漫射/垂直(D/0)、45°/垂直(45/0)和垂直/45°(0/45)中的任何一种。仪器稳定性应达到开机 30 min 后 0.5 h 读数漂移不大于 0.5。

标准白板 陶瓷标准白板用于测定白色带光泽陶瓷试样的白度,应置于干燥器中避光保存。

(二)工作白板

用标准白板定期标定。

二、试验步骤

(一)试样的制做

表面均匀平整的材料,随机抽取 3 块作为试验试件。

被测试样表面存在着无法改善的不均匀不平整现象,应在每块试样上进行多部位、多角度的重复测试,然后取其平均值。

对粉末样品,应将其装入粉末皿中,用表面光洁平整的玻璃板将表面压平,方可试验。

(二)仪器的预调

按说明书对白度仪进行预热和调校,用标准白板调校仪器至规定的量值。

(三)测试

首先根据测定的需要选择波长或三刺激值,然后分别测定每块试样的绝对反射比。

三、试验结果

按下列公式计算试样白度 $W(\%)$:

$$W = B_{457}$$

式中 B_{457} ——蓝光绝对反射比,%。

试样白度取 3 块试样的白度算术平均值,精确至 0.1。

同一实验室的白度允许绝对误差为 0.5,不同实验室的白度允许绝对误差为 1.0。

试验二　饰面石材的光泽度试验

饰面石材的光泽度是在规定的几何条件下,其镜面反射光通量与相同条件下标准黑玻璃镜面反射光通量之比乘以100。

一、仪器设备

(一)光电光泽计

光源系统应满足 C 光源及视觉函数 $V(\lambda)$ 的要求,光泽计光束孔径为 $\varnothing 30$,在 60 度几何条件下,光学条件见试表1。

试表1　光电光泽计的光学条件

孔径	测量平面内(度)	垂直于测量平面(度)
光源	0.7±0.25	3.00
接收器	4.40±0.10	11.70±0.20

(二)标准板

标准板分高光泽标准板和低光泽标准板两种。高光泽标准板采用表面应平整并经抛光的黑玻璃,其折射率为 1.567,规定 60 度几何条件镜面光泽度为 100;低光泽标准板采用陶瓷板。二者的光泽值经授权的计量单位标定。

二、试验步骤

(一)试样

随机抽取规格为 300 mm×300 mm 表面抛光的板材 5 块。

(二)仪器的调校

先打开光源预热,将仪器置于标准板上,调整指针到标准板的定标值即可。

(三)测试

用镜头纸或无毛的布擦干净试样表面,按光泽计的操作说明测量每块板材的光泽度,测试位置与点数见试图1。

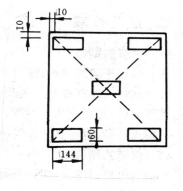

试图1　光泽度测点布置

三、试验结果

计算每块板材光泽度的算术平均值,然后取 5 块板材光泽度的算术平均值作为试验结果。

试验三　釉面内墙砖的耐急冷急热试验

耐急冷急热性质是指釉面砖承受温度急剧变化而不出现裂纹的能力。

一、仪器设备

电热干燥箱　温度可达到 200℃。

温度计　200℃。

水槽。

红墨水。

试样架(试图2)。

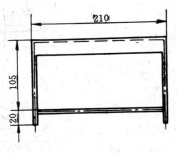

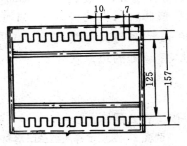

材料：$L25 \text{ mm} \times 25 \text{ mm}$
$\phi 6$ 圆钢

二、试验步骤

(一)试样

以同品种、同规格、同等级的 1 000～2 000 m² 为一批，从中随机抽取 10 块釉面砖。

(二)测试

测量冷水温度。将试样

试图 2　试样架

擦试干净，放在试样架上。然后把放有试样的架子放入预先加热到比冷水温度高 (130±2)℃的烘箱中，关上烘箱门。在 2 min 内，使烘箱重新达到此温度，并保持 15 min。然后取出试样架，立即放入装有流动冷水的槽中，冷却 15 min，取出试样，逐片在釉面上涂红墨水，目测有无破裂、裂纹或釉面剥离现象。

三、试验结果

经目测检验釉面无破裂、裂纹或釉面剥离即为合格，否则为不合格。

试验四　釉面陶瓷墙地砖的耐磨性试验

釉面墙地砖的耐磨性是依据釉面在耐磨仪上出现磨损痕迹时的研磨转数将砖分为四类。

一、仪器与设备

磨球　直径 5,3,2,1 mm 的钢球。

研磨材料　80 号白刚玉。

蒸馏水或去离子水。

耐磨试验仪　由钢壳、电机传动装置、水平支撑转盘和转数控制装置组成。转盘直径为 70 mm，转速为 (300±15) r/min。如试图 3 所示。

标准筛及烧杯。

照度计　能测 300 lx 照度。

观察箱　观察箱内装有 2 个 60 W 灯泡，照度为 300 lx。如试图 4 所示。

电热恒温干燥箱 能够恒温在（110±5）℃。

干燥器。

二、试验步骤

（一）试样

每 50～500 m² 为一个检验批，不足 50 m²，按一个检验批处理。从中，随机抽取试样 8 块和对比试样 8 块。如试样过大（一般试样为边长100～200 mm 的矩形砖）时，可进行切割，若小于 100 mm×100 mm，可将其拼接并粘合在合适的支撑材料上，接缝处的边部效应，观察时可以忽略不计。

（二）研磨材料的配制

每块试样所需研磨材料按试表 2 配制。

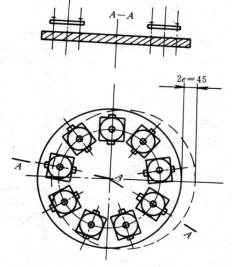

试图 3 耐磨仪

试表 2 每块试样所需的研磨材料

研磨材料	规格(mm)	质量(g)
钢球	∅ 5	70.00±0.50
	∅ 3	52.50±0.50
	∅ 2	43.75±0.10
	∅ 1	0.75±0.10
白刚玉	80 号	3.0
蒸馏水或去离子水	200 mL	

（三）测试

将试样擦净后逐一夹紧于夹具下；通过夹具上方的孔加入按上表配制的研磨材料，盖好盖子，开动试验机。在试验转数分别为 150,300,450,600,750,900,1 200 和 1 500 r 时，各取出一块试样。取下的试样用 10%的盐酸溶液擦洗表面后，用清水冲洗干净，放入烘箱内在（110±5）℃下烘干 1 h。烘干后的试样按规则放入观察箱内，在 300 lx 照度下用眼睛通过观察孔对未经磨损和经不同转数研磨后砖釉面的差别。

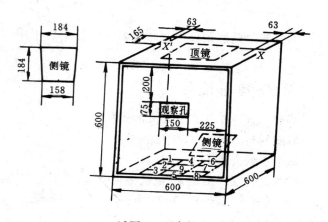

试图 4 观察箱

1～8—对比样；9—已磨样；X—60 W 灯泡

272

三、试验结果

依据观察未经磨损和经磨损试样的差别,将釉面墙地砖分为四类,见试表 3。

试表 3　耐磨性能分类

可见磨损下转数	分类
150	Ⅰ
300,450,600	Ⅱ
750,900,1 200,1 500	Ⅲ
>1 500	Ⅳ

试验五　涂料的粘度、遮盖力与耐洗刷性试验

一、涂料粘度

(一)仪器与设备

涂-4 粘度计　上部为圆柱形,下部为圆锥形,在锥底部有一个可更换的漏嘴,上部有一凹槽,供多余试样溢出使用,如试图 5 所示。粘度计置于带有调节水平螺钉的架上,由金属或塑料制成,内壁光洁度为▽8,容量为 100^{+1} mL。漏嘴均由不锈钢制成,孔高 (4 ± 0.02) mm,孔内径 $4^{+0.02}$ mm。锥体内部的角度为 $81°\pm15'$,总高度 72.5 mm。两种粘度计以金属的为准。

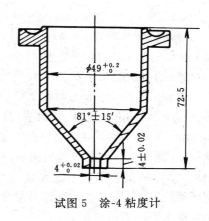

试图 5　涂-4 粘度计

(二)试验步骤

1. 试样和粘度计在 (23 ± 1) ℃状态下放置 4 h 以上。

2. 测试前,应用纱布蘸乙醇将粘度计内部擦干净,并干燥或吹干。调整水平螺丝,使粘度计处于水平,在粘度计漏嘴下面放置 150 mL 的烧杯,粘度计流出孔离烧杯口 100 mm。

3. 用手指堵住流出孔,将试样倒满粘度计,用玻璃板将气泡和多余的试样刮入凹槽,然后松开手指,使试样流出。同时立即按动秒表,当靠近流出孔的流丝中断时,立即停止秒表,记录流出时间,精确到 1 s。

(三)试验结果

取两次测试的平均值做为试验结果,两次测试值之差不应大于平均值的 3%,平均值符合标准规定为合格。

另外,涂料的粘度还可以用 ISO2431 流量杯和斯托默粘度计测试,依不同的涂料标准而定。

二、涂料的遮盖力

(一)仪器与设备

天平　感量为 0.1 g。

木板　尺寸为 100 mm×100 mm×(1.5～2.5)mm。

漆刷　宽25～35 mm。

玻璃板　符合《普通平板玻璃》(GB 4871—1995)要求,尺寸为100 mm×100 mm×(1.2～2) mm,100 mm×250 mm×(1.2～2) mm。

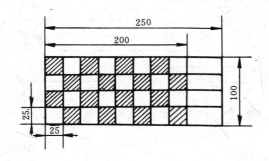

试图6　黑白格玻璃板

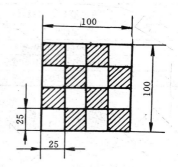

试图7　黑白格木板

黑白格玻璃板(试图6)　将100 mm×250 mm的玻璃板的一端遮住100 mm×50 mm(留作试验时手执使用),然后在剩余的100 mm×200 mm的面积上喷一层黑色硝基漆,干后用小刀间隔划去25 mm×25 mm的正方形,再在此处喷上白色硝基漆,即成具有32个正方形的黑白间隔的玻璃板,然后贴上一张光滑的牛皮纸,刮涂一层环氧胶(防止溶剂渗入破坏黑白格漆膜),即制得牢固的黑白格板。

黑白格木板(试图7)　在100 mm×100 mm的木板上喷一层黑硝基漆,待干后漆面贴一张同面积大小的白色光滑纸,然后用小刀仔细地间隔划去25 mm×25 mm的

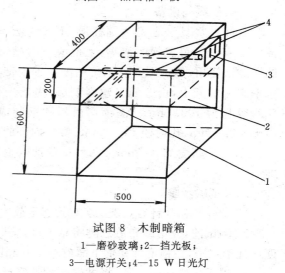

试图8　木制暗箱
1—磨砂玻璃;2—挡光板;
3—电源开关;4—15 W日光灯

正方形,再喷上一层白色硝基漆,干后仔细揭去存留的间隔正方形纸,即得到具有16个正方形的黑白格间隔板。

木制暗箱(试图8)　尺寸为600 mm×500 mm×400 mm,其内用3 mm厚的磨砂玻璃将箱分成上下两部分,磨砂玻璃的磨面向下,使光源均匀,暗箱上部均匀的平行装置15 W日光灯2支,前面安一挡光板,下部正面敞开用于检验,内壁涂上无光黑漆。

(二)试验步骤

根据产品标准规定的粘度(如粘度稠无法涂刷,则将试样调至涂刷的粘度,但稀释剂用量在计算遮盖力时应扣除),在天平上称出盛有涂料的杯子和漆刷的总质量,用漆刷均匀地将涂料涂刷于黑白格板上,放于暗箱内,距离磨砂玻璃片150～200 mm,有黑白格的一端与平面倾斜成30～45°交角,在日光灯下观察,以都看不到黑白格为终点,然后将盛有剩余涂料的杯子和漆刷称重,求出黑白格板上涂料质量。涂刷时应快速均匀,不应将涂料刷在板的

边缘上。

（三）试验结果

遮盖力 X （g/m²）按下式计算（以湿涂膜计）：

$$X = \frac{W_1 - W_2}{A} \times 10^4 = 50(W_1 - W_2)$$

式中　　W_1——未涂刷前盛涂料的杯子和漆刷总质量，g；

　　　　W_2——涂刷后盛有剩余涂料的杯子和漆刷的总质量，g；

　　　　A——黑白格板涂漆的面积，cm²。

平行测定两次，结果差不大于平均值的 5%，则取其平均值，否则重新试验。

三、涂料的耐洗刷性

（一）仪器与设备

1. 洗刷试验机（试图 9）

刷子在试验样板的涂层表面作直线往复运动，对其进行洗刷。刷子运动频率每分钟往复 37 次循环，每个冲程刷子运动距离为 300 mm，在中间 100 mm 区间大致为匀速运动。刷子用 90 mm×38 mm×25 mm 的硬木平板（或塑料板）均匀打上 60 个直径约为 3 mm 的小孔，并在小孔内垂直地栽上黑猪棕，与毛成直角剪平，毛长约 19 mm，使用前，刷子应浸入 20 ℃水中，深 12 mm，时间 30 min，再用力甩净水，浸入符合规定的洗刷介质中，深 12 mm，时间 20 min。刷子经此处理，方可使用。刷毛磨损后长度小于 16 mm 时，须重新换刷子。

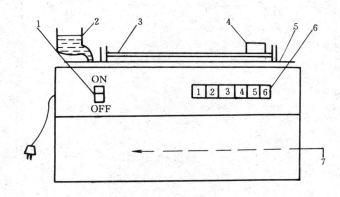

试图 9　洗刷试验机构造示意图

1—电源开关；2—滴加洗刷介质的容器；3—滑动架；4—刷子及夹具；
5—试验台板；6—往复次数显示器；7—电动机

2. 洗刷介质

将洗衣粉溶于蒸馏水中，配成 0.5%（按质量计）洗液，其 pH 值为 9.5～10.0。

（二）试样制备

底板采用 430 mm×150 mm×3 mm 的石棉水泥板，在其上单面喷涂一道 C06-1 铁红醇酸底漆或 C04-83 白色醇酸无光磁漆，使其于（105±2）℃下烘烤 30 min，干漆膜厚度为（30±3）μm。在涂有底漆的板上，施涂待测的涂料。

水性涂料以 55% 固含量的涂料刷涂两道。第一道涂布量为（150±20）g/m²；第二道涂布量为（110±20）g/m²（若涂料的固含量不是 55%，可换算成等量的成膜物质进行涂布）。施涂间隔为 4 h，涂完末道涂层使样板涂漆面向上，在试验标准条件下干燥 7 d。

（三）试验步骤

试验应在（23±2）℃下进行，对同一试样采用 3 块样板进行平行试验。

将试样板涂漆面向上，水平固定于洗刷试验机的试验台板上，将预先处理过的刷子置于试验样板上，试板承受约 450 g（刷子及夹具总重）的负荷，往复摩擦涂膜，同时滴加（速度为 0.04 g/s）符合规定的洗刷介质，使洗刷面保持润湿。

按产品要求，洗刷至规定次数或洗刷至样板长度的中间 100 mm 区域露出底漆颜色后，从试验机上取下样板，用自来水清洗。

（四）试验结果

洗刷至规定次数，3 块试板中至少有两块涂膜无破损，不露出底漆颜色，则认为其耐洗刷性合格。

主要参考文献

1　王福川,俞英明编著. 现代建筑装修材料及其施工(第二版). 北京:中国建筑工业出版社,1992

2　符芳主编. 建筑装饰材料. 南京:东南大学出版社,1994

3　葛勇,张宝生主编. 建筑材料. 北京:中国建材工业出版社,1996

4　张宝生,葛勇编著. 建筑材料学——概要·思考题与习题·题解. 北京:中国建材工业出版社,1994

5　祝永年,顾国芳编. 新型装修材料及其应用. 北京:中国建筑工业出版社,1989

6　王朝熙编. 装饰材料手册. 北京:中国建筑工业出版社,1991

7　向才旺主编. 新型建筑装饰材料使用手册. 北京:中国建筑工业出版社,1992

8　中国新型建材公司等编. 新型建筑材料实用手册. 北京:中国建筑工业出版社,1987

9　庞雨霖编著. 墙面和顶棚材料. 北京:中国建筑工业出版社,1992

10　陆亨荣编. 建筑涂料的生产与施工. 北京:中国建筑工业出版社,1988

11　耿耀宗主编. 新型建筑涂料的生产与施工. 石家庄:河北科学技术出版社,1996

12　石玉梅,赵孟彬. 建筑涂料与涂装技术 400 问. 北京:化学工业出版社,1996

13　顾国芳编. 建筑塑料. 上海:上海科学技术文献出版社,1987

14　房志勇,林川编著. 建筑装饰——原理·材料·构造·工艺. 北京:中国建筑工业出版社,1992

15　王惠忠等著. 化学建材. 北京中国建材出版社,1992

16　王少南,张玉祥主编. 新型节能建材. 北京:中国建材工业出版社,1992

17　郝书魁主编. 建筑装饰材料基础. 上海:同济大学出版社,1996

18　陈雅福编. 新型建筑材料. 北京:中国建材工业出版社,1994

19　张晶主编. 最新建筑装饰材料与施工预算手册. 南昌:江西科学技术出版社,1995

20　雍本编著. 装饰工程施工手册. 北京:中国建筑工业出版社,1992

21　现行建筑材料规范大全(修订缩印本). 北京:中国建筑工业出版社,1995